山东艺术学院科研成果出版基金资助项目

城镇绿地景观设计研究

李仲信　著

中国林业出版社

图书在版编目（CIP）数据

城镇绿地景观设计研究 /李仲信著. -- 北京 : 中国林业出版社，2017.4

ISBN 978-7-5038-9031-4

Ⅰ. ①城… Ⅱ. ①李… Ⅲ. ①城市绿地－景观设计－研究－中国 Ⅳ. ①TU985.2

中国版本图书馆CIP数据核字(2017)第117859号

中国林业出版社•建筑分社

责任编辑：李 辰 纪 亮

美术设计：周 臻 孙迎峰

出版咨询：（010）83143595

出版：中国林业出版社（100009 北京西城区德内大街刘海胡同7号）

网站：lycb.forestry.gov.cn

印刷：北京卡乐富印刷有限公司

发行：中国林业出版社

电话：（010）8314 3500

版次：2017年7月第1版

印次：2017年7月第1次

开本：889mm*1194mm 1/16

印张：15.5

字数：300千字

定价：48.00元

目　　录

绪　论

一、 人类与自然环境的关系

人类与大自然有着不可分割的依存联系，是大自然的一个组成部分。人类依赖生物圈中的自然生态系统才得以生存与发展，其发展离不开植物、水和土地。人类置身于大自然的怀抱之中，才能获得其所需要的各种物质、生存发展条件及生命活力的源泉，获得精神的抚慰和推动社会发展创造的动力。人类劳动生活不断地进行，引起了自然界的变化，同时也带来人类的生存发展与自然环境空间关系上的变化。

城镇绿地系统是城乡规划中一种特殊的自然生态环境，它是城镇体系中具有“吐故纳新”调节机制的系统。它一方面能为城镇居民提供良好的生活环境，为城镇生物多样性提供适宜的条件；另一方面又能增强城镇景观的自然属性，促进城乡与自然环境的和谐发展。因此，城镇绿地系统被认为是城镇现代化和文明程度的重要标志之一。

从人类历史发展的漫漫长河到自然生态环境的不断延化，引起了人类与自然环境的关系的不断变化，这个过程可以分为五个阶段。

（一）依从于自然

人类在远古时期主要靠采集和狩猎生活，使用的原始工具主要作为渔猎之用。主要栖息于山溪旁的森林地区，有水可饮，有果可食，有洞可居，以叶覆身，完全依附于原始自然环境。风雪雷电，洪水猛兽，都对人们的生活和生命造成直接威胁。人类在聚集和游牧过程中，逐渐依水草而居，对于自然的影响能力极其微弱。在这一阶段，人对自然处于依从的关系。

（二）依赖于自然

随着人类生活区域的不断拓展、生产工具的进步，人类进入了石器时代，再到定居生活方式出现，这意味着人与自然的关系发生了重大的改变，人类初步具备了改变自然环境的能力。农业种植和动物驯养的产生和发展使人类的食物有了比较充分的保证。随着种植耕田规模的不断扩大和发展，人类对自然环境有了一定程度的破坏。但是由于那时的生产力还很低下，所以主要还是依靠自然的恩赐，人与自然仍处于亲和的关系。

（三）逐渐远离自然

随着社会生产经济的不断发展、手工业的出现，有了奴隶主和封建主的城邑，人们居住的城邑范围也不断扩大，出现了种植场地和牲畜的专用地。随着人们对自然规律理解认识的加深，耕地面积不断扩大，人类自发无序地改造了自然环境。一些林地伐木而改为农田。一部分人日出而作、日落而息地从事耕耘生活，一部分人则居住在城镇之中，开始了远离自然的生活。随着城邑的逐步扩大，人与自然越来越远了。但由于当时的城镇规模较小，人与自然仍处于一种相对的和谐关系。

（四）破坏自然

18世纪近代的工业革命为人类社会生活带来的巨大变革，逐渐使人们产生了一种改变自然的强大动力，并从大自然中获得了前所未有的财富。人口的高度集中、城镇的扩大、汽车业的生产发展……现代化的工业物质文明伴随着对自然资源的过度消耗，从而带来了自然生态环境的失衡，导致了自然环境被严重破坏。人与自然的关系由原来亲和的关系变为对立、征服的关系。正是在这样的状态下，一些有识之士提出了许多改良的理论学说，包括自然生态保护和城镇绿地系统理论的探索和实践，来试图缓解人与自然的矛盾。

（五）人与自然和谐共处

20世纪60年代以来，随着现代科学技术的发展，人类进入了信息时代。特别是环境科学、生态科学体系的形成发展，使人们逐步认识到，保护生态环境就是保护人类生存和社会的可持续发展。而在保护生态环境中，自然资源和环境保护才是根本。另外，人们也认识到在有丰富物质生活的同时，人也脱离不了自然生态环境，希望生活在一个既有现代化物质享受的人工环境之中，又有洁净的空气、清净的河流、鸟语花香的自然天地，希

图1 上海共青森林公园

望生活在人工和自然绿色生态的环境之中共存共荣（见图1）。这一希望是我们人类现代生活的理想，也是科学技术发展的体现。人们通过新的科学技术来治理工业所产生的环境污染以改善自然生态环境，使人类伴随着现代生活的节奏，重返“大自然”。

二、城镇绿地系统的形成与发展

（一）城镇绿地系统发展概况

1. 启蒙阶段

西方最早对城镇的构思和设计大多属于哲学家、思想家和政治家的理想模式。古希腊时期，亚里士多德认为理想的城市应处于河流或泉水充足、风和日丽的地方，以保证居民饮水的方便和环境的优美。希腊人把荷马时期产生的果蔬园加以改造，栽培观赏花木，建成装饰性庭园。欧洲文艺复兴时期，在日益增长的社会经济需要和科学家对植物研究兴趣的基础上，以往的疏菜园以及城堡小绿地很快演变成为大规模的园林庄园。18世纪法国人维腊斯（Denis Vairasse），提出了城镇绿地与环境之间的关系；欧文（Robert Owen）的劳动公社则集中了城市和农村的主要优点，提出了集城市便利的生活设施和农村的自然风光于一体的“新和谐村”。这个时期的城市中出现的园林绿地，从布局上看，没有统一的空间规划，完全依附于城市设计的需要；从内容上看，主要依据设计者或所有者的审美观和喜好而定，缺少科学的依据；从功能上看，只是为了满足人们的游赏的愿望，从形式到内容都是感性的产物。工业革命以前，城镇规模普遍较小，人类比较容易接触自然，同时，由于城镇工业化程度较低，许多理想城市内没有出现大量的破坏生态环境的工业技术，城市中的生态问题和游憩问题没有暴露出来。因此，许多理想城市设计中都蕴含着田野风光，充满着绿树花香，但对城镇绿地的功能和地位没有涉及，城镇绿地系统规划仍处于思想萌芽阶段。

中国在两千多年前的秦汉时代就出现了许多城镇，这些城镇虽然包含了许多自然环境因素，但生活在城市中的人们毕竟与大自然有一定的隔离，尤其是难以欣赏到名山大川那优美而壮丽的景色，于是，浓缩了自然山水景观的“人造自然”——园林景观产生了。从商殷的苑，到后来兴起的皇家六苑和贵族宅院，内部都有大量的绿地景观装饰。而自东晋以来，私家园林逐渐从模拟自然的“自然山水园”向抽象自然的“写意山水园”过渡，人工设计成分越来越多，自然成分越来越少，但园林中的池泉、树木、花卉仍占相当比例。在这个阶段，无论是大量的私家园林还是少量的公共园林，其营造的目的和用途都是以游憩为目的的，园林绿地的功能比较单一。

2. 城镇绿地规划思想的形成阶段

随着西方18世纪末工业革命的开始，城镇的性质和功能及其规模结构都发生了巨大的变化，城镇规模逐步扩大，自然环境状况趋于恶化，环境污染加剧，大工业城市外围的森林和林间空地逐渐消失，迫使人类重新思考城镇发展与城乡生存空间的环境质量问题。随着时间的推移，相继出现了许多在世界上有影响力的城市绿地规划的思想或理论，其中著名的有：美国“造园之父”欧姆斯特德（F.L.Olmsted）倡导的“城市公园运动”；源于19世纪的美国“城市美化运动”；19世纪末英国社会活动家E.霍华德（E · Howard）提出的“田园城市理论”；1929年美国人C.A.佩里提出的“邻里单位理论”；勒 · 柯布西耶（Le Corbusier）提出的“机械城市理论”；1933年，柯布西耶在他所倡导和主持的现代建筑国际公议上制定了城市规划大纲《雅典宪章》；芬兰建筑师沙里宁（Eliel Saarinen）在1943年提出的“有机疏散”理论。

在上述提出的各种理论中，对城镇绿地系统都给予了相当的重视，这很大程度上是出于人类对自然的情感呼唤。城市绿地在城市中的空间布局和一些尊重自然的设计，都对城镇绿地的规划和建设进行了有益的尝试，对后来城镇绿地系统规划理论的发展和逐步完善与科学化奠定了坚实的基础。这个时期的城镇绿地规划建设从绿地结构的系统性、绿地的自然性、绿地的游憩性方面得到了一定程度上的认同，城镇绿地规划思想处于理论和方法的形成阶段。

3. 城镇绿地系统规划理论和方法的发展阶段

第二次世界大战结束后，世界各国城市的恢复和重建使各地城镇又一次得到了大的发展，促使了人们对城市发展的又一次再认识，旧城改造和新城的不断涌现，为城市绿地规划的理论和方法探究提供了实践的广阔舞台。这个时期出现的著名的规划理论或方法有：英国大伦敦为限制城市膨胀、防止与邻里街区毗连、保护农业、保存自然美等而提出并实施的环形绿带规划模式；美国和朝鲜的组团发展模式；美国华盛顿和丹麦的大哥本哈根的楔形绿地发展模式；英国哈罗新城和印度昌迪加尔的城市绿化带网络系统等。

这个时期城镇绿地规划是针对工业城市弊端、迫于环境压力而提出的，认为城镇绿地是城市或建筑物的陪衬，是为解决城市问题而设计的，城市中人工设计成分和自然成分是分离的，某种程度上是对立的，只是人类在无法摆脱环境恶化的影响和为满足游憩的需求才不得不去保护和建设绿地。因此，这个时期人们对城镇绿地的认识是比较模糊的，表现在城镇规划中，绿地面积、形状、位置设计的随意性，绿地的功能和地位的不完整性，仍然把人与城市凌驾于自然生态系统之上，甚至为了建立人工绿地而破坏良好的自然生态系统。

4. 城镇生态绿地系统建设阶段

人类进人20世纪70年代，全球兴起了保护自然生态环境的高潮，为顺应时代要求，生态学的理论和方法很快被接纳到城镇规划领域，在生态学理论的影响下，世界许多大城市都认真研究了城市中绿地的功能、地位及规划问题，开始从绿地系统的生态性、游憩性、景观性等方面全面思考城镇绿地规划建设问题。从1966年，联邦德国的莱因——鲁尔城市集聚区的规划；1971年，莫斯科的总体规划中采用了环状、楔状相结合绿地系统布局模式；澳大利亚1971年的城市绿地规划，形成了“楔形网络”布局的绿地系统；到20世纪80年代，城镇绿地系统规划建设进入了自然生态化理论探讨和实践摸索阶段，如英国伦敦在海德公园湖滨建立禁猎区，在摄政公园建立苍鹭栖息区；澳大利亚墨尔本于20世纪80年代初全面开展了以生态保护为重点的公园整治；进入20世纪90年代以来，可持续发展战略的提出和在全球掀起的生物多样性保护的热潮，城镇绿地系统规划在实现可持续发展战略和城市生物多样性的保护中的地位和作用越来越受到人们的重视。这些城镇绿地系统的规划建设理论和方法，改变了绿地系统在城镇建设中的从属地位，使城镇绿色空间成为城乡发展的有机组成部分，恢复城镇的自然特性。把人工和自然作为一个生态系统来规划设计，实现人类与自然的和谐共生（见图2）。

图2 纽约中央公园

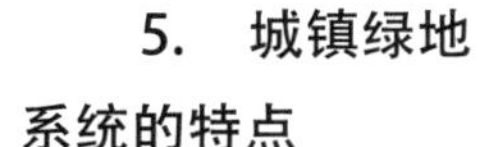

5. 城镇绿地系统的特点

尽管世界各国对城市绿地系统的定义不尽相间，但都是强调了它在城镇中的自然属性，即它们都是为保持、恢复或建立自然景观的地域。因此，城镇绿地系统在广义上应是指：城镇中完全或基本没有人工构筑物覆盖的空地、水域及其上面所涵盖的光线和空气等。狭义的绿地系统就是指城镇绿地。我国的城镇绿地系统指以城镇系统绿地为主的各级公园、庭园、小游园、街头绿地、道路绿地、居住区绿地、专用绿地、交通绿地、风景区绿地、生产防护绿地等。

从景观生态学研究方面认为，将城市绿地系统定义为：城镇绿地系统是保持着自然景观的地域或自然景观得到恢复的地域，是城镇自然景观和人文景观的综合体现，体现生态性的自然生态空间，是构成城镇景观的重要组成部分。其功能上具有改善城镇生态环境、维持城市生态平衡和提供游憩活动的场所、营造城乡景观风貌的作用。在设计上为人工的植物景观、自然植物景观或半自然植物景观，包括城镇各类公园、居住区绿地、道路绿地、农地、林地、生产防护绿地、风景名胜区、植物覆盖较好的城镇待用地等。

三、城镇规划与绿地系统的关系

（一）城镇规划应遵循的原则与任务

1. 人工环境与自然环境相和谐的原则

我国人口多，土地资源不足，合理使用土地、节约用地是我国的基本国策，也是保证城乡可持续发展的基础。城镇规划对于每项城市用地应服从城市功能上的合理性、建设运行上的经济性、人居环境适宜性的前提下进行。城镇规划建设的可持续发展是经济繁荣和生态环境保护达到和谐统一的必经之路。

城镇的发展建设、人工环境的建设，必然要对自然环境进行改造，这种改造对人类赖以生存的自然环境发生了变化。在强调经济发展和改善人居住环境的同时，良好的生态环境是实现这一目标的基本保证。城镇规划应充分认识到面临的自然生态环境的变化，加强保护和改善生态环境，合理的功能布局是保护城乡生态环境的基础，城镇自然生态环境和各项特定的环境要求，都可以通过适宜的合理规划布局，把开发建设和环境保护有机地结合起来，力求取得经济效益和环境保护的和谐统一。

我国人口多，土地资源不足，合理使用土地、节约用地是我国的基本国策，也是保证城乡可持续发展的基础。城镇规划对于每项城市用地应服从城市功能上的合理性、建设运行上的经济性、人居环境适宜性的前提下进行。城镇规划建设的可持续发展是经济繁荣和生态环境保护达到和谐统一的必经之路。

2. 历史环境与未来发展相和谐的原则

保持城镇发展过程的延续性，保护历史文化遗产和自然生态环境，促进新技术在城镇发展中的应用，努力追求城市文化遗产和保护生态环境、科学技术运用之间的协调性，这也是城镇规划所应遵循的原则。城镇规划要从实际出发，重视当地的自然环境条件、历史传统和经济发展，针对不同的对象提出切实可行的规划和设计方案。

在运用新技术进行城镇规划时，必须以城镇发展和居民的利益为前提。城镇发展的历史表明，把科技进步和对传统历史文化遗产的继承统一起来，让城镇成为历史、现在和未来的和谐载体。科学技术进步，尤其是现代信息网络技术的发展，正在对全球城市网络体系建立、城乡空间结构、城镇生活方式、经济模式和城镇景观设计带来深刻的影响。经济发展与环境保护，科技进步与社会价值的平衡，将不断成为城镇规划的社会责任。

3. 社会生活和谐的原则

城镇规划是现代文明的集中体现，它不仅要考虑城乡设施的现代化，而且还要满足日益增长的城乡居民文化生活和生态环境的需求。在全球化时代的今天，城镇规划更应为所有的居民创造健康的社会生活环境，体现人与自然的和谐共生。

城镇规划是人类在发展进程中维持城乡公共空间秩序而设计的未来发展空间。这种对未来城镇空间发展的规划，在更大的范围内可以扩大到区域规划和国土规划。而在小的空间范围内可以延伸到居住区等各项专项空间设计。因此，从本质上说，城镇规划是人居环境各层面上的、以城镇发展层次为主导对象的空间规划，是以社会经济发展、人居环境为目的的。

城镇规划的任务是合理地、有效地创造有序的城乡空间环境，包括实现社会政治经济的决策及实现这种决策的法律法规和管理体制，同时也包括实现这一决策的工程技术、生态保护、文化传统保护和空间美学设计，以指导城镇空间的和谐发展，满足社会经济文化发展和生态保护的需要。由此可见，城镇规划的共同和基本的任务是通过城乡空间发展的合理组织，满足社会经济发展和生态保护的需要。我国现阶段城镇规划的基本任务是保护和改善人居环境，尤其是城市空间环境的生态系统，为城镇经济发展、社会协调、稳定地持续发展服务，创造城乡居民安全、健康、舒适的生活环境与和谐的社会环境。

（二）城镇规划与绿地系统的关系

城镇绿地系统是城乡总体规划布局中的一个主要组成部分。城镇绿地系统规划布局，必须与城镇发展和工业用地、居住区用地、道路系统以及当地自然地形地貌等方面的条件综合考虑，全面安排。

1. 因地制宜与自然环境相结合

城镇绿地系统规划必须结合城镇自然环境条件，因地制宜，与城镇总体规划布局统一考虑。如北方城市以防风沙、水土保护为主；南方城市以遮阳降温为主。工业城市的卫生防护绿地在绿地系统中比较突出；风景旅游城市绿地系统内容广泛等。规划布局要与河湖山川自然环境相结合，要充分利用名胜古迹，把自然环境和人文景观资源融纳到城镇绿地系统规划中。小城镇一般始于与周围自然

图3 厦门海湾公园

环境连接，甚至有郊区的农田、山林、果园等楔入市区，可适当减少市内公共绿地，这样可以节约大片农田，充分利用自然条件，适当加以改造，构成丰富多彩的绿色景观空间。

2. 均衡分布、有机构成绿地景观系统

城镇绿地系统中各类绿地有其不同的使用功能，规划布局时应将公共绿地均衡分布，并连成网络系统，做到点（公园、小游园）、线（街道绿地、江畔滨湖绿带、林荫道）、面（分布面广的块状绿地）相结合，并与市郊相关的各类绿地连接成为一个完整的系统，以发挥绿地系统的最大效用，使其具有良好的生态环境和大地园林景观的形成。科学合理的城乡规划与绿地系统将会对城镇的有序发展与生态环境产生积极的影响（见图3）。

3. 协调人与自然环境资源的关系

生态环境规划是实现城乡可持续发展的一个重要途径，通过生态规划可协调人与自然资源利用的关系。生态环境规划的意义就是运用生态学原理去综合地、长远地评价、规划和协调人与自然环境、资源开发利用和转化的关系，提高生态经济效率，促进社会经济的持续发展。目前我国生态规划的程序是以生态学原理为导向，将各种生态因素运用到规划方法中，以实现规划目标为目的。

四、城镇绿地系统与景观

（一）城镇绿地系统与景观环境

城镇绿地系统是城镇总体规划的有机组成部分，反映了城市的自然属性。在人类选址建造城市之初，大多将城市选择在和山、川、江、湖相毗邻的地方，它给予城市的形态、功能布局及城市景观以很大影响。先有自然，后有城市，自然环境对城市发展的影响是巨大的。但随着工业的发展、人口的增加，城市中自然属性逐渐减弱，城镇绿地系统成为体现促进自然特色的主要组成部分，人类利用城镇绿地系统改善城市环境，美化城市景观，完善城市体系。作为城市系统中的一个重要组成部分，城镇绿地系统的功能应该是多元的。从城市绿地产生之初的满足物欲需要到后来发现其视觉美景性情陶冶的作用，直到现在城镇绿地系统的满足文化休闲娱乐功能和强调景观生态功能，可以看出，城镇绿地系统的功能作用随着人类对城镇环境的理解与认识的进步而不断地变化。随着城镇绿地系统和规模的发展，绿地系统的功能也变得更为综合多元化。总体来说，城镇绿地系统的功能作用主要包括生态功能、景观功能、游憩功能。

城镇绿地系统在改善环境方面的生态作用主要来自城镇绿地系统的植物材料本身的生理生化特性带来的环境修复作用，以及城镇绿地系统布局结构对于改善城市大气环流、城市热岛效应等方面的功效。城镇绿地系统的主体——植物，在维护城市生态平衡、改善环境质量、提高自净能力、丰富景观和生物多样性上发挥着重要的作用。

景观是城镇给人们的总体印象、感受，这种印象和感受来自构成城镇的物质形态和自然形态。影响城镇景观的因素很多，可以是城镇的建筑景观，也可以是城镇绿地系统；可以是基址上的自然环境景观，也可以是历史形成的人文景观。其中绿地系统对于城镇景观的影响是不可低估的。发达的绿地系统是形成良好城镇景观必不可少的基础（见图4）。城镇景观不仅要有良

图4 滨江绿带

好的建筑空间，而且还要有便捷的道路交通系统，更应该有与自然地形地貌的良好结合。因此绿地系统对城镇面貌常常起到决定性的作用。如我国的海滨城市青岛，由于历史及自然的原因而形成的城市景观给人们留下了美好而深刻的印象，高低错落的山丘之中独特的建筑掩映在葱笼的绿荫之间，显得亲近可人、生机盎然。

（二）城镇绿地系统对景观的影响

城镇绿地系统对景观的影响是不容忽视的。从整个系统上来看，城镇绿地系统就是某种程度上的人文景观，因为城镇绿地系统是人为地干预城镇所在地区内部及周围的自然环境的结果。如杭州，历史上各个时期对杭州西湖的疏浚，堆置了白堤、苏堤、三潭印月、湖心亭等堤岛，丰富了西湖景观层次，奠定了西湖自然山水景观的布局。

城镇景观是自然要素和人工要素的组合，其中又以城镇建筑物群体、城镇道路、绿地植物等所形成的景观空间为主体而共同构成的。城镇景观规划设计是以土地资源、历史文化、建筑、植物等的功能运用为基础的。要创造出优美的、文化的、自然的、丰富的城镇景观空间，首先应研究它们的功能特性及应用，应研究地形环境的具体特征，将其作为城镇景观空间的组成部分。在此基础上，以确定城镇建筑、公共绿地的布局、城市保护地段现状等。

从城镇地系统内部来看，城镇绿地大到公园，小到一棵树木，甚至保留下来的原有植物，无一不是人工的作品或经过人为的处理，随着岁月的流逝，它们便自然地成了真正意义上的人文景观。人们常说没有古树的城市就是没有历史的城市，中国明代造园家计成在他的《园冶》一书中提到："雕梁飞楹构易，槐荫挺玉成难。"历史可以使殿宇楼阁化成风中尘埃，而参天的古木却可以用大自然赋予的生命彰显历史。另外，景观区域的相对独立，也缓和了与周边现代建筑所产生的冲突，大大提升了城镇区域的景观质量（见图5）。

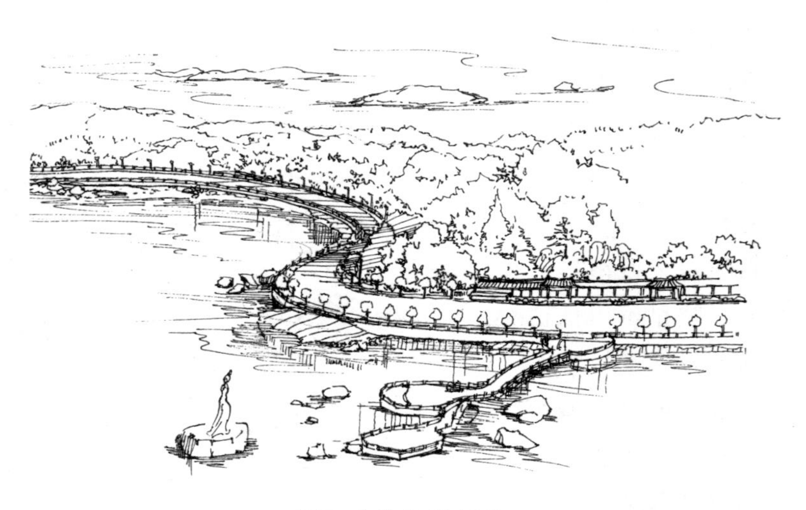

图5 珠海海滨绿化

城镇绿地系统是城市景观中对于现代城市建设发展耗能巨大的人工系统，单靠城市内部本身的绿地还难以平衡整个城市的生态系统，但它却是维持城市可持续发展必不可少的。因此针对城镇景观生态学的特征，可以大力增加城镇内部及周边地区绿地的规模与数量，使分布更加合理，同时大力发展以河流水渠为纽带的带状绿地，从而使城市景观生态要素中的斑块、廊道结构更加合理，并与自然状态下的生态系统结构相结合，平衡城市景观生态，增加城镇生物多样性，使城镇绿地系统能够对城市生态学意义上的景观有所贡献。总之，完善的城镇绿地系统和优美的景观设计有利于满足人们对物质生活、精神生活的追求，激发人们热爱自然，热爱生活。所以，城镇绿地系统对提升城市品质，提高人们的综合素质，促进精神文明建设，推动社会生产力水平的提高，具有重要的促进作用。

第一章 城镇绿地景观的构成要素

第一节 自然环境与景观

城镇绿地规划是城镇总体规划布局中的一个重要组成部分，而城镇园林绿地景观又是构成城镇绿地系统的重要环节。城镇绿地景观的基本构成要素是由自然要素和人工要素组合而成的，自然要素是其最基本的要素，它包括土地、植物、水、山石等。我国地域辽阔，丰富多变的自然环境不仅构成了复杂的景观空间格局，而且形成了多样性的自然景观。在城镇建设过程中，应根据城市自然生态环境的状况，结合生物多样性保护，建设多样化的城镇自然景观。结合城镇所在地的气候、土壤、城市绿地建设情况、经济基础和地域文化特征，逐步建立起有地方特色的城镇人工生态系统。随着社会的发展、科学技术的进步以及人们对城镇景观环境要求的不断提高，合理的城市绿地系统规划与景观设计对丰富城镇景观、提升城镇的整体形象具有重要作用。

一、地形与景观

自然界的土地是人类生存的基础。在土壤中生长植物，在土地上耕耘、建房，筑路。不同的自然地形又给人以不同的感受，平原山颠可以给人一种开敞、开阔的感受。土地形成的地形有山岳、丘陵、山谷、平原等，它们是形成绿地景观的基础。

土地是植物生长的基础条件。植物生长所需要的温度、阳光、水分、土壤和空气5个生态要素中的温度、阳光、水分和空气4个要素都与土壤有关，所以土壤是植物生长的物质基础，并从中获得水分、矿物质等营养元素，保证植物生长发育的需要。

土壤的结构导致了植物的多样性。一定的土壤能够适合这类植物的生长，但未必适合另一类植物的生长。植物的生态差异越大，土壤的生态植物性就越明显，在各种不同性质的土壤里，不同的湿度、不同的养分、不同的日照条件、不同的酸碱度、不同的质地，植物的生态倾向表现得都很明显。如:垂柳喜爱生长在潮湿的水边，水杉、落叶杉喜爱生长在靠水边水性的地段，而雪松则要求干燥，排水良好的条件，多砾的土壤上种植白杨树、榆树等。大部分植物都不能生长在盐碱土中，而杨柳、泡桐、木麻黄等树木以及狗牙根、桔梗草、高羊茅等草本植物可以耐一定的碱性土壤。鹃花、茶花、兰花等要求酸性土壤。只有把土壤的生态和植物的生态结合起来，植物才能有良好的生长环境。

二、土地空间构成与景观

（一）土地的围合空间

不同的地形变化会产生不同的围合空间。土地可以围成一个空间状态，其形状、大小、远近、高低会形成不同的空间效果（见图1-1）。

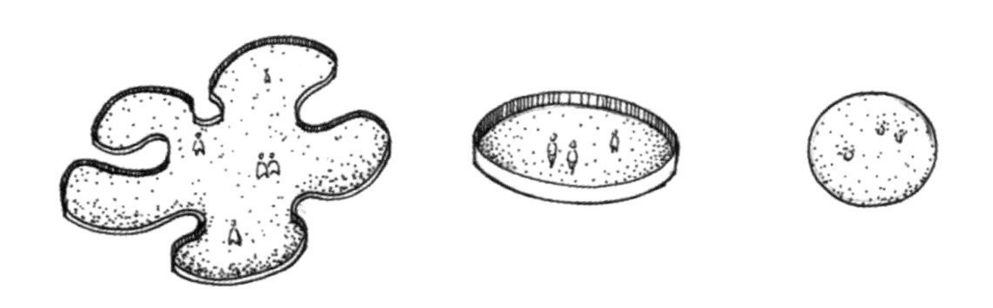

图1-1 土地的围合空间

在自然界中，我们会看到很多山谷、河谷、平原，其四周（或两个方向、三个方向）有山地相围。在那里有自然村庄，人们会感到特别安静，或是凹入的一个港池，也会使人感到特别安全，这些都是自然地理形式围合的空间给人们的心理感受。

所谓土地的围合空间就是利用土所具有的柔和性、重量感和丰富的自然性等特有的性质，限定某一特定的空间，创造出柔和的、平静的自然的环境范围，形成特定的自然景观空间。这些围合的要素，在土地的围合空间构成上具有重要的意义。由于地形环境的不同，而形成了由土构成的空间的形态、大小、围合形式的不同，因此体现出丰富多彩的空间效果。

（二）体量不同的围合效果

土地的围合产生的不同体量效果（见表1-1）。

表1-1 土地的包围产生的不同体量效果

	基本型	特性、效果及感觉
1	 30-50cm	可以阻挡一点目光，有点隐蔽性、划分空间的效果，土地的体量基本上感觉不到，是一种开敞的包围形态。
2	 1.5-2.0m	让人有被土地包围的感觉，1.5～2.0m，这个高度或多或少给人以有土地的重量感，如果包围人的空间尚无压抑感，则较为合适。
3		使人感到一个大体量，如直接用建筑物包围起来比较好，体量越大，其表面更需加以注意。
4		体量更大，但由于表面软化了，减轻了建筑体量。

（三）在人工范围内压抑感的程度

土地的围合所产生的特征、效果及感觉（见表1-2）。

由于表面状态的不同，造型轮廓的感受也不一样，如全部围合或采用覆盖作为人造山是常用的围合手法。由于覆盖材料的不同，所得到的效果也不同。因此对土地的运用设计构成空间时，视觉效果是要考虑的主要因素。

表1-2 土地的围合产生的特征、效果及感觉

	基本型	特性、效果及感觉
1		在完全的包围中，不仅有压抑感，而且这种人工物的使用方法失去了土地的效果。
2		在一定程度上，容易发挥土地的效果，但这种空间边界易产生单调感，人工物的高低或素材不同也会有较大的变化。
3		没有包围意识，使人有柔和的自然亲切感，可以与周围取得比较好的调和平衡，创新开放式的包围。

（四）斜度与坡度

一般来说，人习惯于在水平路上行走，斜面及坡度都是地形质感异常状态，诱发人们有不同的心理感受，这是倾斜面的特征。由于建造了斜面，引起使用者动态多样化，这种基本动态受地形条件左右并影响人们的心理感受（见表1-3）。

表1-3 斜面的形态及其特性、效果

	基本形态	特性、效果及感觉
1		斜面的砌筑越高，则单调。因此，在砌筑面上增加起伏变化，用花草、树木等加上去。
2		呈阶梯状的，在阶梯处有点变化，但效果不太好，需要在表面上下点功夫。
3		加强了自然性的构成，提高了面的变化性，而且还使人感到包围的感觉减弱了。

城镇绿地景观中对坡度的基本要求：

平地：1%～4%，便于活动、集散。丘陵、坡地：4%～12%，一般仍可作活动场地。陡地：大于12%，作一般活动较困难，可利用其作观众的看台或植物种植，但需有0.5%排水坡，以免积水；另外，草坪坡最好不超过25%，土坡不超过20%。

（五）自然坡地的运用与景观

首先要分析自然环境的特征，其目的在于最大地利用这些特点，将地域景观特色进一步强化。在规划过程中我们已经注意到自然景观要素的重要性，结构的形式、特色和边缘是景观规划设计的主要因素（见图1-2）。

在通常情况下，随着自然环境的改变，景观的质量也会改变。人们花了很

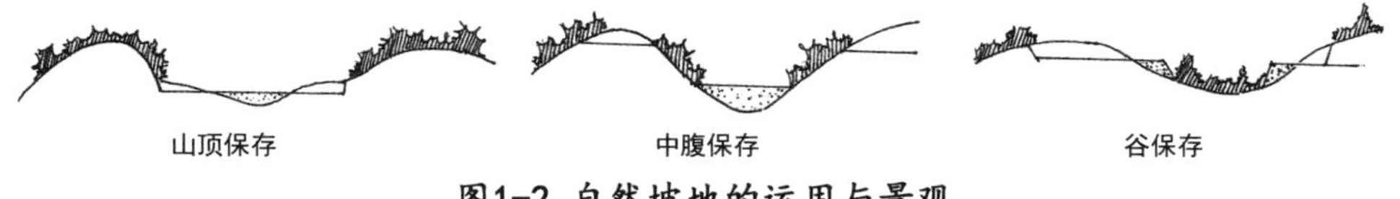

图1-2 自然坡地的运用与景观

大的力气来改变地貌，有时是无意义的，甚至破坏了景观空间环境。任何时候，一个构筑物出现在基地时，其特征将被人们注目。所以，优美景观的构成是一个连续的过程，当其与自然处于协调时才能达到最佳的景观效果。

（六）丘陵地带的景观

土地自然型在挖填地平衡、土地利用等方面问题较少，也是最容易设计的方法，但如果自然保存地宽度太狭窄，会使生态不安定且景观效果也差。另外，由于不伤害树木的施工方法很难进行，所以须留下相当自然地形的开阔度。在选择利用地形过程中，我们要限制其不利的因素，突出其自然有利的方面，使自然景观丰富而优美，山坡、岛屿及山丘，都可以这样考虑。

为了调整水平差的基本形式，丘陵地带地景观分为阶梯形与斜面式两种。阶梯形将水平差集中在法面与垂壁间而确保平坦地，阶梯形有雨水的排放和防灾的问题，而且地基平坦，可作为建筑的基地，是现在丘陵地开发的主流；斜面式将斜面尽量控制为缓坡，构成起伏丰富的空间，构造舒适有审美价值的景色。

（七）自然地形的利用与空间构成

1. 自然地形的利用

关于基础构筑的形成，整理现行的手法，可分为四种类型（见表1-4）。

表1-4 自然地形的利用

保存		开发规划上的自然保存一般是在水系保存等基础环境的保全以及乡土景观的保存上，在硬——软两方面予以保存。
强调		堆山，强化地形，达到空间高差强化的效果，可以说是现行的一般手法。局部需要可以采取，大面积采用不值。还可以进一步地细分为阶梯形与斜面式两种。
变更		斜面式，是今后必须重点考察地手法，特别是考虑到丘陵地植物复原地困难程度，我们就能理解包含自然保存地空间构成手法。
破坏		破坏自然空间，费钱不可取地挖补填高（挖平填高），是无视倾斜地有效利用的坏例子，是必须避免的。

2. 斜面的利用

倾斜地如何进行设计，是规划设计工作的重点。关于倾斜地造成的空间构成能大略的分为图示的两种基本型，即谷底中心型和顶部中心型（见图1-3）。

谷底中心型高低差的问题不太显著，在空间上构成具有视觉集合的环境。顶部中心型除了干预天际轮廓线的可能性以外，还必须考虑高低差的动态线规划，这会带来土地利用上的难点，应慎重利用。

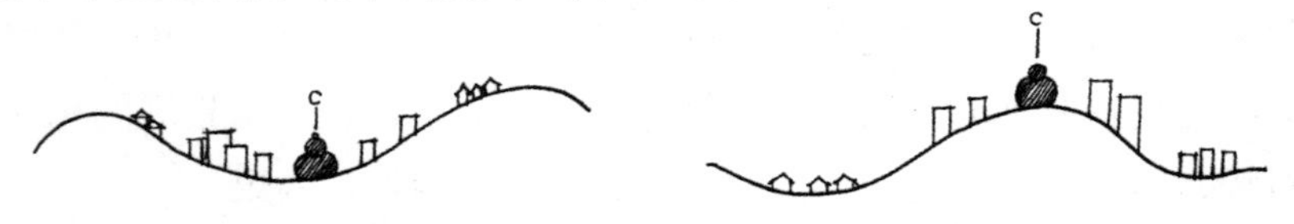

图1-3 谷底中心型和顶部中心型

由于坡度的处理和排水设计的关系，很多被规划成干线道路，一般顶部中心型设计被采用的场合较多。因此，规划顶部的场合，特别是在建筑物的配置、景观形态等方面，不应拘泥于平面规划，在做成周密的、立体的、断面构成的同时，应保持与外围景观效果的整体统一。

第二节 植物与景观

植物是指在城镇绿地景观规划设计中所需要的一切植物材料，以绿色植物为主，包括木本植物和草本植物。对植物适当加以分类，并且能够掌握其分类方法、经济价值、观赏特性及其生长特性等，对正确选用和合理配置植物具有十分重要的意义。

一、植物的分类

植物的分类方法，从绿地规划和种植设计的角度出发，常依其外部形态分为乔木、灌木、藤本、竹类、花卉、水生植物和草地七类。

（一）乔木

具有体形高大、主干明显、分枝点高、寿命长等特点。依其体形高矮常有大乔木（20m以上）、中乔木（8～20m）和小乔木（8m以下）之分。从一年四季叶片脱落状况又可分为常绿乔木和落叶乔木两类：叶形宽大者，称为阔叶常绿乔木或阔叶落叶乔木；叶片纤细如针状者则称为针叶常绿乔木或针叶落叶乔木。乔木是园林绿地规划中的骨干植物，对绿地影响很大，不论是在功能上或景观效果上，都能起到主导作用。

（二）灌木

没有明显主干，多呈丛生状态或自基部分枝,一般体高2m以上者为大灌木，1～2m为中灌木，高度不足1m者为小灌木。灌木也有常绿灌木与落叶灌木之分，主要作下层种植或基础种植，开花灌木用途最广，常用在重点美化区域和景观区。

（三）攀缘植物

凡植物不能自立，需依靠其特殊器管（吸盘或卷须），或靠蔓延作用而依附于其他植物体上的，称为攀缘植物，如地锦、葡萄、紫藤、凌宵等。攀缘植物有常绿藤本与落叶藤本之分。常用于垂直绿地，如花架、篱栅、岩石和墙壁上面的攀附物。

（四）竹类

属于禾本科的常绿乔木或灌木，其木质浑圆，中空而有节，皮翠绿色；但也有呈方形、实心及其他颜色和形状的。例如，紫竹、金竹、方竹、罗汉竹等竹类形体秀美，叶片潇洒，在人们生活中用途较广，具有很高的观赏价值和经济价值。

（五）花卉

花卉姿态优美，花色艳丽，花香郁馥，是具有观赏价值的草本和木本植物，其姿态、色彩和芳香对景观设计和人们的精神上有积极的影响，通常多指草本植物而言。根据花卉生长期的长短及根部形态和对生态条件要求可分为以下四类：

1. 一年生花卉：春天播种，当年开花的种类，如鸡冠花、凤仙花、波斯菊、万寿菊等。

2. 两年生花卉：秋季播种，次年春天开花的种类，如金盏花、七里黄、花叶羽衣甘兰等。

3. 多年生花卉：凡草本花卉一次栽植能多年持续生存，年年开花，或称宿根花卉，如芍药、玉簪、凳草等。

4. 球根花卉：多年生草本花卉的地下部分，不论是茎或根肥大成球状、块状或鳞片状的一类花卉均属此类。如大丽花、唐菖蒲、晚香玉等。

（六）水生植物

水生植物是生活在水域，除了浮游植物外所有植物的总称。水生植物在水生态系统中扮演生产者的角色，吸收二氧化碳并释放出氧气供水中的鱼类呼吸，枝叶可作为鱼类的庇护，可以减少水面反光并增添水中景色。水生植物根据其需水的状况及根部附着土壤之需要分为浮水植物、挺水植物、沉水植物和漂浮植物四类。

（七）草坪及地被植物

园林绿地中种植低矮草本植物用以覆盖地面，并为人们观赏、活动及休息而提供的面积较大的规则式草皮和略带起伏地形的自然草皮，俗称草坪。草坪可以覆盖裸露地面，有利于防止水土流失，保护环境和改善小气候，也是游人露天活动和休息的理想场地。柔软如茵的大面积草地不仅给人以开阔愉快的美感，同时也给花草树木以及山石建筑以美的衬托，所以在绿地景观中应用比较广泛。

二、自然环境对植物的影响

植物是有生命的有机体，除本身在生长发育过程中不断受到内在因素的作用外，同时还要受到外界自然环境条件的影响，比较明显的有阳光、温度、水分、土壤、空气和人类活动等。

（一）土壤

土壤是大多数植物生长的基础，从其中获得水分、氮和矿物质营养元素，以便合成有机化合物，保证生长发育的需要。但是不同的土壤厚度、机械组成和酸碱度等，在一定程度上会影响植物的生长发育和其类型的分布。土壤酸碱度影响植物养分的溶解转化和吸收。如酸性土壤容易引起缺磷、钙、镁，增加污染金属汞、砷、铬等化合物的溶解度，危害植物。碱性土壤容易引起植物的缺铁、锰、硼、锌等现象。对于植物来说，缺少任何一种它所必需的元素都会出现病态。除此之外，土壤酸碱度还会影响植物种子萌发、苗木生长、微生物活动等。

（二）温度

温度与叶绿素的形成、光合作用、呼吸作用、根系活动以及其他生命现象都有密切关系。但是由于纬度、海拔、地形和其他因素的不同，使太阳辐射能量的分配有很大差别。太阳辐射能量是热量的来源，温度是热量的具体指标，在各个不同地区所形成植物生长发育的温度条件是不同的。这些不同的温度条件长期和持久重复地作用于各种植物，各种植物在长久的生长过程中对这些不同的温度条件产生了一定的适应性，并将其有利的变异遗传下来。

（三）水分

植物的一切生化反应都需要水分参与，一旦水分供应间断或不足时，就会影响生长发育，持续时间太长还会使植物干枯，这种现象在幼苗时期表现得更为严重。反之如果水分过多，会使土壤中空气流通不畅，氧气缺乏，温度过低，降低了根系的呼吸能力，同样会影响植物的生长发育，甚至使根系腐烂坏死。不同类型的植物对水分多少的要求颇为悬殊。即使同一植物对水的需要量也是随着树龄、发育时期和季节的不同而变化的。春夏时树木生长旺盛，蒸腾强度大，需水量大。冬季多数植物处于休眠状态，需水量就少。

（四）阳光

植物的整个生长发育过程是依靠从土壤和空气中不断吸收养料有机物来维持的，然而这个吸收过程必须在有蒸腾作用存在的条件下进行。没有阳光，这个过程将无法实现，同样光合作用也会停止。所以，绿色植物在整个生长过程中需要阳光。但不同植物对光的要求并不相同，这种差异在幼龄期表现尤其明显。根据这种差异性常把植物分成阳性植物（如悬铃木、松树、刺槐、黄连木）和耐阴植物（如杜英、枇杷）两大类。阳性植物只宜种在开阔向阳地带，耐阴植物能种在光线不强和背阴的地方。植物的耐阴性不仅因树种不同而不同，而且常随植物的年龄、纬度、土壤状况等而发生变化。城镇中的树木所受的光量差异很大，因建筑物体量、色彩的不同、方向和宽度的不同而产生变化。

（五）空气

空气是植物生存的必需条件，没有空气中的氧和二氧化碳，植物的呼吸和光合作用就无法进行，同样会干枯。相反，空气中有害物质含量增多时同样对植物产生危害作用。在自然界中空气的成分一般不会出现过多或过少的现象，而城市中的空气污染会影响植物的正常生长，甚至导致其死亡，在厂矿集中的城镇附近的空气中含烟尘量和有害气体会增加，污染大气和土壤。因此在污染地区进行绿地，必须选用抗性强、净化能力强的植物。

三、植物的观赏性

通常所见的植物是由根、干、枝、叶、花和果实所组成的。根、干、枝、叶部分都与植物营养有关，所以称为植物的营养器官。而花和果实与植物的繁殖有关，因此叫做繁殖器官。这些不同的器官或整体，常有其典型的形态、色彩，而且能随季节年龄的变化而有所丰富与发展。例如枫香叶春季黄绿微红，夏季深绿，到了深秋就变为深浅不同的红色；松树的幼龄期和壮龄期的树姿端正苍翠，到了老龄期枝矫顶兀的退化。正是由于植物有一系列的色彩与形态的变化，借以组成的不同景观，才能随季节和年龄的进展而具有丰富的景观多样性。因此，我们必须掌握其不同部分、不同时期的观赏特性及其丰富的变化规律，充分利用其树容、花貌、色彩、芳香及其树干姿态等形象，结合生态习性要求，使其形成特定环境中的景观艺术效果。

（一）树根

树根的机能是使植物固定在土壤之中，并保证地上部分直立空际，同时也从土壤中吸收水分或无机物质输送至茎叶或储存养分。树根是生长在土壤中的，观赏价值不大，只有某些根系特别发达的树种，根部往往高高隆起，凸出地面，盘根错节，可供观赏。例如榕树类的盘根错节、郁郁葱葱，树上布满气生根，倒挂下来，犹如珠帘下垂，落地又可生长成粗大树干，奇特异常，具有较高的观赏价值。

（二）树干

树干的基本机能是支持树木的树冠，并负担着养分的运输和储藏的作用。树干的观赏价值与其姿态、色彩、高度、质感及经济价值都密切相关。如：银杏、香樟、珊瑚朴、银桦等主干通直、整齐壮观是很好的行道树种。白皮松，青针白干，树形秀丽，为极优美的观赏树种。梧桐皮绿干直，紫薇细腻光滑，藤萝蜿蜒扭曲、千姿百态、形态奇异。布满奇节的龙鳞竹，紫色干皮的紫竹，红色干皮的红瑞木和白色干皮的白桦等，都具有很高的观赏价值。

（三）树枝

树枝的基本功能是支持植物的叶片，树枝是树冠的“骨骼”，其生长状况，枝条的粗细、长短、数量和分枝角度的大小，都直接影响着树冠的形状和树姿的美感。例如油松侧枝轮生，呈水平伸出，使树冠组成层状，尤其老树更是苍劲。而垂柳小枝下垂，轻盈婀娜，摇曳生姿，植在水边，低垂于碧波之上，以衬托水面的优美。一些落叶乔木，冬季枝条的清晰，衬托在蔚蓝色的天空或晶莹的雪地上时，其观赏价值更具有特殊的景观艺术效果。

（四）树叶

树叶是绿色植物的重要器官，它负担着光合作用、气体交换和蒸腾作用，除此之外还能辅送和储藏养分，以及有作为营养繁殖器官的功用。叶的观赏价值主要在于叶形和叶色，一般叶形给人们的印象并不深刻，然而奇特的叶形或特大的叶形较容易引起人们的注意。如鹅掌楸、银杏、王莲、苏铁、棕榈、八角金盘等的叶形，都具有较高的观赏价值。叶色，春夏之际大部分树叶的共同颜色是绿色，常绿针叶树多呈蓝绿色，阔叶落叶树多呈黄绿色，但是到了深秋很多落叶树的叶都会变成不同深度的橙红色、紫红色、棕黄色和柠檬黄色等。利用植物叶色也是绿地景观中的重要的表现手法之一。

（五）花

花是有花植物的有性繁殖器官，种类繁多，其姿容、色彩和芳香对植物景观，对人们的精神作用都有很大的影响，如玉兰树干花，亭亭玉立，植于庭前，登楼俯视，令人意远；荷花高洁丽质，姿色嫣嫣，雅而不俗，香而不浓，具有很高的艺术观赏价值。

（六）果实与种子

植物果实与种子是植物的繁殖器官，除供食用、药用、用作香料之外，很多鲜果都具有较高外观赏价值，尤其在秋季硕果累累、色彩鲜艳，到处散发着果香的芬芳，为绿地景观增添景色。

（七）树冠

树冠系由枝、花、叶、果所组成，其形状特征是主要的观赏点之一，特别是乔木树冠的形状在景观构图中具有重要的意义。不论街道或建筑，与不同形态的乔木相配，即可产生不同的景观艺术效果。因此在设计时一定要考虑树冠的形状特征。一般可概括为：尖塔形（雪松、南洋杉）、圆锥形（云杉、落羽杉）、圆柱形（龙柏、钻天杨）、伞形（枫杨、槐树）、椭圆形（馒头柳）、圆球形（樱花）、垂枝形（垂柳、龙爪槐）、葡萄形（偃柏）等。在自然界中树冠的天然形态是复杂多变的，而且是随树龄的增长在不断地改变着它们自己的形态和体积。树冠的观赏特性除与它的形状大小有关外，树叶的构造和颜色，分枝疏密和长短，也会影响树冠的景观价值。

四、植物的搭配与景观

植物的配置与景观设计原则是与植物的功能、景观构图及植物特性的主要要求相结合的，虽然形式很多，但通常都是从以下几种基本的组合形式中演变而来的。

（一）森林

森林是大量林木结合的总体，它不仅数量多、面积大，而且还具有一定的密度和群落外貌，对周围环境有着明显的影响。为了保护环境、美化城市，除市区内需要充分绿地外，在城市的郊区开辟森林公园、度假村，都需要栽植具有森林景观效果的大面积绿地。

森林包围城镇成大地景观的效果，对于接近城市的部分森林则有艺术观赏的要求，应该按照风景园林的要求来设计，根据疏林郁闭度，一般可以按0.1～1分成十级，0.1及以下是空旷地（林中空地或荒地），仅有少数的灌木和孤立木。

1.疏林：疏林郁闭度0.1～0.3之间，空间较疏，阳光较丰，植被较丰富，可成为艺术性植物观景点。疏林郁闭度在0.4～0.6之间，常与草地相结合。疏林草地是风景区中应用最多的一种形式，也是林区中吸引游人的地方，所以疏林中的树种应该具有较高的观赏价值和景观效果，树冠应展开，树荫要疏朗，生长要强健，花和叶的色彩要丰富，树枝线条要曲折多致，树干要美观，常绿树与落叶树的比例要合适。树木种植要疏密相间，错落有致，必须使植物景观构图丰富生动而优美。林下草坪应含水量少，组织坚韧耐践踏，尽可能让游人在草坪上活动，一般不修建园路。但是作为观赏用的嵌花草地疏林，应该有路可通。为了能使林下的花卉生长良好，乔木的树冠应疏朗一些，不宜过分郁闭。

2.密林：郁闭度在0.7～1之间，阳光缺少，比较阴暗，然而在空隙地里透进一丝阳光，加上潮湿的雾气，在一些花草的地段，能形成梦幻迷离的景色。由于地面土壤潮湿，地块中植物的特殊性，不宜践踏，故游人不宜入内长时间活动。由一种树木组成的单纯密林，它没有垂直郁闭景观和丰富的季相变化。可以采用异龄树种造林，结合利用起伏变化的地形，同样可以使林冠线产生变化。林区外缘还可以配置同一树种的树群、树丛和孤植树，增强林缘线的曲折变化。林下配置一种或多种开花华丽的耐阴或半阴性草本花卉，以及低矮、开花、繁茂的耐阴灌木，形成错落有致的奇特迷人的景观效果。

3.混交密林：具有多层结构的植物群落，即大乔木、小乔木、大灌木、小灌木、高草、低草，它们各自根据自己生态要求和彼此相互依存的条件，形成不同的层次，季相变化丰富多彩。供游人欣赏的林缘部分，其垂直分层景观效果十分突出。密林种植，大面积的可采用片状混交，小面积的多用点状混交，同时要注意常绿与落叶、乔木与灌木的配合比例，以及植物对生态因子的要求。

（二）树群

大量的乔木或灌木混合栽植在一起的混合林称树群。树群主要是表现群体美，因此对单株要求并不严格。但是组成树群的每株树木，在群体外貌上都起一定的空间作用，要能使观赏者看到，所以树群中的乔木品种不宜太多，以1-2种为好，且应突出优势树种。另一些树种和灌木等作为从属的和变化的成分栽植。树群在园林绿地中通常是布置在区域的周边，用来隔离区域分隔空间，形成绿地氛围。树群在园林绿地中可以作背景处理，也可以作主景景观设计。树群从树种数量可分为单纯树群和混交树群。

1. 单纯树群

由一种树木组成，观赏效果相对稳定，树下可用耐阴宿根花卉作地被植物，组合构成植物景观。

2. 混交树群

从外观上应注意季节变化，树群内部的树木组合应符合生态要求。从景观观赏角度来讲，高大的常绿乔木应居中央作为背景，花色艳丽的小乔木应在外缘，大灌木、小灌木更在外缘，避免相互遮掩。从布局形式上可分为规则式和自然式。规则式树群按直线网格或曲线网格作等距离的栽植。自然式树群则按一定的平面轮廓凹凸地栽植，株间距离不等，一般为不等边三角形骨架组成，而且这些树木最好是具有不同树龄、不同高度、不同姿态的树冠，通常在空间较大的地段上多采用自然式的树群。

区域边缘的树群中最好部分采用区域外围的树种，有过渡呼应，便于互有联系。树群的配置还应注意层次感和轮廓线，以体现在远景欣赏的群体美感。层次一般以三层为宜，层次太多反而失去层次的感觉 （见图1-4）。树群的轮廓线特别是与天空交接处的天际线（林冠线）最为明显，树冠高低变化缓和时表现柔和平静，起伏变化时给人以强烈的动感，在需要借景的部位，树群中的树木可以降低高度，留出透视线。作背景的树群对层次轮廓色彩的处理不宜过于渲染，才能起衬托主景的作用。作主景的树群，要处理好树群边缘的布局，可以选择一些观

图1-4 树群

赏特性不同的树种形成对比，突显出层次轮廓色彩的美感。也可以在树群突出的地方布置一些相同的树种作为树群的整体，利用明暗和距离的变化使树群活泼生动起来。用树群分割空间时，空间的大小一般以树群高度的3～10倍为宜，3倍以下的空间就狭小封闭，10倍以上的空间又过于空旷。

（三）树丛

树丛作为乔、灌木成丛的栽植，既体现植物群体的美感，又可以休现每株树木的个体美。同时还要使树丛从多个角度上看起来完美统一。形式上一般采取自然形式，有时也采用规则式树丛。树丛是园林绿地景观中的重要部分，比树群更多地作主景设计，一般布置在草地、河岸、道路弯角和交叉点上。树丛也可以配合建筑物，完善建筑的功能和丰富建筑景观艺术效果，作配景来设计。平淡的树丛可以作为框架，以裁剪画面或把视线引导到主要景物。配置时树丛可由一种或几种乔木或灌木组成。

（四）对植

乔木、灌木以相互呼应的形式栽植在景观设计轴线两侧的称为对植，多用耐修剪的常绿树种，如柏树等。对植不同于孤植和丛植，前者是作配景，而后者可以作主景。种植形式有对称种植和非对称种植两种。

1. 对称种植

经常在规则式种植景观设计中运用，不论在公园或建筑物出入口两旁均可使用。街道两侧的行道树是属于对植的延续和发展。对植最简单的形式是用两棵单株乔、灌木分布在景观设计中轴线两侧，必须采用体形大小相同，树种统一，并与对称轴线的垂直距离相等的方式种植。

2. 非对称种植

多用在自然式园林绿地出入口两侧及桥头、石级磴道、建筑物门口两旁。非对称种植的树种也应该统一，但体形大小和形态可以有所变化，与中轴线的垂直距离大者要近，小者要远，才能取得左右均衡、彼此呼应、动势集中的效果。对植也可以在一侧种一大树而在另一侧种植同种的两株小树，或者分别在左右两侧种植组合成近似的两组树丛或树群（见图1-5）。

图1-5 非对称种植

（五）单植

单植主要是表现植物的个体美，在园林绿地景观形式上有两种：一是单纯作为景观设计上的单植树，一是作为园林中庇荫和景观设计相结合的单植树。单植树的构图位置应该十分突出，体形要特别巨大，树冠轮廓要富于变化，树姿要优美，开花要繁茂，香味要浓郁或色叶具有丰富季相变化的树种都可以成为单植树，例如榕树、珊瑚、黄果树、白皮松、银杏、红枫、雪松、香樟、广玉兰等。

在园林绿地中单植树常布置在大草坪或林中空地的构图重心上，与周围的景观要取得均衡呼应，四周要空旷，需留出一定的观赏视距。一般最适距离为树木高度的四倍左右。也可以布置在开阔的水边以及可以眺望辽阔远景的高地上。在自然式园路或河岸溪流的转弯处，常要布置姿态、线条、色彩等特别突出的单植树，可以起到限定空间的作用，以吸引游人继续前进，所以又称“诱导树”。在古典园林中的假山悬崖上、巨石旁边、磴道口处也常布置特别吸引游人的单植树，但是单植树在此多作配景，而且姿态要盘曲苍古，才能与透露生机的山石相协调。另外，单植树也是树丛、树群、草坪的过渡树种。

（六）行植及绿篱

在城市道路、广场和规则式的绿地中广泛采用等距的行植，以求得庄严整齐的效果。在大面积造林或防护林带中也常采用行植的形式。每行之间的组合关系可以为四方形、矩形、三角形和梅花形等。行植可以采用韵律的处理形式等，求得既有变化又统一的景观效果。也可以采用不等距的行植，求得自然的景观效果。

组成边界用的绿篱、树墙的植篱，其功能除了上述作用外，还具有组织空间，防止灰尘，吸收噪声，防风遮荫的作用。充当雕塑、装饰小品、喷泉、花坛、花境的背景，建筑基础栽植，以及作为绿色屏障。绿篱一般采用耐修剪的常绿灌木如黄杨、冬青等。

高低不同的绿篱有不同的功能，高绿篱可以阻挡视线并分隔空间，矮绿篱可以分隔空间，但不挡视线，用以引导交通。绿篱的高度可分为45cm、60cm、90cm、150cm多个层次。规则式绿地中种植的乔灌木包括绿篱，可修剪成形，如几何形、动物形、图案花纹等。

（七）地表植物

草坪是应用最广泛的地表植物。草坪在园林绿地中除供观赏外，主要用来满足广大游人的休息、运动和文化娱乐等活动，同时在防沙固土、环境保护、景观美化等方面都有很大作用，是城市园林绿地建设中主要组成要素之一。

1. 自然式草坪

主要特征在于充分利用自然地形或模拟自然地形的起伏，形成开阔或闭锁的原野草地风光。自然起伏的大小应该有利于机械修剪和排水，一般允许有3%～5%的自然坡度来埋设暗管以利排水。为加强草坪的自然态势，种植在草坪边缘的树木应采用自然式，再适当点缀一些树丛、树群、单植树之类，这样既可增加景观变化，又可以满足夏季游人庇荫乘凉功能的要求。

自然式草坪最适宜于布置在风景区和森林公园的空旷和半空旷地上。在游人密度大的地区，一般采用修剪草坪，游人密度小的地区，可以采用不加修剪的高草坪或自然嵌花草坪，使林区景观更富于野生植物群落的自然面貌。目前，在各个城市的大型公园里，到处草坪连片、绿树成荫，尤其是布置在水滨、河畔、江河岸边的草坪更显得景色秀丽，引人入胜。

2. 规则式草坪

在外形上具有整齐的几何轮廓，一般用于规则式的园林中或花坛、道路的边饰物，布置在雕像、纪念碑或建筑物的周围起衬托作用，有时为了增加草坪花坛的观赏效果，可在边缘饰以花边，红花绿草，相互衬托，效果更好。在草种选择上，北方多用高羊毛草、羊胡子草、野牛草等，而南方则常用桔缕草、假俭草、四季青等，为了达到四季常青的效果，则常采用混合的方式来种植。

除了草坪以外，还有许多大量的地被植物覆盖地皮，达到了较好的效果。如北方的三叶草、麦冬、地锦，南方的醉浆草等。有的开花，有的有色彩，达到了多样性的景观效果。用于体育场上的草坪也属于规则式草坪，对地形、排水、养护管理等方面的要求均较高。

（八）立体绿地

利用攀缘植物绿地墙面,花架、廊柱、门拱等形成垂直面的绿地。许多攀缘植物均能自动攀援，但有的不能自动攀援者需要木格子钢丝等加以牵引攀缘植物攀于大树树干的大枝上时，与环境也可以构成美妙的景观效果。

（九）水体绿地

利用水生植物可以绿化水面，增加水面的美景，有的水生植物还可以起护岸作用，有的可以净化水质。水面绿化要控制好种植的范围，不宜满铺一池，要有虚实的布置水面。另外，水面绿化应根据水深、水流和水位的状况选用不同的水生植物。

（十）花坛与花境

花境是一种大中城市公共绿地的花卉应用形式，一般沿着花园的边界线、路缘种植 （见图1-6）。

花坛是在植床内对观赏花卉规则式种植的配置方式。花坛要求有较多种类的花卉，具有不同的色彩、香味或形态，在绿地中起点缀的作用。其形式可分为：

1. 独立花坛

独立式花坛在园林绿地中独立存在，要求环境价值较高的花卉，形态多采用方形、圆形、矩形、菱形等对称图形。这种花坛又可分为三种类型：

花坛式：可包括花台、花境和花带等。

规则式：一般用矮形花卉配合草地组成图案，以达到俯视欣赏的效果。毛毯式花坛即属此类。

立体式: 一般有较大的坡度，甚至垂直于地面，可增强景观构图的视觉效果。

2. 组群花坛

由以上的个体花坛组合配合道路、广场、铺地、水池、雕塑以及座椅等组成一个不可分割的整体。花坛构图整体时的单元，按其形状可分为带状组群花坛和连续组群花坛。

图1-6 花境

五、群落化栽植与景观

（一）群落化栽植的特点

植物群落化栽植，形成以人工造林的方法达成植物生境与植物群落的在短期内形成植物群落，可快速获得适合当地自然法则且最稳定之自然植物群落。这种自然群落亦为质量俱优的绿色环境，其对涵养水源、净化空气、调节小气候、防风、防火、防声、隐蔽、美观等环境保全功能很大。此外，更具有建造成本低、抗害力强、容易维持、绿地成效大等特征。

（二）群落化栽植的应用

首先研究选定适合当地自然群落的树种。环境条件恶劣之处，则可先种植速生树种或固氮植物，然后再逐步改换为持久性树种。绿化用地的土壤改良与整地是关键工作。除保留原来林地的有机土壤及肥沃的表土外，应尽量施加有机质（泥炭土等）。如果该地没有有机表土，则需制造人工表土，即混合大量的有机质、鸡粪、树皮堆肥等。植物群落化系采用密植方式，以使其充分发挥植物生长期的竞争生育及相互保护的效益，但随着林木的生长，必将发生生长过密和自然淘汰的现象，故宜以疏开移植的方式调整林木密度。植物群落化栽植适应于大面积的城市园林绿地，包括公园、高速干道、分隔带种植区、学校、自然风景区等（见图1-7）。

第三节　水体与景观

一、水的自然形态

（一）自然水形态的分类

水资源是城市绿地的自然要素之一。自然水的形态有泉、池、溪、涧、潭、江、河、湖、海等。水向

图1-7 群落化栽植

低处流，千条溪流归大海，不同的边界、坡度、力的作用关系形成不同水景景观特征。

水的常态是液体，其状态有静态和动态之分。静态的液体有水的肌理，粼粼起伏的微波、潋艳的水光，给人以明快、恬静、休闲的感觉。动态的水体有流水、溅、喷等多种形态。流水可以是涓涓细流，也可以是水流湍急；喷泉是应用广泛的艺术表现形式，给人以明快、喜悦、变化的多种感受，也是构成城市广场的景观要素之一。

水的固态呈冰、雪、雹的形式。自然的冰雪变化意味着季节变化，如冬天的北国风光，千里冰封，万里雪飘，一片白茫茫的壮观景象……

水的气态，呈云、雾、水珠状态。大自然的景观，如高山云雾：黄山的云雾猴子观海；庐山锦绣谷的云雾变幻；西湖的雨意朦胧的景色。天空的彩云变幻万千，云雾给人以梦幻迷离的感觉，柔和而又神秘；漂流的云雾撩绕令人如梦如幻……

（二）水的空间形态

水有穿透性，从而也形成了各种形态的水的边界。水有滴水穿石之力，故而很多石头经过水的作用而形成多种不同的形态（见表1-5）。

表1-5 基本型的空间概念

基本型	形态的空间模式	动态的程度	动态的基准	自然形态的特征
人工蓄水与自然蓄水		静	面	力的平衡 大小边界
人工流 自然流 流水		平滑 涡卷 节奏	面、线	重力的作用 平衡的打破 速度、边界
人工落与自然落		动 平滑	面、线、点	力量的显示 速度、高度、流量
向上喷射		动 平滑	线、点	高度、范围、形式 向上的潜在之力

水有连续性，水因周围环境色彩的变化而呈现不同的颜色。辽阔蔚蓝的大海，反映着天光云色，反衬出环境景观的千变万化、多姿多彩。所谓“青山绿水”，一是山青水秀，二是水是周围青山色调的反映，如九寨沟有很多湖泊，有时为蓝，有时为绿，有时为红，这便对周围色彩反映的缘故。

水最富于变化，园林绿地中的水景在园林景观中起到了点色与破色的作用，如鸟瞰一片山林，林中有池，深邃而明亮，在阳光下闪闪发光，“秋波荡漾”。在建筑庭园内，一片荷塘，青翠明快，荷花点点，一池浮萍，满塘绿藻又是一片情调，给人们以美的享受。

水的光影效果有：a.水面本身的波光。水光朦胧，因折光的原因，随着波鳞而形成光的闪动变化。如海边晚霞，湖光帆影，都是水的光影的效果，给景色以潇洒飘逸之意境。b.水面倒影:由于折射而使四周景物在水中形成倒影。这种倒影随视角的位置不同而富有变化。它可以扩大空间感，加之倒影会因风而浮动，更加生动而富有意境。c.波光的反射：通过水面独有的特性，日光和烛光的照射，光通过反射印在顶棚和墙面上，具有闪亮的景观空间装饰效果。

水声，即水由震动波而致成声，依其振动的冲击量而产生不同的频率和声响。如高悬的瀑布倾泻而下，撞击顽石，水花四溅，加之山颠的回声，气势磅礴；而溪水潺潺，泉水叮咚更是净人心田。这些自然之声，常在园林绿地规划设计中被运用。

二、水体的类型

（一）水体的形式：自然式和规则式

自然式的水体为：天然的或模仿天然形状的河、湖、溪、涧、泉、瀑等，水体在园林绿地中多随地形而变化。

规则式的水体为：人工开凿成几何形状的水面，如运河、水渠、方潭、圆池、水井及几何形体的喷泉、瀑布等与雕塑、山石、花坛等共同构成景观。

（二）水体的使用功能

观赏的水体可以较小，只为景观构图之用。水面有波光倒影，又可成为风景的透视线。水中的岛、桥及岸线也能自成景观。水可以丰富景观的内容，提升观赏的审美价值。开展水上活动的水体，一般需要有较大的水面，适当的水深，清洁的水质，水岸及岸边最好有一层砂土，岸坡要和缓，还要注意观赏性的要求，使得活动与观赏能结合起来。

三、水体在城市绿地景观中的运用

在城市绿地景观规划中，水体皆为构成景观的重要要素之一，特别是中国园林绿地更有“石令人古，水令人远，园林山水，最不可无”的说法。水体在自然中的姿态面貌给人以无穷的遐思和艺术的联想，城市绿地所产生的生动优美的感人景观，增强了城市绿地景观的观赏价值与意境感受，是极富表现力的景观构图要素之一（见图1-8）。

1. 滨湖

在城镇园林绿地中，一般有广阔曲折的岸线与充沛的水量。给人们以“烟波浩森，碧波万顷”的感觉。滨湖在城市风林绿地中常成为主要的景观区域。在园林公园中常将大的水面空间加以分隔，形成几处意境不同的水景区，增加曲折深远的意境和景观效果的变化。如颐和园的昆明湖以十七孔桥连接孤岛成为与南湖的分隔线。在分隔水面时，要使山体、水系、建筑、道路、植物等形成的空间，在景观设计风格上相互联系。景观效果在变化中求统一，形成一个整体统一的富有变化的景观区。

图1-8 水生植物种植观赏

2. 流水

地表水流动的形式因幅度、落差、基面以及驳岸的构造等因素，而形成不同的自然形态。根据水流量的多少也会发生变化，水流形态、流速变化，水面的丰富变化作为城市景观的素材。

3. 溪、涧

由山间至山麓，集山水而下，至平地时汇集了许多条溪、涧的水量而形成河流。一般溪浅而阔，涧狭而深。在设计中，可设溪涧，溪涧应左右弯曲，萦回于岩石山林间，或环绕亭榭或穿岩人洞，应有分有合，有收有放，构成形态不同的水面与宽窄各异的水流。溪涧垂直处理应随地形变化，形成跌水和瀑布，落水处则可以成深潭幽谷景观效果。

4. 喷泉

在空间布局中多作为空间视线的焦点。有从泉池四周向中心喷射或在泉池中心垂直向上成水柱，竟立向下或自由下流，也有呈抛物线或水柱交织成网状。有多层或单层重叠等变化，形成奇特的喷泉空间，从而增添城市绿地景观的艺术感染力。

四、水体与其他要素的景观形式

（一）水岸

城镇绿地中水岸的处理直接影响水景的景观效果。一般有自然和人工两种形式，应尽量采取自然形式。水岸可有缓坡、陡坡甚至垂直出挑。当岸坡角度小于土壤角角度时，可利用土壤的自然坡度，有时为防止水土的冲刷，可以种植发达的植物根系，使植物根系保护岸坡，也可设人工砌筑的护坡。当岸坡角度大于土壤角度时，则需人工砌筑成驳岸。驳岸的形式，可以有规则式的和自然式的两种。规则式的驳岸系以石料、砖或混凝土等砌筑的整形岸壁。自然式的驳岸则有自然的曲折、高低等变化或以假山石堆砌而成。为使山石驳岸稳定，石下应有坚实的基础，例如按土质的情况可用梅花桩，其上铺大块扁平石料或条石，基础部分应在水位以下，上面以姿态古拙的山石堆叠成假山石驳岸。在较小的水面中，一般水岸宜有较长的直线，岸面不宜离水面太高，造成富有变化的优美景观效果（见图1-9）。

图1-9 扬州瘦西湖大门

水岸常随水位的涨落而有高低的变化，一般以常年平均水位为准，并考虑到最高水位时不致满溢，最低水位时以不感枯竭为宜。河流两岸植以枝条柔软的树木，如垂柳、榆树、乌柏、朴树、枫杨等；或植灌木，如迎春、连翘、六月雪、紫薇、珍珠梅等宜枝条披斜低垂水面，缀以花草；亦可沿岸种植同一种树种来布局设计。

（二）堤

堤，可将较大的水面分隔成不同景观区，又能作为通道。城市园林绿地中多为直堤，曲提较少。为避免单调平淡，堤不宜过长。为了便于水上交通和沟通水流，堤上常设桥。如堤长桥多，则桥的大小和形式应有变化。堤在水面的位置不宜居中，多在一侧，以便将水面划分成大小不同、主次分明、风景变化的水景区。也可以使各水景区的水位不同，以闸控制并利用水位的落差设跌水景观。用堤划分空间，需在堤上植树，以增加分隔的效果。长堤上植物花叶的色彩，水平与垂直的线条，能使景观产生连续的韵律感。

（三）岛

岛，在绿地环境中可以起到划分水面空间的作用，使水面形成富有意趣的水域，又使水面有连续感，同样能增加景观的层次感。尤其在较大的水面中，可以打破水面平淡的单调感。岛在水之中，四周有开阔的环境，所以是欣赏四周风景的眺望点，又是被四周所眺望的景观点，又可以在水面起障景的作用。岛的大小与水面大小应成适当的比例。岛上可建亭石和种植树木，取得小中见大的效果。大岛可安排建筑，以丰富岛上的景观效果。

（四）水与桥

水面的分隔及两岸的联系常用桥。水浅、距离近时也有用汀步的。一般均建于水面狭窄的地方。不宜将水面分为平均的两块，仍需保持大片水面的完整。为增加桥的变化和景观的对位关系，可应用曲桥。曲桥的转折处应有对景。通行船只的水道上，可应用拱桥。并常考虑桥拱倒影在常水位时成圆形的景色。在景观视点较好的桥上，须便于游人停留观赏。考虑水面景观对组织景观空间的需要，常应用廊桥。有时为了形成半封闭半通透的水面空间，使游人感到“浮廊可渡”之感（见图1-10）。

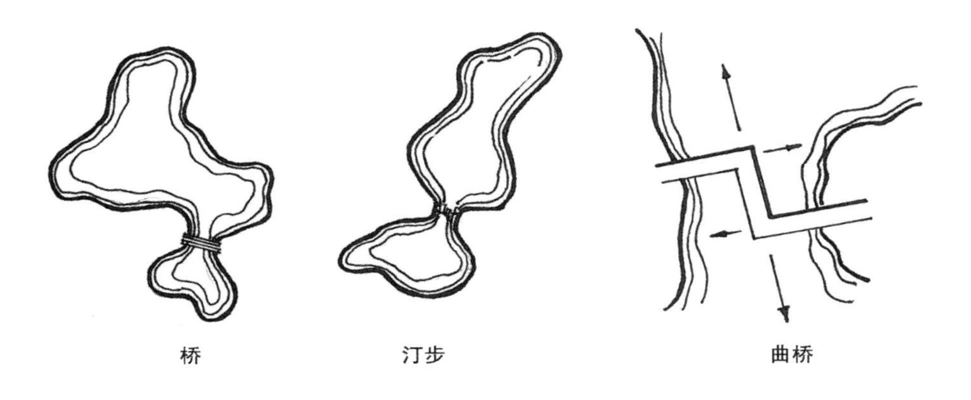

图1-10 桥、汀步、曲桥

（五） 水生植物

在园林绿地池塘，沿岸有水生植物，常在池中布置莲藕、睡莲之类的水生植物，可用缸、砖石砌成的箱等沉于水底，使植物的根系在缸、箱内生长。各种水生植物对水位的深度有不同的要求。在地下水位高时，利用地下水保持水质的清洁，成为鱼类过冬的自然之所。

第四节　山地与景观

一、依主要材料划分

1. 土山：可以利用公园内挖出的土方堆置。土山的坡度要在土壤的安息角度以内，否则就要进行工程处理。一般由平缓的坡度逐渐变陡，故山体较高时则占地面积较大。

2.石山：由于堆置的手法不同，可以形成峥嵘、妩媚、玲珑、顽拙等多变的景观，并且因不受坡度的限制，所以山体在占地不大的情况下，亦能达到较大的高度。

3.土石混合的山：以土为主体的基本结构，表面再加以点石。因基本上还是以土堆置的，所以占地也比较大，只在部分山坡使用石块挡土，故占地可局部减少一点。依点置和堆叠的山石数量占山体的比例不同，山体呈现为以石为主或以土为主，山上之石与山下之石宜通过置石联系起来。

二、观赏的山与登临的山

观赏山是以山体构成丰富的地形景观。现代园林面积大，活动内容多，可利用山体分隔空间，以形成一些相对独立的景观场所。分散的场地，以山体蜿蜒相连，还可以起到景观的联系作用。在园路和交叉口旁边的山体，可以防止游人任意穿行绿地，起组织观赏视线和导游的作用（见图1-11）。

可观可游的山因游人身临其境，故山体不能太小太低，考虑人在山上希望登高远眺的感觉，山体的高度一般应高出平地乔木的浓密树冠线，一般在10m～30m为宜。这与山上大小树木的种植有较大的关系。如果山体与大片的平地或水面相连，高大的乔木较少，则山体的高度可以适当降低。山体的体形和位置，要根据登山游览及眺望要求考虑。在山上可适当设置一些建筑或平台，作为游览的休息点，眺望的观景点，这也是山体景观的组成部分。山上建筑的体量及造型应该与山体的体量及高低相适应。建筑可建在山麓的缓坡上，亦可建在山势险峻的峭壁间、山顶或山腰等处，可形成不

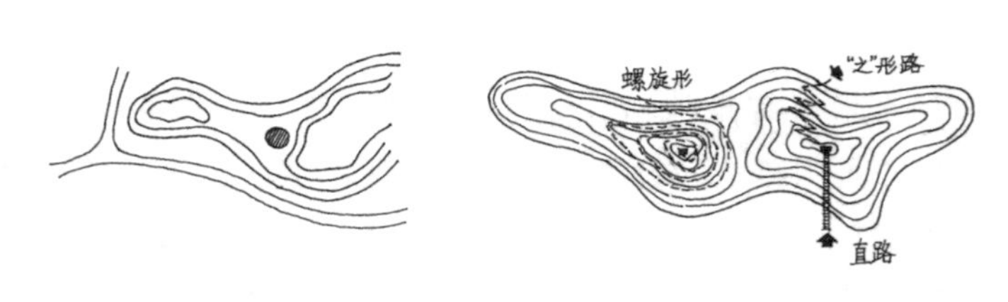

图1-11　观赏山

同景观效果。山顶是游人登临的终点，应重点布置，但一般不宜将建筑设在山顶的最高点，使建筑失去山体的背景，并使山体的体形呆滞。在山体上的建筑物，必须配合山体的地形，符合游览与观赏的功能要求，使山体与建筑达到相得益彰的效果。山与水联系在一起，使景观构图形成独特的视觉效果，使山间有水，水畔有山。体量大的山体与大片的水面，一般以山居北面，水在南面，以山体挡住寒风，使南坡有较好的小气候。山坡南缓北陡，便于游人活动和植物的生长。山南向阳面的景物有明快的色彩，如山南有宽阔的水面，则回光倒影，易取得优美的自然水景景观。

三、 叠山与置石

在城镇园林绿地中以造景为目的，应用土石等材料堆成的假山具有景观的功能作用，构成园林绿地的主景，以达到阻挡视线、划分空间的效果，并可起到驳岸、护坡、花台等作用，减少人工要素，增加自然的情趣，使园林绿地体现于自然山水之中，因此假山的表现形式也是传统山水景观的特征之一。

（一）叠石假山

在园林绿地景观中有堆山置石的传统，原因其一，堆山置石可以改造自然地形地貌，提高绿地景观品质，增加景观视像变幻，可得自然之趣；其二，采用构筑假山以提高人的视点，可满足“极目四顾”的观赏愿望，求其登高之乐；其三，千姿百态的奇峰怪石形象，具有自然山水的美感，借助山石的独特作用，采用堆土叠石成山和点石成景的构景处理手法，即使在有限的空间场地之中，也可造成景观空间的优美意境。

叠山应以自然山水的景观为师，使假山具有真山的意味，达到咫尺山林的效果。天然的山因山势不同，则构成不同景观的特征。如泰山稳重、华山险峻、庐山的云雾、雁荡山的岩瀑、桂林山的岩洞、天山的雪景等。

叠石，是堆叠山石构成的艺术造型。叠石关键在于“源石之生，辨石之灵，识石之态”。即应根据石的特性——石块的阴阳向背、纹理脉络、石形石质，使叠石形态优美而生动。

（二）置石

园林绿地中除用山石叠山外，还可以用山石零星布置，称为置石或点石。置石时山石半埋半露，别有情趣，以点缀局部景观点，如土山、水畔、庭院、墙角、路边、树下及墙角作为观赏引导和联系空间。

1.特置：以姿态秀丽、古拙或奇特的山石或峰石，作为单独欣赏而设置，可设基座，也可不设基座将山石半截埋于土中以显露自然。峰石除孤置外，也可与山石组合布置（见图1-12）。

2.群置： 以六七块或更多山石成群布置，石块大小不等，体形各异，布置时疏密有致，前后错落，左右呼应，高低不一，形成生动自然的石景。

3.散置： 将山石零星布置，所谓“攒三聚五”，有散有聚，立卧有致，或大或小。散点之石要有自然的情趣，相互联贯，彼此呼应，用少量石料就可仿效天然山体的神态之境。

图1-12 置石

第五节 公共建筑与景观

城镇绿地景观设计是依据人的意志和人的智慧塑造自然，虽然其中的建筑、山水、植物都经过了人为的设计，但山水花木仍以自然的形态展现在人们的面前。所谓人工要素主要是指各类建筑物和构筑物，前者如各种景观及建筑景观；后者包括小品、雕塑、园路、桥梁、驳岸及必需的工程设施等。改造地形地貌环境叠石、理水、种植花草树木、营造建筑和布置园路等创作而成的自然环境和优美的景观意境。同时，随着城市绿地系统的内涵与外延和社会历史与人类认识的发展而不断地拓展，城市公园、风景区等都被纳入了园林绿地系统的范畴，尤其是城镇绿地系统所带来的景观概念更扩展了城镇绿地系统的内涵。城镇绿地景观设计的发展演变，将人类文明与美好的自然环境一次又一次地亲近。

一、建筑的作用与类型

（一）园林建筑的作用

现代园林绿地除了满足人们休闲观览之外，还有娱乐、宣传等活动，而园林建筑一般都是为这些功能而设。在造型方面，对园林建筑的要求更高于其他的建筑类型，园林绿地具有改善生态环境、让人赏心悦目的功能，所以园林建筑无论在局部或整体规划设计中，常扮演着园林绿地景观主体的角色。

园林绿地的作用主要是给人以美的享受，让人从山水、花木以至包括建筑在内的各种园林景观要素组合而成的如诗如画的景色中得到赏心悦目，因而赏景就成了园林绿地景观的主要功能之一，让游人能在园林与建筑中，无论是小憩还是进行相应的活动时欣赏到周围如画的美景，所以园林建筑需要选择恰当的地形环境位置。而建筑本身特定的形象也是园林景观要素之一，它可以成为控制园景、凝聚视线的焦点。园林建筑与周围的山水花木相配置，更能使园林景观增色，所以园林建筑在造型、色彩上要更高于一般建筑类型。

园林建筑除了景观作用外，还有划分园林空间、组织游览路线的功能作用。利用前后建筑的参差错落可以分划、丰富空间层次感，同时对园林空间进行有序的分隔，能使园林形成不同的景观效果，从而使园林景观变得丰富，让游人感受到趣味无穷。利用园林建筑的主次用途，配合景观的艺术设计，往往能够对游人形成一种无形的吸引力，再用相应的造园要素如门、廊、路、桥等进行适当的空间组合，形成游览路线。随视线移动可将周围山水美景尽收眼底。

（二）传统园林建筑的类型

传统园林建筑的主要类型如图1-13所示。

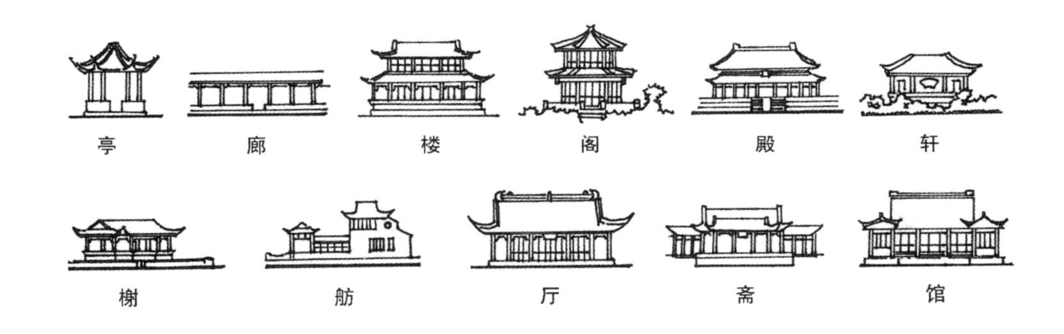

图1-13 传统园林建筑的类型

1.亭 在园林中，亭也是点景造景的重要要素，山颠水际、花间竹里若置一小亭，会增添无限诗情画意。亭的体量大多较小，形式相当丰富。亭的布置有时仅孤立一亭，有时则三五成组，或与廊相联系或靠墙垣作半亭。

2.廊 园林之中，它是一种狭长的通道，用以联系园中建筑而无法单独使用。廊能随地形地势蜿蜒起伏，属多变而无定式，因而在造园时常被作为分隔园景、增加层次感、调节疏密、区划空间的重要手法。廊大多沿墙设置，与墙之间形成大小、形状各不相同的狭小天井，其间植木点石，布置小景。由于廊较游览道路多有顶盖，更便于欣赏雨雪景致。

3. 台 台是指高耸的夯土构筑物，以作登眺之用，如苏州拙政园远香堂前平台以及留园寒碧山房前的平台等。这些台的作用乃是供纳凉赏月之用，一般称作月台或露台。

4. 轩 轩的形式有船篷轩、鹤胫轩、菱角轩、海棠轩、弓形轩等多种，具有优美的造型。其作用主要是为了增加厅堂的进深。

5. 榭 水池边的小建筑可称水榭，赏花的小建筑可称花榭等。常见的水榭大多为临水面开敞的小型建筑，前设坐栏，可让人凭栏观景。

6. 舫 舫原是湖中一种小船，供泛湖游览之用，常将船舱装饰成建筑的模样，画栋雕梁，故称“画舫”。园林之中除皇家园林能有范围较大的水面外，其余皆不能荡桨泛舟。

7. 厅堂 民间园林的主体建筑称为厅堂，其位置“先乎取景，妙在朝南”，园中山水花木常在厅堂之前展开。一些中小园林，常将厅堂坐北朝南，以争取好的朝向。

8. 楼阁 亦为园林常用的建筑类型。与其他建筑一样，楼阁除一般的功能外，它在园林中还起着“观景”和“景观”两个方面的作用。于楼阁之上四望不仅能俯瞰全园，而且还可以远眺园外的景致。景观方面，楼阁往往是画面构图的主题中心。

9. 斋 洁身净心是为斋戒，所以修身养性的场所都可称其为“斋”，于是斋就没有了固定的型式，现存的古典园林中称斋的建筑亦各不相同。但共同的特点就是环境幽邃静僻。

10. 塔 由于它姿态挺拔高耸，因而对景观起重要作用，是园林中重要的点景观建筑之一。塔还有作为地标景观的作用，有较强的景观辐射效果。

（三）现代园林绿地中建筑的特点

尽管传统园林建筑因其富有民族特色，建筑组合灵活自由而在当今的园林绿地建设中仍占有重要的一席，但现代园林绿地不仅因许多新的功能而衍生出更多新型的园林建筑类型，社会文化经济的发展而出现的大量新材料也带来许多新的结构造型，于是现代公园绿地中的园林建筑的形式和类型就变得丰富多彩，因而也难以像传统园林建筑那样以单体建筑进行分门别类，而只能按使用功能予以区分（见图1-14）。

（四）城镇园林绿地景观中的建筑应用

按人们的活动方式大致可分为静态利用、动态利用及混合式利用三种形式。

静态利用是指供游人散步、游憩、观览为主的公园绿地，为了丰富活动内容，常常在其中设置陈列室、纪念馆、展览馆、阅览室以及展示当地乡土文化的小型博物馆等等。此类陈列、展示建筑可以是一些体量不大的单体建筑，但更多的是由单体建筑围合的院落，配合植物、山石的点缀，形成幽雅的环境。在一些专业性公园，如动物园、植物园中，陈列、展览则为公园的主要形式，因而展示建筑占有极高的比重。同时作为园林绿地的组成要素之一，还应考虑其在园林绿地中景观审美的作用。

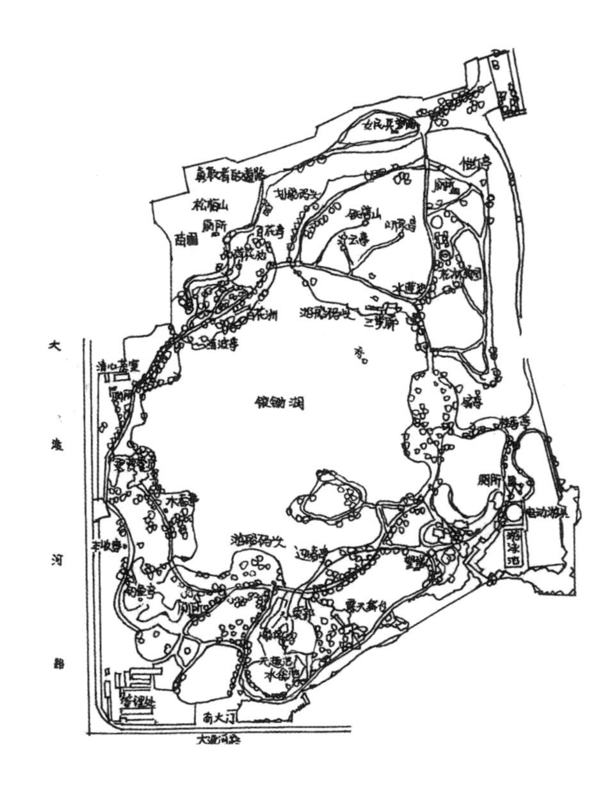

图1-14 上海长风公园

动态利用主要指游人可以参与活动的公园设施建筑。在人们日益关注城市绿地建设的今天，公园绿地周围的环境也越来越受到重视，许多场馆都设置了大面积的绿地环境，成为城市居民日常锻炼休闲的场所，也为城市绿地系统景观增添了丰富的文化。

一些规模较大的综合型公园绿地，其中常常安排多种活动内容，因而其利用可以认为是混合型的。其中的功能需要分区布置，在各个相应的区域中，通常都有服务类建筑和点景休息类建筑。

二、建筑与环境的关系

在园林绿地中，园林建筑与山、池、花木的关系是有机整体中的组成部分，相互之间的搭配虽有主次，但不能因某一要素是主体而突出，其余处于从属地位而忽略。所以处理好园林建筑与环境的关系是园林景观环境艺术手法之一。

（一）建筑与山石的关系

从景观构图的虚实关系看，建筑与山石均属“实”的范畴。在一般的情况下需要将它们分置于两个构图之中，即互为对景。当中以山石或建筑的体量来确定观赏距离，这就是传统园林普遍使用的主体厅堂之前远山近水的布置形式。如果建筑与山石需要纳人一个构图，则一定要分清主次。或以山体为主，建筑成其点缀;或以建筑为主，用峰石衬托建筑（见图1-15）。

山上设亭阁，它的体量宜小巧，形体应优美，造型要别致，加上树木衬托，与环境协调统一，其形象自然生动，可为园景增色，同时，又因其位于园中制高点上，无论俯瞰远景或远眺园外景色，都将成为重要的观赏点。对于体量巨大的山体，建筑可以被置于山脚，也可以置于山腰，甚里山坳之中，建筑的尺度固然不会超过山体，但也应根据景观构图的需要，或将建筑处理成山景的点缀或将山体作为建筑的背景。

图1-15 建筑与山石的关系

以建筑为主体，山石为辅的处理手法，传统园林中常用的有厅山、楼山、书房山等，从而产生建筑位于山脚的意境。楼山则用山石依楼而叠，甚至借山石作出上下楼的蹬道，使之既有山林一角的感觉，又与实用紧密结合，其作用依然是造成地处山林之中的情趣。此类手法所产生的艺术效果极佳，在现代公园绿地中也常常为人们所沿用。另外，用一两峰造型别致的顽石点缀于建筑的墙隅屋角，也是传统园林常用的设计手法，其作用是使原本过空的墙面得到了充实，从而使构图变得丰满。这也是我们今天常用的设计手法之一。

（二）建筑与水体的关系

水体运用在景观构图中常常表现出“虚”的特征。由于构图的虚实变化要求，更因人有亲水的特点，所以水边的建筑应尽可能贴近水面。为取得与水面调和，临水建筑多取平缓开朗的造型，建筑的色调浅淡明快，配以大树一二株，或花灌木数丛，从中产生生动迷人的倒影。

建筑与水面配合的方式可以分为以下几类：①凌跨水上，传统建筑中属于这一类的有各种水阁，建筑悬挑于水面，与水体的联系紧密。②紧临水边，水榭即属此类，建筑在面水一侧设置坐栏，游人可以凭栏观水赏鱼，极富情趣。③为能容纳更多的游人，建筑与水面之间可设置平台过渡，但应注意平台不能太高，因平台过高，与水面不能有机自然结合，就会显得生硬。像前两种建筑形式也有降低地面高度，使之紧贴水面的要求。

（三）建筑与花木的关系

在园林中建筑与花木的配合极为密切，利用花木不同的形态、位置能进一步丰富建筑景观的构图。然而，即使是花木中的大型乔木，虽然体积庞大，但与建筑比较，也会有虚实之异，所以花木除了用作对景可以成为构图的主体外，在有建筑的景观中一般只起陪衬的作用，面积不大的庭院中选用一二株乔木或少量花木予以配植，可以构成庭院小景；利用一些姿形优美的花灌木与峰石配合，点缀于墙隅屋角，若搭配恰当，也能组成优美的景观构图。建筑近旁种植高大的乔木除遮荫、观赏外，还能使建筑的构图变得丰富多彩。但为了不过多地遮蔽建筑外观、影响室内的采光和通风，大树不宜多植，且应保持一定距离。

三、建筑与环境的设计

（一）立意

园林绿地规划设计的特色，往往取决于立意新颖，而园林建筑能否吸引人同样也需创新立意在先。它在园林景观空间环境的作用，其精神作用更大于物理功能，因而对景观艺术效果的考虑就显得十分重要，而园林建筑一般在园中对景观区的构成又常处于举足轻重的地位，所以其景观区设计要比一般建筑更需注意意境营造。

所谓“立意”就是明确设计的指导思想和原则。对于整座园林或某一景区而言需要在规划之前深人了解园地及周边的自然环境、文化风俗、地形地貌、生态环境、景观特征等，确立园林的主题特征，展示其本身的风貌特色。深人细致地调查研究园地的各种环境关系，把握好从整体到细部的设计环节，统筹各要素之间的关系，都将是做到立意新颖的关键。

如图1-16所示，桂林七星岩碧虚洞建筑位于七星岩洞之侧，由一个两层的重檐阁楼、方亭及两层连廊组成。方亭接近洞口，自亭内可向下俯览洞中景色。楼阁设在洞口平台之外，有开阔的远景视野。色楼阁上下层用混凝土预制装配式螺旋楼梯连系。建筑造型吸取了广西民间建筑三江程阳桥亭的某些特征，做层层的出挑。屋面铺绿色琉璃瓦，悬挑的垂柱漆棕黄色，室内四根承重柱漆朱红色，窗槛及栏板用米黄色水刷石，木窗格漆咖啡色，楼阁及方亭基座做紫红色水刷石。整个装饰工程富有中国传统建筑的色彩感。园林建筑强调景观效果，重视立意，通过因地制宜地利用或改造地形、地貌、植被等环境巧妙地塑造具有特色的建筑景观空间。

（二）选址与布局

园林绿地建筑如果选址不妥，就难于体现所要表达的立意，甚至还可能降低景观的价值而削弱观赏效果。园林建筑的选址并非唯有固

图1-16 桂林七星岩碧虚洞

定的一点就是最佳方案，但是环境位置的不同可能会影响到整体景观效果，相应的建筑的尺度、造型也要作出调整。选址的原则应是进一步协调各种景观要素间的关系，尽可能地将可利用的所有要素为我所用，并以特定的园林建筑统领全局。园林建筑的选址还需要考虑所在优置的地质、水文、方位、风向等条件。

位置确定之后将制定规划设计。由于园林建筑景观的艺术造型和环境要求较高，布局的内容广泛，这将成为设计之中最为重要的中心环节。园林绿地中所使用的园林建筑在布局上一般有独立式布置、自由式布置、院落式布置和混合式布置四种空间组合形式。为使园林建筑景观的空间丰富，在和谐统一的基础上产生更多的变化，可以采用对比、渗透和层次等构图设计手法。根据实际需要，无论在景观的构图上还是使用功能上，应根据需要合理而精心设计，使之在环境艺术上协调统一，在功能上做到合理完善。人们从室外进入室内，空间的变化需要有一个过渡，对空间艺术处理及景观意境的欣赏和体验，也需要时间过程，而建筑空间序列就是将这种空间和时间予以恰当的组织，使空间序列设计的更为人性化。

（三）借景

园林建筑景观存在于三维空间之中，如何在有限的空间内创造出更多丰富的景观艺术效果，有效地拓展有限空间的约束，所谓“借景”就是借助园外的景物或者自然界的声、色、形，将其引入景观空间使之丰富画面、增添情趣。借景的方法有远借、邻借、仰借、俯借、应时而借等等。如果归纳起来大致可分为三维空间的借景、节气时令的借景以及四维空间的借景（见图1-17）。

图1-17 借景

尽管一座园林或建筑在艺术设计中受到了空间上的限制，但在此之外凭借视线的穿越性，有意识地将这些客体中具有价值的要素为我所用，将原本并不属于自己的景物引入景观构图设计，那么无形之中就使已有的空间扩大延深。在过去，远山、梵寺、幽林、古刹甚至相邻的府宅园林都可成为借景的素材，今天随着城市的不断发展，现代化的高楼只要能与园景和谐，也可成为借景，形成丰富的建筑景观环境。

人们欣赏的园林景观就是人所见到的某一时刻的景象。但我国古代的造园家却成功地引入了时间坐标，使园林成为一种四维的空间形象。其一是点景，也就是用文字来点明眼前能够见到的景观。这实际上仍然停留在现时的空间。其次是用典，细细品味这些文字，由此就开始将游人的思绪从现实带到了过去，凭借对中国历史及文化的了解，让游人领略到眼前的景色与历史的联系，以扩展园林景观的历史文化内涵。

（四）比例与尺度

园林建筑的比例尺度取决于建筑的使用功能，并与环境特点景观构图设计有密切联系。合理的比例尺度应该是功能、审美以及与周边环境中其他园林要素的协调统一（见图1-18）。

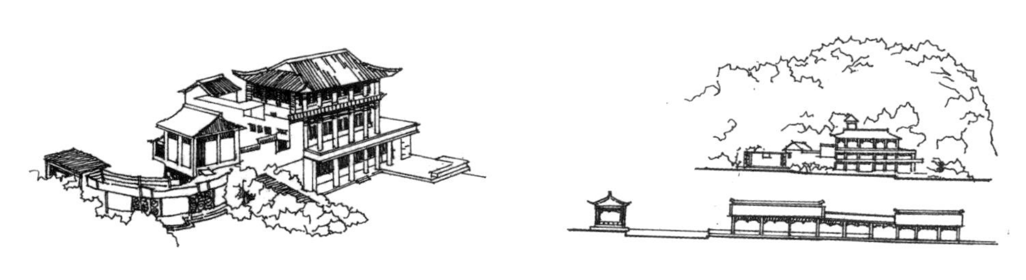

图1-18 合理的比例尺度

园林建筑空间尺度需要由整个园林环境艺术布局来确定。通常在规模不大的园林绿地中，为使空间不致过分空旷或封闭，各主要视点观景的控制视线为60～90度，或视角比值H：D（H为景观对象的高度；D为视点与景观对象间的距离）在1:1至1:3之间。对于大型风景园林所希望获得的景观效果，由于是以创造大场景为目的，构图中允许融入更多的景观要素，空间尺度的灵活性增加，所以应依据景观设计的需要来处理建筑的比例尺度，以构成丰富优美的景观空间环境。

（五）造型

在造型与风格上侧重于灵活亲切、多姿多彩，体现出富有情趣、富有个性特色的风格。充分体现和运用当地传统建筑风采与工艺特色是设计中常用的具体手法之一。借鉴其造型、色彩、装饰和空间布局手法进行建筑设计，有利于建筑地方特色的表现，使得自然环境主体中的建筑在造型上与环境协调统一。

（六）色彩与质感

建筑的色彩与质感都是人们感受建筑艺术形象的依据。不同的色调会给人以不同的联想与感受；质感则以纹理、质地产生苍劲、古朴、轻盈、柔媚的感觉。利用色彩与质感的不同特征也可造成节奏、韵律、对比、均衡等构图变化。在园林绿地中，因它还与山水、花木等自然环境要素存在着密切的联系，因而对色彩与质感的处理还应考虑与其他要素间的关系。首先应明确园林建筑是园林环境的组成要素之一，应从整体环境去构思，来推敲建筑所需要使用的材质，以便达到最佳的环境艺术效果。其次，对比或微差是使园林建筑在色彩及质感用以突出重点、取得和谐的主要方法。此外视线距离对色彩与质感具有一定影响，应结合视线距离的远近，以期形成良好景观艺术效果。

第六节　园路与铺地

一、园路的作用

园路是园林绿地景观设计的组成要素之一。园路在园中形成了园林绿地的骨架，将景观区、景观点相互联系起来，使游人能够循路行进，抵达希望前往的景观点或活动场所，同时园路还能划分空间，对园林绿地景观的构成有至关重要的作用。

（一）组织交通

公园绿地是游客较为集中的公共游憩活动场所，园路最为直接的作用是集散人流和车流。游人入园后需要前往各个不同的景观点或活动场所，一个景观点参观完毕后或许还要前往另一个景观点，这都需要用道路予以集散分流。在大型园林绿地中，园林绿地的日常维护，管理需要使用一定的运输车辆及园林机械，因此园林公园的主要道路须对运输车辆及园林机械通行能力有所考虑。中、小型园林的园务工作量相对较小，则可将这些需求与集散游人的功能综合起来考虑。

（二）引导游览

园路除了有组织交通、疏导游人的作用外，还有引导游览的功能。用园路将园林绿地的景观点、景物进行有机的组合，使园林景观沿园路展开，让游人的游览循序渐进，使观赏程序的组织趋于合理化。

（三）划分空间

具有一定规模的公园绿地，常被分划出若干各具特色的景观。园路可以用作分隔景观区的分界线，同时又通过园林道路将各个景观区联系起来，使之成为有机的整体。

（四）构成园景

为使园路坚固、耐磨，不至于因游人频繁踩踏而洼陷磨损，园路的路面通常都要采用铺装，而为了与山水花木等自然景观相协调，园路往往被设计成柔和的曲线形，因而园路本身也可与园林中的其他要素一起构成景观。园路不仅是交通通道或游览路线，而且还是园林景观的组成部分，从而使“游”和“观”达到了统一。

二、园路的类型

（一）主要园路

从出入口通往园内各景观区的中心、各主要广场、主要建筑、景观点及管理区的园路是园内人流最大的行进路线，在规模较大的公园绿地中，还有一定量的管理、养护用车需要通行，所以其需对路幅有所考虑。一般路面宽度在4～6m之间较为适宜，最宽不能超过6m。园路的两侧应有充分绿地，用高大乔木以形成浓密的林荫将会增添宁静幽深的效果，而乔木间的间隙又可构成欣赏两侧风景的景观窗（见图1-19）。

（二）次要园路

为主要园路的辅助道路，散布于各景观区之内，连接景观区中的各个景点。从人流上看，它远小于主要园路，但有时也会有少量小型服务用车的通过，因此可将宽度设计为2～4m，以便必要时能让车辆单行通过。由于次要园路已深人到景观区之中，路旁的绿地则以绿篱、花坛为主，以便近跟离地进行观赏。

图1-19 主要园路

（三）游憩小路

主要供游人散步游憩之用。小路可将游人带向园地的各个角落，如山闻、水畔、疏林、草坪之间、建筑小院等处，宜曲折自然地布置。此类小路一般考虑一到二人的通行宽度，故路宽度通常小于2m。

三、园路的设计要点

（一）交通游览性

绿地中的道路除了必需的交通功能外，还有游览观景的要求。就散步游赏而言，快捷显然不是目的，甚至还需特意延长道路，以便缓缓地散步、细细地欣赏。所以在园林中交通性和游览性是园路设计的一对矛盾，而园林的观景游憩需求使游览性成为矛盾的主要方面。园林设计分规则式和自然式，自然式可以延长游览路线，增加景观的观赏内容，规则式通常采用对称的手法，突出主体和中心，营造或庄严、或雄伟的特殊氛围。将园路分级设置也是解决交通性和游览性矛盾的一种方法，通常主要园路的交通性较强，而游憩小路更注意其游览性。所以相对于主要园路，游憩小路更为蜿蜒曲折。为更好地突出园路的游览性，园林道路通常被设计成曲线形。一方而增加了园路的长度，另一方面也能更好地与自然山水地形相和谐，此外对有车辆通行的园路，由于道路的曲折，车行速度可放慢，这对园内的安全有好处。

在游览性方面，园路虽然是游览线路的主体，但并非全部，因为园林中的建筑、广场以及景点经常被串联于园路之中，其内部参观活动的行进过程也属于游览路线的组成部分。因此园路设计必须在路幅、园路的铺装上强调主次区别别，使游人无需路标的指示，依据园路本身的特征就能判断出前行可能到达的地方。

（二）疏密关系

道路的疏密与景观区的性质、地形以及人流量有关。通常宁静的休憩区园路密度应小些，以避免相互间的干扰。游人相对集中的活动场所，园路密度可稍大，以方便游人集散。因此园路密度不宜过大，一般控制在全园总面积的10%～12%为宜。

（三）交叉口的处理

园林中道路系统需要交叉衔接，常用的园路相交形式有两路交叉和三叉交汇。为使交接自然、关观和使用便利，设计时需注意:交叉口不宜过多；主干园路间的交接最好采用正交，可将交叉点放大以形成小广场；当园路呈丁字形相交时，交点处可布置雕塑、小品等形成对景，以增强导向性和景观效果。

（四）园路与建筑

与园路相临的建筑应将主立面对向道路，并适当后退，以形成由室外向室内过渡的广场。广场的大小依据建筑的功能性质来决定，园路通过广场与建筑相联系。一些串接于游览线路中的园林建筑，一般可将道路与建筑的门、廊相接，也可使道路穿越建筑的支柱层。依山的建筑利用地形可以分层设出人口，以形成竖向通过建筑的游览线。傍水的建筑则可以在临水一侧架构园桥或安排汀步使游人从园路进人建筑。

（五）园路与山林

山路的布置应根据山形、山势、高度、体量以及地形的变化、建筑的安排、花木的配置情况综合考虑。当园路坡度小于6%时，可按一般的园路予以处理；若在6%～10%之间，就应沿等高线作盘山路以减小园路的坡度;如果园路的纵坡超过10%，需要做成台阶形，以防游人下山时难以收步。对于纵坡在10%左右的园路可局部设置台阶，更陡的山路则需采用磴道。山路的台阶磴道通常在15～20级之间要设置一段平缓的道路，以便让登山者稍作间歇调整。必要时还可设置眺望平台或休息小亭，其间置椅凳，以供游人驻足小憩、眺望观览。如果山路需跨越深涧狭谷，可考虑布置飞梁、索桥。若将山路设于悬崖峭壁间，则可采用栈道或半隧道的形式。由于山体的高低错落，山路还要注意安全问题，如沿岩崖的道路、平台，外侧应安装栏杆或密植灌木。

四、公园场地设计要点

公园绿地中的场地按功能可分为交通集散场地、游憩活动场地及生产管理场地（见图1-20）。由于各类场地性质的不同，其布局方式和设计要求须有所区别。交通集散场地有公园绿地的出入到广场以及露天剧场、展览馆、茶室等建筑前的广场等。

（一）交通集散场地

1.出入口

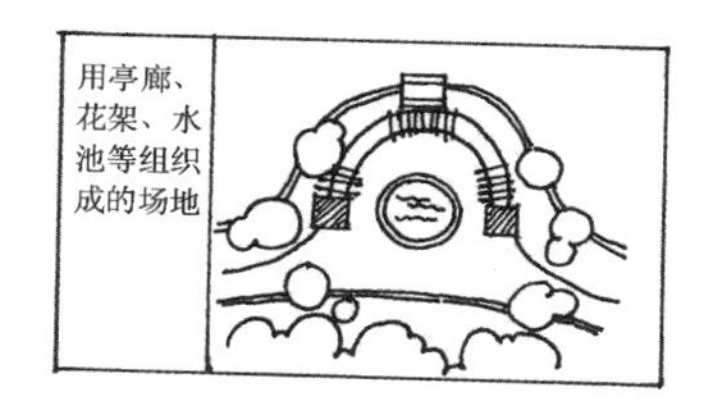

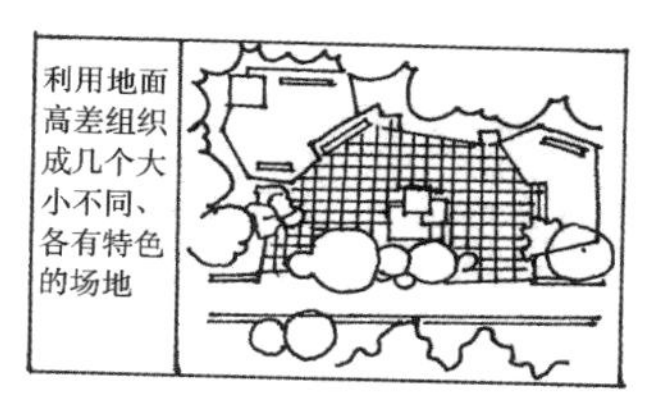

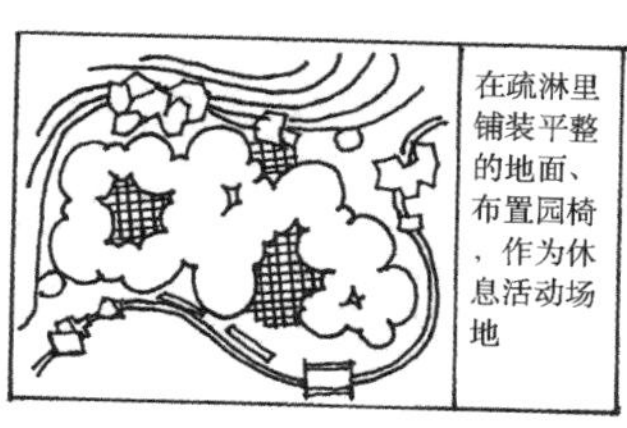

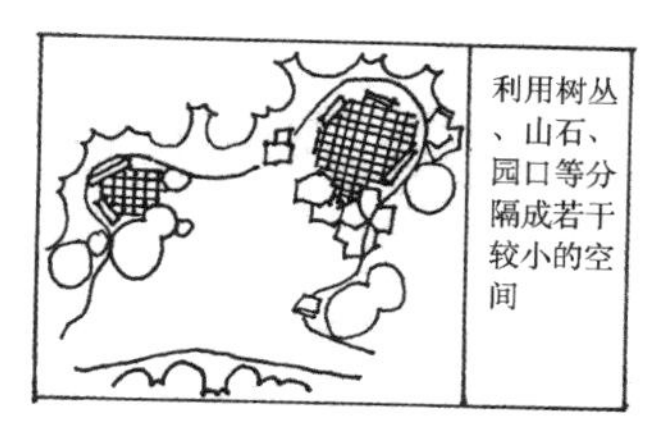

图1-20 园林场地的形式

出入口广场属于车流到园的终点或人流入园的起点，同时也可以看成是园路与城市道路的交汇点。因出入口广场常有大量的人、车需要集散，所以在功能上需考虑其使用的便利性和安全性，合理安排非机动车和机动车的停放、公交站点位置以及游人上下车、出入园林、等候所需的用地面积等相互间的关系。管理方面需要设置售票、值班等设施。作为公园绿地的窗口，入口广场在设计上要具有造型艺术特色，因此除了精心设计大门建筑外，还需布置花木、草坪、雕塑、峰石、园灯、地面铺装等园林要素以及广告宣传牌，使之最大程度地反映该园林的风貌特征，让人到此就能感受到园林艺术的无穷魅力。

2.出入口广场

公园绿地出入口广场的布置一般采用如下几种形式：①“先抑后扬”。出入口处用假山或花木绿篱做成障景，让游人经过一定的转折之后才能领略山水园景。②“开门见山”。入口开敞，不设障景，将园内如画的美景直接展示在游人的面前。③“外场内院”。出入口分别设置外部交通场地和内部步行两大部分，游人进入内院后购票入园，以减少城市交通的干扰。④“T字障景”。即将园内主干道与入口广场“T”字形交接，园路两侧布置高大绿篱，以形成障景，游人循路前行，至主交叉路口再分流到各个景观区、景观点。这种布置在目前的城市公园中最为常见。

3.建筑广场

建筑广场的形状和大小应与建筑物的功能、规模及建筑风格相一致，故有时也被当作建筑的组成部分进行设计。园林绿地中的建筑广场其本身的特点，既是相应建筑物的外延部分，也是园林绿地组成要素之一，因而需要考虑与园林景观及游览线路的联系。游人在此逗留、休息，需要安放相应的设施，如果安置雕塑、喷泉，大型花钵之类的景物时还应顾其观赏角度和距离等因素（见图1-21）。

图1-21 入口场地

（二）游憩活动场地

游憩活动场地主要用于游人休息散步、打拳做操、儿童游戏、集体活动、节日游园。此类场地在城镇公园中分布较广，因活动内容的不同其设计要求也不完全一致，但都要求做到美观、适用和具有特色。如用于晨练的广场不能紧临城市主要交通干道，周边须有良好的绿地环境，以保证空气新鲜；场地周围或大树之下应布置一定数量的园椅，以便锻炼者休息小坐；场地可以采用草坪或平整硬质铺装。集体活动的场地也要求宁静、开阔、景色优美和阳光充足，一般被布置在园地中部的草坪内，可依山傍水，四周绕以疏林，场地地面若能稍有起伏，则更增自然情趣。这样的场地即可用于集体活动，又能成为公园主体景观之一。儿童游戏场地的外围用疏林与公园主体相隔离，其中沿周围边放置园椅，供家长休息。供游人休息、散步、赏景的场地则可布置在有美景可借的地方，适当安排亭、廊、大树、花坛、棚架、园椅、山石、雕塑、喷泉等，使人能在此有较长的时间逗留。

（三）生产管理场地

生产管理场地指供园务管理、生产经营所用的场地。如今，由于公园绿地中机械的应用越来越多，工作人员的生活用车也日益普及，所以园林中的内部停车场却变得必不可少。园林中的内部停车场应与管理用的建筑相邻，设有专门的对外和对内的出入口，以方便园务工程及外界的联系。

五、公园铺地

园林铺地主要是用于园路和场地的硬质铺装。园路因表面直接承受人流、车辆的践踏和碾压，由此会引起损坏，而自然的气候变化如暴晒、严寒、风霜、雨雪等也会带来不良影响，因此园路需要予以必要的铺装处理以达到坚固、平整、耐磨的目的，同时园路作为景观的构成要素之一，需要用不同形式的铺装来到达到美观和装饰的要求，园路的表层常被各种材料进行不同形式的铺装使园路得到美化。

（一）铺地材料

现浇混凝土铺地坚实、平整、耐压并可适应气候的变化，一般在铺筑完成后无过多的养护，适用于人流较大，且有一定行车要求主干园路或公园绿地的出口广场。

沥青铺地在铺筑之初可以达到坚实、平整、耐压的要求，且不会起尘，但在烈日暴晒之下沥青会出现熔化，此时若受到重压，就会产生洼陷，需要经常性地进行修补养护。可以被用于园林的主路。

花街铺地传统园林中的花街铺是用砖瓦、卵石、石片、碎瓷、碎缸镶嵌组合而成。其图案丰富、装饰性强，在今天城市公园绿地的建设中仍被广泛运用。

（二）设计要点

天然铺装材料包括各种整形石材和天然块石。大块的整形石板缝封铺筑，具有平稳耐磨、规则整齐的特点，建筑感强，能与各类建筑相协调；而天然块石的形状随意性强，所以即使铺设在整形的园路或广场中，所形成的“冰裂”状铺地也能显示出自然的质感。而用作草坪中的步石，则更有天然的野趣。

人工铺装块材主要是预制混凝土块，也有少量使用陶质地砖的。由于人工铺装块材可根据需要设计制作成各种几何形状、各种颜色，表面处理成各种纹理，从而扩大铺地设计的自由度。在面积较大的广场上，使用单一的硬质铺地，会带来地表温度上升，这不仅对花木的生长十分不利，而且游人在夏日使用时难以忍受。如今人工铺装的块材多经过特殊处理，以增加其透气性和透水性。块状铺装形式丰富，适用于园林的各种铺地。如果再与花街铺地等进行条状组合，更会产生疏密的对比和色彩的变化，可进一步增强其装饰性。

六、园桥与汀步

道路跨越水面需要架设桥梁，而公园绿地内的桥梁除了联系交通、引导游览的功能外，还有分隔水面、构成景观空间的作用。自然风景式园林中一般都设置有各种形式的水体，大面积集中型的湖泊虽然水面开阔，但难免给人以单调之感，因此在设计时人们常采用长堤、桥梁予以分隔以丰富景观层次。而桥梁因下部架空，可使水体隔而不分，从而更有一种空灵通透的景观效果。一些造型优美的桥梁本身就能成为一处佳景。如桂林七星岩的花桥、西安兴庆公园的迎春桥、扬州瘦西湖公园的五亭桥等。

（一）园桥

园桥的造型大多取材于人们日常生活中所使用的形式。常见的桥梁有梁式桥和拱桥（见图1-22），有些地方还能见到廊桥和亭桥，在涧深流急的江河上则有使用绳桥和索桥的。传统园林中梁式桥和拱桥的运用最为普遍，中小型园林为使桥的体量能与周围的景物相和谐，一般使用贴近水面的梁式平桥。园林绿地面积稍大，为突出桥梁本身的造型则用拱桥。而一些位置较为特殊的地方也会用廊桥或亭桥予以点缀处理。视野开阔之处希望将桥设为凝聚视线的焦点。园桥的布局设计应与园林绿地的规模及周边的环境相协调。园景较丰富时跨池常采用曲桥，目的是延缓行进速度，增加游人在桥上的逗留时间，以领略到更多的水景景色，而且因每一曲桥在设计中都考虑了相对应的景物，所以行进中在左顾右盼之间感受到景致的变幻。在园林规模较大时或水体较为开阔的地方，可以用堤、桥来分割水面，变幻的造型能够打破水面的单调，而抬高的桥面还可以突出桥梁本

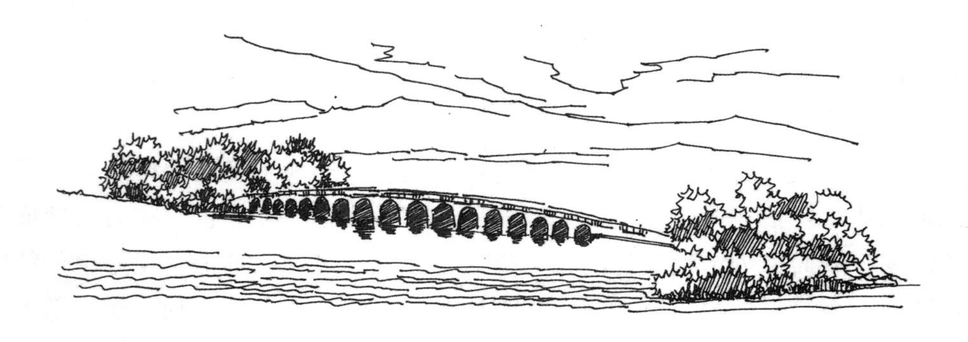

图1-22 扬州瘦西湖

身的造型艺术形象，桥下所留适宜的空间不仅强化了水体的联系，同时还能便于游船的通行。由于园林中的桥梁在功能上具有道路的性质，而造型上又有建筑的特征，因此园桥的设计需要考虑与周围景物的关系，尤其是像廊桥、亭桥，应在风格造型、比例尺度等方面特别注意与环境的协调统一。

（二）汀步

汀步也是公园绿地中经常使用的构筑物，与园桥具有相似的功能。自然界的溪流、水涧中经常有一些露出水面的砾石，人们若要跨越溪涧，常常步石凌水而过。因其景致极富野趣，流水所激潺潺有声，所以团林绿地中常以此模拟设计为汀步。在公园绿地中设置汀步，一般用于狭而浅的水体，为保证游人的安全，汀石须安置稳固，其间距应与人的步距相一致，尤其要考虑老人儿童的步距。

第七节　园林设施与小品

一、休憩性小品

休憩性园林小品主要有各种造形的园凳、园椅、园桌和遮阳伞、罩等。由于园林椅、凳主要用于室外，所以制作的材料需要考虑能承受日晒雨淋等自然力的侵蚀。固定安放在园林各处的园凳、园椅多为木、石、铁及钢筋棍凝土构成，更多的只是用木板条制作椅、凳的座面及靠背，为近现代自然风景式公园长期沿用。石构的园凳坚固耐久，十分适宜于安放在露天。石材也能加工成各种现代造型的园椅、园凳等，丰富了休憩类园林小品的种类。钢筋混凝土具有良好的可塑性，能够模仿自然材料的造型，型钢家具富有现代气息；塑料家具不仅能做成各种别致的造型而且色彩鲜艳。在园林绿地的自然主调中，点缀一些多彩的塑料桌椅，配以色彩明亮的遮阳伞罩，能使景色更为生动活泼。

二、装饰性小品

装饰性园林小品大体可包括各种固定或可移动的花盆、花钵，以及雕塑及装饰性日晷、香炉、水缸，各类栏杆、洞门、景窗等等。

（一）花盆类小品

公园绿地中设置的大型花盆与花钵主要用来植栽一些一年生的草本花卉，而且这些花卉只是在花期植入其中，并经常更换品种，使之常年保持鲜花盛开。从实用方面说，这些盆、钵主要充作种花的容器，便于移动。与室内养花一样，花盆、花钵也有造型的要求，以便与盆、钵内的花卉以及周围的园景相和谐。固定式的花盆、花钵常用石材雕凿而成，由于大型花盆、花钵造型优美，其中的花卉艳丽动人，所以常常被当作装饰性的雕塑安放于对景位置。如十字形园路的交叉点、丁字路口的顶端或者建筑广场轴线的一端。

（二）雕塑小品

纪念性雕塑大多布置在纪念性公园内，也可用于一般公园绿地。此类雕塑以纪念碑和写实的人物雕像为多，其前布置草坪或铺装广场，以供集体性的瞻仰，背后密植丛树，形成浓绿的背景，以增添庄严的气氛。

主题性雕塑可以用于大多数的公园绿地中，但需要与园林的主题相一致。如儿童公园内的雕塑应选择儿童人物、儿童故事、童话作为题材；运动公园则应与体育有关的内容。

装饰性雕塑题材广泛，形式多样，在园中设置各种独立的具象或抽象雕塑外，还有仿树杆的灯柱，仿树桩的园凳、园桌、仿木的桥梁、仿石的踏步、台阶等等（见图1-23）。

图1-23 景观雕塑小品

雕塑与环境的关系。首先，要与相邻的建筑、山水、环境、花木和谐相处，要对雕塑的题材、尺度、材料、位置予以慎重的斟酌。其次，因雕塑在园地中往往是视线的聚焦点，所以需要考虑其观赏的距离和视角。最后，题材的选择也相当重要，与当地历史、文化有联系的题材能够体现地方特色，能让观赏者产生丰富想象的雕塑可以增添艺术的感染力。

（三）栏杆、景窗类小品

栏杆主要起防护、分隔以及装饰美化的作用，坐栏还有给人小坐休息的功能，将防护、分隔与装饰美化结合起来。除了与城市空间交界处的栏杆需要有一定高度外，园内栏杆通常不宜过高。一般设于台阶、坡地、游廊的防护栏杆，高度可为85～95cm；自然式池岸不必设置栏杆，如果是整形驳岸，且在沿岸布置游憩观光道路，则可在边缘安置50～70cm的栏杆，或用40cm左右的坐栏；林荫道旁、广场边缘若设置栏杆，其高度应视需要而定，大体上控制在70cm以下；花坛四周、草坪外缘若用栏杆，其高度在15～20cm之间。常用的栏杆材料有竹、木、石、铸铁、钢筋混凝上等等（见图1-24）。

图1-24 香樟林栈道栏杆

传统的洞门和景窗虽属墙垣的一部分，但有很好的装饰性，在园林中常被用来进行引景和框景。从景观效果看，可将别致的造型、精美的框线将园景收入框中，使之成为优美生动的画面。常见的洞门形式有曲线形的，如圆月门、半月门、汉瓶门、梅花门、如意门等；直线形的则有：方形、六方形、八方形等；以直线为主，在转折处或局部加人曲线或将部分直线曲线化就成了混合形洞门。

景窗的作用有与洞门相同的一面，同时连续布置的景窗还可以对单调的墙面进行装饰，使之产生有节奏的韵律感。景窗的类型大致有三种：其一为北方古典园林使用的什锦窗，它是在墙上开设出圆形、方形、六角、八角、梅花、海棠、桃形、方形等各种造型的窗洞，四周围是以木框、两面镶嵌玻璃的景窗，这种景窗白天可为园林框景，夜晚窗内燃灯，别具一番风韵。另一为江南古典园林常见的漏窗。漏窗对园景具有阻挡的作用，游人的视线透过漏窗的间隙还能隐约见到墙内的景致，故而更能增添情趣。

三、展示性小品

公园绿地中起提示、引导、宣传作用的设施属展示性小品，主要有各种指路标牌、导游图板、宣传廊、告示牌，以及动物园、植物园、文物古迹中的说明牌等等。此类小品应根据不同功能作用内容区的位置、内容色彩材料和造型进行精心的设计。为保证即使是在露天的情况下也不致因日晒雨淋而损坏、变形，所以材料的选择就应坚实和耐久；另外，路牌、板的造型色彩与周围山水、花木等景观比例要协调，以便能够引起游人足够的注意。

四、服务性小品

小型售货亭、饮水泉、洗手池、废物箱、电话亭等可以归入服务性园林小品。作为公共场所的公园绿地还需要设置公用电话。饮水泉和洗手池等应安排在一些游人较集中的地方，经过对其精心设计、造型简洁、功能合理，还能够获得雕塑般的装饰效果。

五、游戏健身性小品

频率最高的当属老人和儿童，在公园绿地中通常都设有游戏、健身器材和设施。目前公园绿地中所使用的健身器材大多由钢件构成，结构以满足健身运动的要求设计，同时，也增进其装点绿地景观的效果。

第八节 园林照明与景观

一、照明功能分类

为满足夜晚游园赏景的需求，城市公园绿地中通常都要设置园灯。有选择地使用灯光，可以让园林中意欲显现其各自特色的建筑、雕塑、花木、山石展示出与白天相异的效果，为能实现意想中的景观效果，大致可采用重点照明、工作照明、环境照明和安全照明等方式，并在彼此的组合中，创造出无穷的景观变化。

（一）重点照明

重点照明是为强调某些特定且标而进行的定向照明。为让园林景观充满艺术韵味，在夜晚可以用灯光强调某些要素或细部。即选择定向灯具将光线对准目标，使这些物体打上一定强度的光线，而让其他部位隐藏在弱光或暗色之中，从而突出了意欲表达的物体，产生特殊的景观效果。重点照明须注意灯具的位置，使用带遮光罩的灯具以及小型的便于隐藏的灯具可减少眩光的刺激，同时还能将许多难以照亮的地方显现在灯光之下，从而产生意想不到的效果，令人感到愉悦和惊异。

（二）环境照明

环境照明体现着两方面的含义：其一是相对于重点照明的背景光线;另一是作为工作照明的补充光线。它不是专为某一物体或某一活动而设，主要提供一些必要光亮的附加光线，以便让人们感受到或看清周围的事物。环境照明的光线应该是柔和的，弥漫在整个空间，具有浪漫的情调。所以通常应消除特定的光源点，可以利用匀质墙面或其他物体的反射使光线变得均匀、柔和，也可以采用地灯、光纤、霓虹灯等，以形成一种充满某一特定区域的散射光线。

（三）工作照明

在游园过程中，观景的主体是游客。为方便人们的夜间活动，需要充足的光线。工作照明就是为特定的活动所设。工作照明要求所提供的光线应该无眩光、无阴影，以便活动不受夜色的影响。并且要注意对光源的控制，即在需要时能够很容易地被打开，而在不使用时又能随时关闭，这不仅可以节约能源，而且还可以在无人活动时恢复场地的幽邃和静谧。

（四）安全照明

为确保夜间游园观景的安全，需要在广场、园路、水边、台阶等处设置灯光，让人能够清晰地看清周围的高差障碍；在墙角、屋隅、丛树之下布置适当的照明，可给人以安全感。安全照明的光线一般要求连续、均匀，并有一定的亮度。照明可以是独立的光源，也可以与其他照明结合使用，但需要注意相互之间不产生干扰。

二、景观照明

为突出不同位置的园景特征，灯光的使用也要有所区别。园林绿地中照明的形式可分为场地照明、道路照明、轮廓照明、植物照明和水景照明。

（一）场地照明

城市园林绿地中的各类广场是人流聚集的场所，灯光的设置应考虑人的活动这一特征。在广场的周围选择发光效率高的高杆直射光源可以使场地内光线充足，便于人的活动。若广场范围较大，又不希望有灯杆的阻碍，则可根据照明的要求和所设计的灯光艺术特色，布置适当数量的地灯作为补充。场地照明通常依据工作照明或安全照明的要求来设置，在有特殊活动要求的广场上还应布置一些聚光灯之类的光源，以便在举行活动时使用。

（二）道路照明

园林绿地道路具有多种类型。对于园林中可能会有车辆通行的主干道和次要道路，需要采用具有一定亮度，且均匀地连续照明，以便行人及部分车辆能够准确识别路上的情况，所以应根据安全照明要求设计；而对于游憩小路则除了需要照亮路面外，还希望营造出一种幽静祥和的氛围，因而用环境照明的手法可使其融入柔和的光线之中。采用低杆园灯的道路照明应避免直射灯光耀眼，通常可用带有遮光罩的灯具，将视平线以下的光线予以遮挡，或使用乳白灯罩，使之转化为散射光源。

（三）建筑照明

建筑一般在园林中具有主导地位，为使园林建筑优美的造型能呈现在夜空之中，如今已普遍使用泛光照明。若为了突出和显示其特殊的外形轮廓，而弱化本身的细节，一般用霓虹灯或成串的白炽灯沿建筑的棱边安设，形成建筑轮廓灯，也可以用经过精确调整光线的轮廓投光灯，将需要表现的物体仅仅用光勾勒出轮廓，使其余保持在暗色状态中，并与后面背景分开，这种手法尤其对为营造、烘托特殊的景色和气氛的各种小品、雕塑、峰石、假山甚至大树等景物的轮廓照明，都具有十分显著的效果。

（四）植物照明

灯光透过花木的枝叶会投射出斑驳的光影，使用隐于树丛中的低照明器可以将阴影和被照亮的花木组合在一起。特定的区域因强光的照射变得绚烂与华丽，而阴影之下又常常带有神秘的气氛。利用不同的灯光组合可以强调园中植物的质感或神秘感。灯具被安置在树枝之间，可以突出景观的特色。

（五）水景照明

夜色之中用灯光照亮湖泊、水池、喷泉，则会让人体验到另一种感受。大型的喷泉使用红色、橘黄、蓝色和绿色的光线进行投射，会产生欢快的气氛;小型水池运用一些更为自然的光色则可使人感到亲切。水景照明的灯具位置需要慎重考虑，位于水面以上的灯具应将光源，甚至整个灯具隐于花丛之中或者池岸、建筑的一侧，也就是要将光源背对着游人，以避免眩光刺眼。跌水、瀑布中的灯具可以安装在水流的下方，这不仅能将灯具隐藏起来，而且还可以照亮潺潺流水，使之变得十分生动。

第二章 城镇绿地的结构与景观设计

城镇绿地的结构是景观外在呈现的内在决定性要素，它是由公共园林绿地的性质、功能所决定的，同时也受到历史文化传统、意识形态等外界因素的影响。现代城市绿地更加注重人性化，强调人的活动与需求，因此，决定了城镇绿地的空间形态和布局。

第一节 景观的特色与形式

一、景观的特色与要素组合

（一）根据绿地的性质、功能确定其结构与形式

性质、功能是影响规划结构布局的决定性因素，不同的性质、功能产生不同的规划布局形式。不同功能的区域和不同的景观点、景观区宜各得其所：安静区和活动频繁区，既有分隔又有联系。不同的景色也宜分区，使其各具特色。

（二）突出主题特征，在统一中求变化

在突出主景时，还需注意次要景色的陪衬烘托作用，处理好与次要景区的协调层次过渡关系。充分考虑工程技术上的可靠性；公共绿地布局具有艺术性、观赏性，必须建立在可靠的工程技术的基础之上。

（三）调查风景特色，明确功能要求

园林绿地的性质和功能是影响景观结构的决定因素，因此在研究一处绿地规划结构前，必须了解绿地景观在整个城市绿地系统中的地位、功能，明确其性质、规模和服务对象。一般来说，公园绿地的功能相对比较固定；风景区中景观点的功能则变化较多，往往是先有景观环境因素，而后产生各种游览要求，其功能随景而异。因此，在规划风景区或景观区中的景观点时，要调查风景的特色，明确功能要求，便于规划结构的逐步完善。

二、景观的组成要素

园林绿地形式的构成可以归纳为若干要素。即无论任何一种形式的园林绿地景观都是由人工与自然两大要素组成的，在这两大类的基础上还可将其细化。园林绿地景观设计就是利用地形、植物、水体等自然要素和建筑、道路、园林小品等人工要素作为设计要素，最后将这些要素通过设计构思有机地组合，构成具有特色的园林绿地景观效果，创造出舒适优美的环境，供人们游览观赏。

（一）自然要素

1.地形：地形是构成园林绿地的骨架，主要包括平地、丘陵、山峰、凹地、坞、坪等。地形要素的利用与改造将影响到园林绿地的结构形式、建筑的布局、植物配置、景观效果、给排水工程、小气候等诸多因素。

2.植物：植物是园林绿地设计中有生命的要素。植物要素包括乔木、灌木、攀缘植物、花卉、草坪、水生植物等。植物的四季景观、本身的形态、色彩、芳香、习性等都是园林景观的题材。园林植物与地形、水体、建筑、山石等有机组合，将形成优美、雅静的环境和景观艺术效果。

3.水体：水是园林绿地的灵魂。水体可以分成静水和动水两种类型。静水包括湖、池、塘、潭、沼等形态；动水常见的形态有河、湾、溪、渠、涧、瀑布、喷泉等。另外，水声、倒影等也是园林绿地水景景观的重要组成部分。

（二）人工要素

1.建筑：根据园林绿地设计的立意、功能、景观等需要，必须考虑建筑与环境的组合。同时考虑建筑的体量、造型、色彩以及与之配合的自然地形、园林植物、水景等诸多要素的设计。

2.道路广场：道路广场、建筑的有机组织对于园林绿地结构的形成起着决定性的作用。道路广场的形式可以是规则的，也可以是自然的，道路广场的结构将构成园林的脉络，并且起到交通组织、联系的作用。

3.园林小品：它是构成景观不可缺少的组成部分，使景观更富于表现力和文化内涵。景观小品一般包括雕塑、山石、花坛、摩岩石刻等基本要素。

三、景观的组合原则

1. 艺术性：在各要素组合的过程中体现出对美的追求、园林绿地要素之间的组合应贯彻艺术性的原则，以符合艺术审美的法则进行组合搭配，才能获得观者在美学上的认同。

2.延展性：公共园林绿地景观的四维性决定了其组成要素也具有时间上的延展性。园林要素本身不是一成不变的，要有发展的可能性，要素的可发展性才能给公共绿地带来整体的可持续发展的生命力。

3.特征性：一方面表现为要素单体的特征性，另一方面是由要素的组合搭配而体现绿地景观的整体特点。对于景观要素来讲，在组合中必须保持自己独特的与其他要素相区别的特质，这样才能通过要素之间的主从关系来确定公共绿地整体的特征。

4.模式化：要素在组合的过程中可形成不同的模式，这种模式具有一定的普遍性，可在不同的场合中运用，被复制到不同的园林中。但这种模式也不是一成不变的，在不同的环境下，组成要素的特性会有不同的变化。

四、景观的形式与结构

（一）整体特征

绿地景观最终呈现给人的是一种富有变化而又整体统一的美感形式，这种整体的美感是通过各要素的不同组合搭配而最终实现的。绿地整体统一性所表现出来的特征就是景观艺术的魂，也是绿地景观文化的精髓之所在。

（二）组合形式

1. 开门见山的组合形式

利用人们对轴线的认识和感觉，使游人始终知道主轴的尽端是主要的景观所在。在轴线两侧，适当布置一些次要景物，然后，一步一步地去接近。这在富有纪念性的园林和平坦用地上有特定要求的园林中采用较多。如南京中山陵园的布置，基本上是这种结构组合。

2. 若隐若现的组合形式

在结构上没有前者明确，一个主景统领全园，若隐若现。在山区、丘陵地带，在旧有古刹丛林中，采用这种导引手法较多。如北京北海中白塔的布置就是这种主景统帅、若隐若现的模式之一。

3. 隐而不露的组合形式

多用于山地风景区，并不刻意突出主要景观，而是将景观点分布于全园，通过游览线路进行组织，游人在一路探寻的过程中才能真正探寻园林风景的美。如杭州灵隐寺、龙井寺、虎跑等的布置基木上都是隐而不露的组合形式。

（三）景观结构

园林绿地在展示景观的过程中，通常亦可分为引景、高潮、结景三段式设计手法。其中又以高潮为主景，起和结不过为陪衬和烘托主景而设，也可将高潮和结景合为一体，成为两段式的处理。如将三段式（大型园林）、两段式（小型园林）展开。

三段式：序景——起景——转折——高潮——结景——尾景。

两段式：序景——起景——高潮——尾景。

五、 景观的设计要点

（一）功能性

园林绿地景观除了特定的功能性，还具有其美学的特征。园林绿地的整体原则表现在其整体性所呈现的功能上。园林要素的选择必须满足功能的需要。如儿童乐园的设计中不应该运用大面积的观赏性水面，而应该大量配置能满足整体功能的游乐设施。

（二）协调性

园林绿地景观的协调性就是其整体原则的体现。园林绿地作为一个系统，其系统要素之间的协调很重要。园林景观不仅要满足人们审美上的需求，而且还要满足游赏的需要，因而园林绿地景观的协调性也体现在美学观感与游览功能相协调上。

（三）层次性

园林绿地景观是由各要素组合而成的一个整体，其整体变化中必然存在层次感。对园林的观赏，离不开建筑对植物、地形、水体等各个层次的观赏。理顺园林要素各层次之间的主次关系，合理配置辅助要素；以强化主导要素，能更有效地突出园林的完整统一性。如水上公园就应该突出水体这一层次，使水体成为园林景观中的主导因素，其余要素均围绕水而展开，则层次分明、主次得当。

第二节　景观的类型与设计

一、自然式

（一）结构特征

自然式又称不规则式。自然式园林绿地一般采用山水景观理念进行设计，其特点在于把自然景色和人工造园艺术化，包括园林各要素的改造，巧妙地结合，达到“虽由人作，宛如天开”的效果。突出的园林艺术形象，是以植物、山

图2-1 自然式园林景观

体、水系为园林景观的骨架，模仿自然界的景观特征，造就成自然景观环境。自然式园林景观这种看似自自的布局，实则是对自然的模拟的手法，深受中国传统山水画写意、抽象画风的影响。山水法造园，一般“地势自有高低”，即使原地形较平坦，“开池浚望，理石挑山”“构园无格，借景有因”，所以，山水法的园林景观布局精髓在于“巧于因借，精在体宜”（见图2-1）。

（二）要素分析

1. 地形

自然式景观的设计讲究“相地合宜，构园得体”。处理地形多以“高方欲就亭台，低凹可开池沼”的“得景随形”的手法，多利用自然地形，或自然地形与人工山丘水面相结合。其最主要的地形特征是“自成天然之趣”。所以，要求再现自然界的出蜂、山巅、崖、岗、岭、峡等地貌景观。在平原则要求自然起伏、和缓的微地形，地形的剖面为自然曲线，除建筑、广场的用地外，一般不做人工的地形改造施工。

2. 植物

自然式景观种植要求反映自然界植物群落之美，不成行成排栽植，树木不修剪，配置以孤植、丛植、群植、林植为主要形式。花卉的布置以花丛、花群为主要形式。庭院内也有花台的应用，不采取行列对称，以反映植物的自然之美。

3. 水体

水体讲究“疏源之去由，察水之来历”，水景的主要类型有沏、池、潭、沼、汀、溪、涧、瀑布、跌水等。总之，水体要再现自然界水景。水体的轮廓为自然曲折，水岸为自然曲线的倾斜坡度，驳岸主要用自然山石驳岸、石矶等形式。

4. 建筑

建筑单体多为对称或不对称的均衡布局；建筑群或大规模建筑组群不要求对称，多采用不对称均衡的布局；整体布局不以轴线控制，但局部仍有轴线处理。另外，多采用峰石、假山、桩景、盆景雕像来丰富园林景观，雕像多位于透视线、风景视线集中的焦点上。

5. 道路场地

采用自然形状，以不对称的建筑群、山石、自然形式的树丛、林带等来组织空间。在空旷地和广场的外形轮廓为自然式的。道路的走向、布局多随地而设，道路的平面和剖面多为自然的起伏曲折的平曲线和竖曲线。

二、规整式

规整式也称“规则式”，整个平面布局、立体造型以及建筑、广场、道路、水面、花草树木等都要求严整对称。西方园林在18世纪英国出现风景式园林之前，基本上以规整式为主，平面对称布局，追求几何图案美，多以建筑及建筑所形成的空间为园林主体，其中以文艺复兴时期意大利台地园和17世纪法国勒诺特的凡尔赛宫苑（见图2-2）为代表。

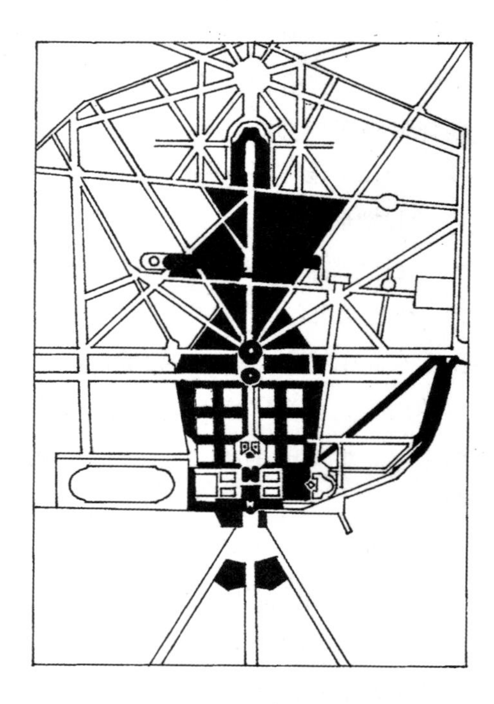

图2-2 法国凡尔赛宫苑平面图

（一）结构特征

规整式的园林组合讲究对称、轴线。在植物种植设计上，多进行树木整形。因此在形式上表现出轴线、几何、整形三大特征。规整式园林给人以庄严、雄伟、整齐之感，一般用于宫苑、纪念性园林或有对称轴的建筑庭园中。

1. 轴线

由纵横两条相互垂直的直线组成，控制全园布局构图的“十字架”，然后，由两主轴线再派生出若干次要的轴线，或相互垂直，或呈放射状分布，一般组成左右对称，有时还包括上下、左右对称的、图案性十分强烈的布局特征。

2. 几何

规整式园林在整体结构上以轴线来构筑几何形之美，同时在结构的具体要素上也大都采用几何形态，如轴线交叉处的水池、水渠、绿篱、绿墙、花坛等均采用了几何形。

3. 整形

在种植设计上，为达到对称、整齐、几何形，所以，多进行树木整形、修剪，创作出树墙、绿篱、花坛、花境、草坪，修剪树形等西方园林中规则式的种植方式。

（二）要素分析

1. 中轴线

园地在平面规划上有明显的中轴线，并依中轴线的左右前后对称或拟对称布局，园地的划分大都成为几何形体。

2. 地形

平原地区，由不同标高的平地、缓坡组成。丘陵地区由阶级台地、倾斜地面及石级组成，剖面线为直线组合。

3. 水体

水池外形为几何形，主要是圆形和长方形，驳岸严整。水景的类型有整形水池、整形瀑布、喷泉等。

4. 种植

配合中轴对称的总格局，全园树木配置以等距离行列式、对称式为主，以绿篱绿墙区划组织空间。对树枝、树形进行整形修剪，并做成绿篱、绿柱、绿墙、绿门、绿亭等形式。花卉布置，以图案式毛毡花坛、花境为主，或组成大规模的花坛群。

5. 建筑物

主要建筑对称布置在中轴线上，建筑群亦根据轴线左右对称或均衡布局，多以主体建筑群和次要建筑群形成与广场、道路相组合的主轴、次轴系统，控制全园的总格局。

6. 道路场地

以对称或规则的建筑群、林带、树墙来围成封闭的草坪和广场空间，广场多呈规则对称的几何形，主轴和次轴线上的广场形成主次分明的系统；道路由直线、几何方格、环状放射来形成中轴对称或左右规整均衡的布局系统。广场与道路构成方格形式、环状放射形、中轴对称或不对称的几何布局。

7. 其他景物

使用盆树盆花、雕像，石雕瓶饰、园灯、栏杆等装饰园景。多置于道路轴线的起点、交点、终点上，常与喷泉、水池构成水体的主景。

三、混合式

实际上绝对的规则式或自然式是少见的，它们或以规则为主或以自然为主。如颐和园的布局就是混合式，东宫部分、佛香阁、排云殿的布局为中轴对称的规则式，其他的山水亭廊却以自然式为主，是两者的结合。混合式的园林绿地布置被采用较多，如广州烈士陵园、成都文化公园均为混合式结构形式。

混合式景观的结构特征：混合式园林绿地在设计手法上综合了自然式与规整式园林，运用介于绝对轴线对称法和自然山水法之间的综合法进行设计，使园林兼具规则与自然之美，更富有活泼、灵动之趣。混合式园林的结构布置一般在主景处以轴线法处理，以突出主体；在辅景及其他区域则以自然山水法为主，少量辅以轴线，避免了大量轴线带来的刻板与程式化，为园林带来自然之美，同时轴线的存在也使得园林更有章法。大型园林一般多采用混合式结构形式进行规划设计。

四、自然景观的设计

（一）自然景观的构成与设计

自然景观是一种自然之美，它具有自身的凝聚与和谐的秩序，在这种凝聚与和谐的秩序中，所有的景观形式都是地形、气候、自然成长与自然力量的表现。自然美的特色主要体现在它的纯真、生动、朴实以及蕴籍其间的默契（见图2-3）。

传统园林主张“模仿自然、效法自然、崇尚自然、一切莫如自然”，从某种意义上讲，景观构图的设计肯定了自然的存在与特质，人们追求和向往大自然的美，但在许多场

图2-3 北京植物园生物与水景

景下能够得到的往往是经过整理设计的文化之美，这种规划设计的过程就是人为意识的体现，其主要做法有:

1.突出自然美: 使自然景物赋予“可行、可游、可望、可思”的物质与精神内容。创造人与自然的最佳和谐关系。

2.丰富自然美：使其丰富自然景观的文化内涵。采用人为环境做补充，加强自然景观的特质和人与景物的情感对话，突出其自然景观的形象。

风景区借助大自然的条件加以发挥和创造，使自然景观经过规划设计之后而与之理想的意境结合。作为自然景观的调整与加强文化内涵，通常采用以自然景物的山林池水野趣为主的设计手法，既注重保持原有自然美景的特色，又注重人文景观对自然景观的补充和加强；要顺其自然，表现大自然的感染力；不宜破坏原有自然景观的品质，应力求巧于匠心、宛自天成之美。

（二）自然景观与地域特色

自然景观有着朴实的乡土气息和地域特色，它能使人们感受到自然的魅力，表现景物的地方色彩或乡土气息的景观设计。对于自然景观来说，景观的价值在于表现景观地域特色和发展其物质与精神功能。对于自然场地和自然环境现状应十分重视，尽可能地发挥场地的优势和特征，使人工要素融合到自然要素中去。因此，景观的一切人工之作都应当从其自然景观中生根、共存和顺其自然变为有机的组成部分，这样才能既有自然风貌，又有浓厚的地域特色，表现出景观的乡土气息和富于活力的地域人文特色，使之具有自然与人文相统一的魅力。

（三）自然景观的模拟设计

图2-4 自然景观的模拟设计

人工景观设计通常是在一定的场地上进行，有的是在自然景观基础上设计，有的则是在建设施工破坏的场地上创造人工景观环境。外部空间景观环境的构思与设计，大多是以创造某一特定景观环境为前提，抓住自然景物的空间意象和景色规律，经过构思与规划设计，采用景观模拟的设计手法而再现自然景观的基本特征。把自然的气韵神采反映出来，把自然景观的内在品质、意境表现出来，做到“意因景成，景因意活”（见图2-4）。

（四）运用轴线控制景观要素

图2-5 运用轴线控制景观要素

轴线必须是一种连接两点或多点的线状单元，是一种景观的连接要素。在实际运用中，它可以是一组建筑物、城镇街道、广场、小路或林荫大道。轴线具有抑制其他景观特征的趋势。因此，一条轴线通过任何景物空间都会对其有影响的。就其轴线的性质而言，一条轴线是定向的、有规律的和起支配作用的。

由于轴线是由既定场地所导出的，所以一条轴线规划设计，可统领该场地空间向外延伸在轴线经过的地方，可以作为景点与轴线活动的根源，并可以借助景物的设计与调整空间来诱发其外向活动与视觉的转移。轴线具有控制和统一的趋势，所以，它势必把一种规律加之于空间、景物形象以及观赏者，使观赏者的行为活动、注意力、兴趣选择等均可受到轴线结构的引导和支配，并以其强大的向心力沿着一定方向排列、延伸。轴线还能使人们沿着固定的路线前进，能使人接受所接近的事物。因此，轴线在景物的对构与视线空间组织中有着重要作用（见图2-5）。

（五）自然景观的色彩

色彩有自然与人为之分，城市园林绿地、花草树木、山石水体、天空云彩、鸟兽虫鱼所呈现的色彩为自然色彩；建筑物、舟车人物的色彩是人为色彩。色彩组合得好，可呈现丰富多彩、整体统一的效果。掌握运用色彩的规律，有利于组景。一般植物的叶色虽有红色的枫、黄色的银杏，但主要为绿色，绿色是园林绿地中的主要色彩。花卉的色彩较多，而且鲜艳夺目，常作重点地位、视线集中处的景观装饰。在受光的绿色草地上或浅绿色受光的落叶树前，种植大红的花木和花卉，能取得明快的对比效果。如邻补色的对比，像金黄与大红、大红与青色、橙与紫的花卉的配植等，都会产生有明快色调的对比效果。

冷色与暖色的运用。夏季炎热地区宜植冷色花卉，花卉中青色与青紫色冷感最强。寒冷地级宜植暖色花卉。如冷色花卉与其他成补色的花卉配植，可减低冷感而变为温和色调。白色为中和色，在暗色调的花卉中渗入大量的白花，可使色调明快起来。对比色中渗入大量白色，可以缓和对比的强烈情调。在近似色的运用上，绿色观叶植物，其叶色虽为近似色，但变化丰富。另外，利用深浅明暗的色调，可组成层次分明有深厚意境的景观环境。一年四季，春夏秋冬，气温不同，植物的生长情况也不同。从开花到结果，从展叶到落叶，它们的色彩、光泽、体型都时刻在变，这是植物的季相变化。在园林绿地的植物配置中，要避免一季开花、一季萧瑟、偏枯偏荣的现象。或以春花为主，或以秋实为主，四时季相各有特色，并能使春色早临，秋色晚去……

（六）自然景观的观赏

在景观观赏中，景物不断变换，应找出贯穿在变换的景观中的主调，以便把整个园林绿地的景观统一起来（见图2-6）。静态观赏中，景物有主景、背景、配景之分。主景突出，背景以对比形式来烘托主景，配景则以调和手法来陪衬主景。把观赏的静态景观设计为连续观赏的构图，连续主景便构成主调，连续背景便构成基调，连续配景便构成配调。主调、基调必须自始至终贯穿于整个景观构图设计中，配调则需有一定变化。主调突出，配调、基调起烘云托月、相得益彰的作用。但主调也不是完全不变的，如植物种植设计中的主

图2-6 自然景观的观赏

调，由于季相变化也随之变化。因此随之出现了一个景观构图的“转调”问题。转调有急转、缓转之分。“山穷水尽疑无路，柳暗花明又一村”是急转，令人不知不觉间的转变是缓转。急转对比强烈，印象鲜明；缓转情调温和，引人入胜。

五、人文景观的设计

（一）主景与配景

景观设计无论大小均宜有主景配景之分。主景是重点，是空间构图中心，能体现园林绿地的功能与主题，富有艺术上的感染力，是观赏视线集中的焦点。配景起着陪衬主景的作用，二者相得益彰又形成景观艺术整体。不同性质、规模、地形环境条件的园林绿地中，主景配景的布置是有所不同的。如杭州花港观鱼公园以金鱼池及牡月园为主景，周围配置大量的花木（如海棠、樱花、玉竺、梅花、紫薇、碧桃、山茶、紫藤等）以烘托主景。

（二）突出主景的设计

1. 景观主体升高

主景的主体升高，可产生仰视观赏的效果。并可以蓝天、远山为背景，使主体的造型轮廓突出鲜明，不受或少受其他环境因素的影响。如南京中山陵的中山纪念堂、广州越秀公园的五羊雕塑、镇江金山寺等都是升高主体景观的设计手法。

2. 轴线和风景视线焦点

一条轴线的端点或几条轴线的交点常有较强的表现力。轴线的交点则因轴线的相交而加强了该点的重要性，故常把主景布置在轴线的端点或几条轴线的交点上。景观视线的焦点，则是视线集中的地方，也有较强的表现力。如成都杜甫草堂的布置，自大门起，过大廊到诗史堂、柴门，到达工部祠，虽然诗史堂比工部祠体量大而居中，但因轴线的延伸引导关系，势至工部祠方能终结，因此工部祠成了主景。

3. 景物动势向心

一般四周环抱的空间，如水面、广场、庭院等，其周围景物往往具有向心的动势。这些动势线可集中到水面、广场、庭院中的焦点上，主景如布置在动势集中的焦点上能得到突出。西湖四周景物和山势，基本朝向湖中，湖中的孤山便成了焦点，同样杭州的玉泉观鱼，则是利用了环境空间动势向心的规律，突出了观鱼池。

图2-7 景观空间构图中的以大衬小

4. 景观空间构图

在规则式园林绿地中将主

景布置在几何中心上，而在自然式园林绿地中则将主景布置在构图的重心上，以突出主景的作用。园林主景或主体，如体量大而高，自然容易获得主景的效果，但低而小者只要位置经营得当亦可成为主景。以小衬大，以低衬高，可以突出主景；同样以高衬低，以大衬小，也可成为主景（见图2-7）。

（三）前景、中景、背景

景观就距离远近、空间层次而言，有前景、中景、背景之分。一般前景、背景都是为突出中景而设的。如颐和园中尚未设置长廊时，万寿山上的佛香阁、排云殿等建筑群的布置有平淡松散的感觉。加上长廊后，以长廊为前景，万寿山为背景，将有关建筑群组织起来，佛香阁、排云殿等作为中景而更加突出。在绿地的种植中也有近景、中景、背景的空间组织问题，如以常绿的龙柏丛为背景，衬托以五角枫、栀子花、海棠花等形成的中景，再以月季引导作为前景，即可组成一个完整统一的景观环境。有时因不同的造景要求，前景、中景、背景不一定全都具备。如在纪念性的园林中，主景气势宏伟，空间广阔，前景不需过多渲染，能有简洁的背景适当烘托即成（见图2-8）。

图2-8 颐和园

（四）点、线、面、体的景观设计

从设计角度可以把景观布局视为“点、线、面”的成景手法，这是景观构成的有效途径。因此，它必须有赖于密切的景物组织与控制。最简单的办法是每一景观要有一个景观环境，同时要考虑有宜人眺望的景物和一个中间地区，将其三者融合为一体，就可构成令人赏心悦目的景观。一般来说，园林绿地中的“点”是在路线上可供人们停留的一些“节点”，而“景观”则是有良好观赏条件的景观要素集聚之点。每个景观点应有其独特的风格、品质和特征，并应与之相关的景物相协调、联系统一。景观的景物组织与序列规划设计，就是从诱导和指引人们去观赏景色的连续知觉出发，按照一定的行为空间的构图设计，将观赏路线上的各景观点串联起来，构成一条风景线，以形成连贯式景观带。

由若干景观点或风景线可以组成为风景面。风景面则分别由平面空间构成和垂直的视觉控制来达成。景物设计强调平面形式构成时，与其景观区、景观点的总体布局构思密切相关，重点应在景观区的平面布置与行为活动、视线的阻隔和延伸。而垂直面的景物在外部空间构景方面具有最重要的功能。通常考虑垂直的景观面不仅可以加强景物的特质与视觉效果，而且还可以强化空间的独立性、私密性和领域性，可以给观赏者在心理上建立距离感，将移情感受、行为寄托、功能需要等集中在有封闭性的场景之中。这种具有屏障作用的景观构图设计，可构成闹中求静的独特景观环境，可以加强人与景、景与情的对话。景观垂直面的构成可以借助优美的树木花卉、假山棚架、人工瀑布、喷泉、藤墙和建构筑物组群或地形地物利用等，这些能够阻隔视线和噪声的可利用物，均可获得景物与空间感受的特殊景观观赏效果。

五、传统造景手法简介

（一）框景

扬州瘦西湖上钓鱼台的小亭中通过两个大园洞窗，一框白塔，一框五亭桥，从框中观赏白塔和五亭桥，便有更高的艺术效果，增加了诗情画意。可以构成景框的因素很多，如山石洞穴、牌坊廊柱、洞门景窗，甚或林木花丛的天然疏漏空透处等，可以借天然或人工而构，向人展示经过选择的景色画面。

（二）借景

借景能扩大园林绿地空间，丰富园林景观。借景因距离、视角、时间、地点等不同而有所不同，陶渊明诗：“采菊东篱下，悠然见南山”。南山是借景，且悠然而见。通常可分为直接借景和间接借景两种。

1. 直接借景

如苏州沧浪亭，园内缺乏水面，而园外却有河浜，因此园林的布置在沿水面河洪处设假山驳岸，上建复廊及面水轩，无封闭围墙，透过复廊上面的漏窗，使园内外景色融为一体，在不觉之间便将园外水面组织到园内，是一佳例。

2. 间接借景

间接借景是一种借助水面、镜面映射与反射物体形象的构景方式。由于静止的水面能够反射物体的形象而产生倒影，镜面或光亮的反射性材料能映射出相对空间的景物，所以，这种景物借构方式能使景物视感格外深远，有助于丰富自身表象及四周的景色，构成绚丽动人的景观。

（三）分景

景观的层次变换和视像的流转是构成景观艺术魅力的条件，分景处理因功能作用和艺术效果的不同，可分为障景与隔景两种手法。

1. 障景

障景又称“抑景”。障景多设于景区入口或空间序列的转折引导处，障景不但能隐障主要景色，本身又能成景，障景处理宜有动势，高于人的视线，形象生动、构图自由，景前应有足够的场地空间接纳汇聚人流，并应有指示和引导人流方向的诱导景观。形成“山穷水尽疑无路，柳暗花明又一村”的境界。

2. 隔景

根据一定景观构图意图，借助分隔空间的多种物质技术的一种手法。隔景能丰富园景，使各景区、景点各具特色并避免游人的相互干扰。隔断部分视线和游览路线，使园景深远莫测，增加构图变化。如南京玄武湖湖面广阔，用柳堤桥梁、洲岛等来划分，造成若断若续的景面，使人泛舟湖上，如进入游不完赏不尽的自然的、文化的艺术境界。

（四）对景

在景观设计时，将有利的空间景物巧妙地组织到构图的视线终结处或轴线的端点，以形成视线的高潮和归宿，这种处理方法也叫做景物的对构。在视线的终点或轴线的一个端点设景称为正对，这种情况的人流与视线的关系比较单一；在视点和视线的一端，或者在轴线的两端设景称为互对，此时，互对景物的视点与人流关系强调相互联系，互为对景（见图2-9）。

图2-9 对景

（五）夹景

利用树丛、树列、山石、建筑等加以隐蔽，形成了较封闭的狭长空间，突出空间端部的景物。这种左右两侧起隐蔽作用的前景称为夹景。夹景是运用透视线、轴线突出对景的手法之一，能起障丑显美的作用，增加景观的深远感。

（六）漏景

漏景是由框景发展而来。疏透处的景物设计，既要考虑定点的静态观赏，又要考虑移动视点的漏景效果，以丰富景色的情趣。

（七）添景

有时为求主景或对景有丰富的层次感，在缺乏前景的情况下可作添景处理。添景可以建筑小品、树木绿地等来形成。体形高大姿态优美的树木，无论一株或几株往往能起到良好的添景作用（见图2-10）。

图2-10 添景

第三节 景观的构图与设计

一、构图原则

（一）审美性

任何艺术形式都必须符合美学的规律。绿地景观作为艺术与技术结合的产物，并没有因为技术的需求，而削弱其艺术的品质。绿地景观作为一门综合的艺术，无论是东、西方的园林，它的使用包含更多的是一种美的体验，因此绿地景观在构图上必须满足普遍的审美规律。

（二）综合性

绿地景观的实用性决定了其构成要素的多样性。景观构图不仅是决定园林的大框架，而且还要综合处理好园林各要素之间的比例尺度、对位呼应等关系。如对园林建筑的设计，除了考虑周边因素，以确定其在构图中所应占的位置以外，还要考虑到它的造型与色彩等与整个构图环境的协调关系，以及由于建筑的比例对构图空间的影响作用等。

（三）时间性

景观构图的时间性常常体现在，一是构图对速度的反映。好的园林景观构图，应做到张弛有度、富有节奏和韵律感，使游人既可静观又能动赏。而在静观与动赏之间又能品出不同的韵味。二是构图对日相和季相变化的体现一日之间有晨昏的交替，一年之中有春秋的变换，同样的园林场景在不同的时间和季节下会给人留下不同的印象，因此就会有苏堤春晓、雷峰夕照等经典场景的出现。所以，在构图设计时，如能考虑到不同时间段内景物的不同变化，为各景观点设置自己的时间片断，并将这些片断连成点、线、面，将会为游人提供丰富的景观欣赏的体验。

（四）地域性

绿地景观的地域性在构图中是不可忽视的。从区域性的角度来说，不同地域的园林绿地，其构图之间应该有明显的差异。如江南园林和北方园林之间，由于地区文化及自然条件的差异，其园林在比例尺度与对称关系上都有明显的不同。北方园林的尺度普遍较大，且构图上较崇尚有规律的对称性，而江南园林不仅小巧精致而且更为自然抒情。

二、构图规律

（一）比例与尺度

比例与尺度是绿地景观构图的基本概念，它直接影响绿地的布局与景观效果。绿地景观是由园林植物、建筑、道路、场地、山石、水体等组成的，它们之间要有一定的比例与尺度关系。景观构图中的比例是园林景物、各组成要素之间的空间、体形、体量的关系。绿地构图中的尺度是指园林景物与人的身高及使用活动空间的度量关系。人们习惯用自身的身高和使用活动所需的空间作为视觉的度量依据。造景摹仿自然山水，把自然山水经提炼后，缩小在园林之中，就整个园林中的建筑、山、水、树、路等而论，其比例是相称的（见图2-11）。就当时少数人起居游赏所需的尺度来说是合适的。如今，需容纳大量游人，因此游廊显得矮而窄，假山显得小而低，庭院不敷回旋，不能满足现代的功能要求。所以不同的功能要求有不同的比例和尺度。

图2-11 苏州网师园

绿地景观构图除考虑组成要素外，还要考虑它们互相间的比例尺度，要安排得宜、大小合适、主从分明。园林绿地因规模、用地、功能的不同，比例尺度的处理也不相同。西湖和太湖都是以湖山取胜的风景区，各有各的比例尺度关系。太湖的比例较浑厚，尺度较大，西湖的比例较较轻，尺度较小。小园林如苏州网师园，山小、亭榭小，细部处理很合比例尺度，使人产生幻觉，故能小中见大。

（二）对比与协调

对比是绿地景观艺术设计中的一个重要表现手法。绿地中的对比处理有形象的对比、体量的对比、方向的对比、开合的对比、明暗的对比、虚实的对比、色彩的对比、材料质感的对比等。对比关系运用得好，能使景色鲜明，突出主调，但在对比中应注意调和。如绿叶与牡丹的关系，主题是牡丹的红，失去了牡丹的红，绿就没有意义了。所以对比调和有着辩证的统一关系。

1. 形象的对比

如长宽、高低、大小等的不同形象的对比。以小衬大，能造成人们视觉上的幻变。建筑是人工形象，植物则是自然形象，将二者配在一起，可造成形象不同的对比。对比存在了，应考虑二者间的协调关系。所以在对称严整的建筑周围，常种植一些整形的树木，并作规则式布置以求协调。在造型比较活泼的建筑周围，则宜采用自然式布置及自然活泼的树种树形。

2. 体量的对比

体量相同的物体，放在不同的环境内，给人的感觉不会相同。在园林绿地中，常用小中见大的手法，在较小面积的用地内，能创造出自然山水的景观环境，因此为了突出主体的高大，常在主要景观的周围，配以小体量的组合内容。如在大建筑周围配以建筑小品、小树丛、山石雕像等加以衬托，造成主景更加高大的形象。

3. 方向的对比

在绿地种植上，亦常采用挺拔高直的水杉、银桦形成竖向线条，低矮丛生的灌木绿篱形成水平线条，两者组合形成对比。在空间布置上，忽而深远、忽而广阔，行成对比，增加空间方向上变化的效果。

4. 开合的对比

在空间处理上，开敞空间与闭合空间也可形成对比。在绿地中利用空间的收放开合，可形成敞景与聚景。视线远近，空间收放，收敛空间窥视开敞空间，增加空间的对比感、层次感，创造出“庭院深深深几许”的意境。

5. 明暗的对比

景物的明暗能给人不同的感受，如叶大而厚的树木与叶小而薄的树木，在阳光下给人的感受就不同。在景观区的设计上，明给人以开朗活跃的感觉，暗给人以幽静柔和的感觉。明朗的广场空地，供人活动；幽暗的疏密林带，供人散步休息。一般来说，明暗对比强的景观环境令人有轻快振奋的感受，明暗对比弱的景观环境令人有柔和幽静的感受。

6. 虚实的对比

碧山之颠置一小亭，小亭空透轻巧是虚，山颠沉重是实，形成虚实对比的艺术效果。在空间处理上，开敞是虚，闭合是实，虚实交替，视线可通可阻。可从通道、走廊、漏窗、树干间去看景物，也可从广场、道路、水面上去看景物，由虚向实或由实向虚，遮掩变幻，增加景观观赏效果。

7. 色彩的对比

作为一个景观区的主景，可考虑用环境色彩的对比关系来加以突出。建筑的背景如为深绿色的树水，则建筑可用明亮的浅色调，加强对比，突出建筑。植物的色彩一般是比较调和的，因此在种植上多用对比，产生层次。秋季在红艳的枫林、黄色的银杏树之后，宜用深绿色的背景树木来衬托。湖岸种桃植柳，宜桃树在前，柳树在后。柳绿桃红，以红依绿，以绿衬红，水上水下兼有虚实之趣。

8. 材料质感的对比

绿地景观中可利用植物、建筑、道路场地、山石水体等不同材料的质感组成对比。在植物之间，也因树种的不同，而有粗糙、光洁厚实与透明等的不同。建筑上利用材料质感的对比，可形成浑厚、轻巧、庄严、活泼，或以人工性或以自然性的不同景观效果。

（三）对位与呼应

在绿地景观的布局中，各组成要素之间也有对位关系。如道路、桥梁、广场的对位关系；建筑的出入口与广场、道路的对位关系;建筑组群之间的对位关系；绿地种植之间的对位关系;绿地种植与建筑、广场、道路的对位关系等。对位得宜，功能与景观效果好，将使整个规划布局协调统一。

（四）对称与均衡

在绿地景观中，要考虑景物的平衡稳定问题。势若将倾的大树、山石、建筑，给人不安定的感觉。如布置不当，或上重下轻、左重右轻，也会在人的心理上引起不平衡或不安的感觉。故在园林绿地中，除有意造成的动势景物，如悬崖峭壁、古树将倾等外，一般都要注意平衡问题。平衡可从对称和均衡两种情况来考虑。

对称的布置有中轴线可循，常给人以庄重、严整的感觉，在规则式绿地景观中采用较多。纪念性园林、某些大型公共建筑的庭园，如南京雨花台烈士陵园、中山陵、北京农业展览馆等采用对称布置。

均衡是在不对称的布置中求得平衡的处理手法。均衡的处理，基本上以导游线前进方向，根据游人所见景观的构图来考虑平衡。不均衡就是有动势的感觉。因此应在动势中求均衡，在均衡中蕴藏动势。

（五）韵律与节奏

在自然界中，许多现象常是有规律的重复出现，有节奏的重复变化。在绿地景观中，也常有这种现象;如在一个带形用地上布置花坛，设计成一个长花坛好，还是设计成几个花坛并列起来好，都涉及到构图中的韵律节奏问题。所谓韵律节奏即是某些组成因素做有规律的重复，再在重复中又组织变化。重复是获得韵律的必要条件，但只有简单的重复易感单调，故在韵律中又有组织节奏上的变化。所以韵律节奏是园林景观构图艺术形式多样化的重要表现手法之一。

（六）整体与局部

整体与局部的关系表现为两种：一种是局部与整体关系密切，甚至局部统领整体，成为整个景观的核心精神之所在，大多数绿地景观都存在这种主次分明的现象。凡是由若干空间组成的绿地景观无论其规模大小，为了突出主题，必使其中的一个空间或由于面积显著大于其他空间，或由于位置比较突出，或由于景观环境特别丰富，或由于布局上的向心作用，使得景观内容丰富多彩。

（七）比拟联想

在绿地景观中不仅要有优美的景观环境，而且要营造有幽深的意境氛围。能寓情于景，寓意于景，把情与意通过景的设计而体现出来，使人能触景生情，因情联想，把它扩大到比园景更广阔更久远的精神境界中去，创造诗情画意的景观艺术环境。

1. 运用植物的特征、姿态、色彩给人的不同感受而产生比拟联想

如松——象征坚贞不屈、万古长青的气概；竹——象征虚心有节、清高雅洁的风尚；梅—象征不畏严寒、纯洁坚贞的品质；兰——象征居静而芳、高风脱俗的情操；菊——象征不畏风霜，活泼多姿。从色彩来说，白色象征纯洁，红色象征活跃，绿色象征和平，蓝色象征幽静，黄色象征高贵，黑色象征悲哀。但这些只是象征而已，并非定论，而且因民族、习惯、地区、处理手法等的不同而有很大的差异，如松、竹、梅有“岁寒三友”之称，梅、兰、菊、竹有“四君子”之称。

2. 运用文物古迹而产生的比拟联想

文物古迹令人深思遐想，游成都武侯祠，会联想起诸葛亮的政绩和三足鼎立的三国时代的“历史场景”；游成都杜甫草堂，会联想起杜甫的富有群众性的传诵千古的诗章；文物在观赏游览中也具有很大的吸引力。在园林绿地的规划设计中，应掌握其特征，加以发扬光大。如国家或省、市级文物保护单位的文物、

古迹、故居等，应分别情况，“整旧如旧”，还原本来面目，使其在旅游文化产业中发挥更大的作用（见图2-12）。

图2-12 北海公园

3.运用景物的命名和题咏等而产生的比拟联想

优美的景物命名和题咏，对景观环境能起画龙点睛的作用。如含意深、兴味浓、意境高，能使游人有诗情画意的联想。陈毅游桂林诗有云：“水作青罗带，山如碧玉簪。洞穴幽且深，处处呈奇观。桂林此三绝，足洪一生看。春花娇且媚，夏洪波更宽，冬雪山如画，秋桂馨面丹。”描绘出桂林山清水秀的自然景色，提升了风景游览观赏的艺术价值。

三、景观动态空间构图

根据人的行为活动、知觉心理特征，以及时间与自然气候条件的变化与差异，有效组织观赏路线和观赏点，可以形成连续、完整、和谐而多变的动态空间构图。

（一）方向与方位的引导

利用人的运动知觉，让自然景物在人们的心理形成运动和追随，给人以一种期待、向往、探求的感觉，以引导人们前进、停留、转向和达到目的。方向引导是从景物的视线组织和易识别环境的功能出发，使人易于了解自己所处的位置，辨明要去的方向和目标，从最近、最好的观赏角度去接近景物，使人认知并体察环境，观赏景观，在头脑中形成清晰的意象，由联想而产生移情感受。为满足观赏行为心理和动态景色的美感要求，景观点间的联结通常是采用路线长度安排、有兴趣的景观点组织、景观特质表现、足够的预示和诱发性景物构设、可达途径、动态空间景物造型等方式来实现。此外，还可借助艺术表现手法，在空间景物布置时给予“悬念”，使游赏者又必将进入另一景观空间环境。

（二）动态景观构图

人们喜欢看变化着的景物。一处风景虽有如画般的品质，也只能在经常变动距离和方位的动态观赏下，才会显得更为丰富动人，这是由于人们在运动过程中，对变化着的因素常会感到引以为乐。这些变化着的因素一般是指景观品质、光线、色彩、时间、质感、温度、气味、声音、景色变化，以及事物、空间、景物之间的流转变化等。对于空间景物构设，设计者可以借助这些变化因素进行创作，并以此来引导人的行为活动，激发人们的移情移景的心理反应，增加赏景的兴趣。因此，景观构图设计，应当注重动态景象的空间联系，并使相关景观要素在变化中延伸，不断处于动态平衡状态与美的变幻之中，以求在景观构图设计之中找到其适切的位置。通常采用一景多视点的组景手法，可以有效地增强景物的立体空间动态感，亦可构成“横看成岭侧成峰，远近高低各不同”的意境变化（见图2-13）。

图2-13 杭州曲院风荷公园

（三）景观的动势感

人的心理感受是人在一定条件下对景物的主观反映，是通过感官及思维产生的联想。一处景观可以引起许多不同的感受，这是由于观赏者的视觉与审美观不同造成的结果。景观的动势感是通过构景与造型而造成的一种节律性的视觉感受和情趣，它可以诱导人们的视线、心理反应与行为活动。动势感是将相关景观要素加以巧妙的组织，使之表现为具有长短、大小、高低、强弱、起伏、刚柔、曲直等周期性或规则性的变化，并使其带有流动感或生命感的倾向，让人们觉得景物既是自然的涌现，又是富于律动性节奏的动感。为了表现景物的动势情感或具有象征性的意境，常采用感觉——知觉——概念形式的构景联想方式，来获得景观的动势情感和意境。

（四）景观区域空间贯通

人们是以形式与观念来决定行动的。对于人的观赏路线、速度、距离、活动特征及感受量等因素，在景观构图中应予合理的组织和设计。景观点布局、景物造型通常要与景观区空间构图相结合，使景观空间含蓄有致，回环相通，互相连贯和延续不绝，让景物与空间渐次出现，景色依次展开，形成有一气呵成之妙，并使景物空间的主从关系明确，有前有后，有显有隐，力求以景导人，形成各景观区的主题和情趣高潮。

四、植物景观的设计

植物景观设计是一种以真实自然材料为手段，给人以美感的享受，可供人们生活游憩的空间造型艺术。园林绿地植物景观则是一种自然或人为意志的产物，它们都是通过不同景观要素的形象来展现。人工景物更是借助景观要素的组合、搭配与造型设计来实现。构成景观要素之中，植物及气候、水体山石、路、桥、亭、园林雕塑及小品等均属构成景观的重要景观要素（见图2-14）。

图2-14 花境

（一）植物景观的配置设计要点

植物景观设计在园林绿地视觉美感中有着重要的作用，是园林景观构成的要素之一。掌握植物的配置设计方法，可以提升景观品质，突出园景风格，丰富景观空间层次，表现自然美的艺术感受。

1. 结合地形，多样配置

结合地形分隔空间植物配置设计要依据地形起伏状况、水面与道路的曲直变化、空间组织、视觉条件和场地使用功能等因素决定，采用似连似分、变化多样的配置设计，以构成丰富的外部景观空间。

2. 主次分明，疏落有致

植物中的乔木、灌木组成树丛、树群，要有深有浅、若隐若现、疏实相济，避免单调而刻板的种植。通常，开朗的空间宜有封闭的局部处理，避免造成空旷感；封闭的空间要有可透视线和疏导人流的布局，以构成开合协调、虚实对比适度的景观环境和空间构图。在植物疏漏空缺方向，可以组织景物的对构和借景，以扩大空间的景深和层次感。

3. 轮廓线的韵律节奏

植物轮廓构成的景观韵律与节奏感，具有十分生动活泼的景物表象特征。为使景观环境富于情趣和意境，植物轮廓线不宜过于平直单调，要有高有低、有曲有直，要有韵律与节奏感，有音乐般的视觉品质。植物韵律感的配置方式有两种：一是使植物轮廓线的节奏与地形的起伏变化相配合，顺其自然；二是借助植物的高低错落配置以及植物轮廓的变化，用以改变原有地形的平直刻板的节奏，强化植物与地形的轮廓线变化，调整其韵律关系。

4. 植物相关景观要素的组合设计

植物有鲜明的季相变化，可以有效地调整与变幻景观要素成景关系。中国园林植物配置的传统手法与民族风格，是以地方特色为前提，以生态条件为基础，以园景构思为指导的结果，常以三五成株、林中穿路、竹中求径、花中取道、山石点绿、水边植柳等配置设计手法，使植物与其他要素相配合，成天然优美的情趣。并且观赏植物欣赏其自然姿态，其艺术效果景成意真，意境无穷。

（二）植物景观与色彩

植物形态与色彩变幻对景色十分重要，配置效果要注重四季叶色变化和花果交替规律，宜有两个季节以上的鲜明色彩为好。植物景观配置设计方法有以下几种：

1. 乔木

乔木冠阔干高，为景园的主要树种，对景观和风格尤为重要。孤植乔木，以优美的树形姿态或绚丽的色彩构成景色，供孤赏，常采用露、挡、遮、衬的配植方法；丛植或群植乔木，是大、中型园景的配置方式，具有开合空间和构图成景的作用。大空间视野广阔，不论是丛植或群植，均可从不同角度看到其整体形态，树态与色彩均需优美成景；中小型园景视线与空间开度较小，不易观其植物全貌，因此乔木宜取周边式配置，力求扩大空间感；狭小的庭院空间，不应满植林木，只宜点植一二株即可。

2. 灌木

灌木枝叶繁茂，既可在乔木之下栽培，增加树冠层次，又可用以连接乔木、草坪、花卉和水面，是植物景观的重要协调要素。灌木配置须注意虚实变化，空透处要注意植株高度的控制，以免阻隔视线的延伸，而封闭处却要加强视线的约束，基部枝叶要尽可能留低，使人看不透。厚度大的灌木丛可修剪得前低后高，能给人以厚重幽深的感受。

3. 花卉

花卉是色彩与造型活泼的植物种类，可以自然式种植，也可以规则式种植，使景色最富情趣，特别以成组、成团、组合与对比的群落种植方式为最理想，其景观效果也最显著。

4. 草坪与地被植物

草坪与地被植物是园景的底色，是连接乔木、灌木、花卉、道路、建筑物等重要协调要素。其种植可以运用植物群落化原理，选择适于不同生态要求的植物种类，采用穿插组合的方法，可形成多层植物结构，表现出高度的艺术感染力。

五、水景景观的设计

水体在自然中的势态声貌，会给人们以无穷的遐想和艺术的启示。把自然中的水引进人类的生活，并用水的艺术形态来丰富和补充人类环境，加强园林景观的意境感受，是极富表现力的构景方式。中国园林造景更有“造园必须有水，无水难以成园”的说法。水景设计方法主要有以下几种：

（一）以水衬景

水面多以衬托主景或建筑庭园景色，可使景物水天一色，波光泛影动静生辉，既可突出主景艺术品质，加强景观空间层次，又可借助天空云卷云舒而丰富其空间景色的意境（见图2-15）。

图2-15 杭州曲院风荷公园

（二）形态与势态对比

水景在景观构图中可以达成形态与势态的对比，造成不同的情趣观感，增添景色的活泼因素。如果采用聚合的理水设计，可以造成开阔的水面，使空间展开，视线舒朗如果采用分散的理水设计，可构成线状或点状的溪涧泉瀑，使空间收缩，视线集中。

（三）借声手法

水声在景观意趣中是激情的诱导和诗意的线索，它可以唤起人们的听觉感受，引起丰富的联想，强化意境美感。悦耳动听的水声，给人以节律与清新之感；水景的借声手法,可给景观空间带来活力,使之充满生机。

（四）点色成趣

万物之色，水色最素淡，也最富于变化。景园中的飞泉瀑、谷泻跌水、喷水滩池，水面泛起的波浪而构成的活动水体等，由于日月风云变幻和观赏角度的不同，视觉中的水体色彩绚丽多变。它对于瞬时不变的其他景观要素来说，具有绝妙的点色和破色作用，可以有效地增强景观空间的色彩变化和意境感受。例如水景映射的朝霞红日、残阳余辉、蓝天白云、月色灯火、桃红柳绿、红枫白雪等色彩，构成了湖光山色诱人的景观艺术魅力 。

（五）光影变幻

水景的光影可有三种变化：一是水面的波光，给景色以浮游飘洒的情趣;二是水面反射相关景物的倒影，可形成倒影和水天一色的深远景象;三是借助水面反射光线的特件，将日光、月光、灯具照明或一定方向的投射光，通过水面反射到垂直景面或建筑顶棚底面，可造成明亮闪烁的光影。这种光影变幻的要素设计运用，可使景观环境别具风味与情趣。

（六）藏隐贯通

水景成趣在于隐显得当，集散合宜，忌方池一片，一览无余 （见图2-16）。通常，构成水体空间深度及意趣的条件是藏源、引流、集散只个方面。藏源，就是把水的源头隐蔽起来，不让人看透水的源流处，或藏于石穴崖缝之中，或隐匿于花丛树林，用以造成循流溯源的意境联想。引流，就是引导水体在景域空间中逐步展开，引流曲折迂回，可得水景深远的情趣。集散，是指水面的恰当开合处

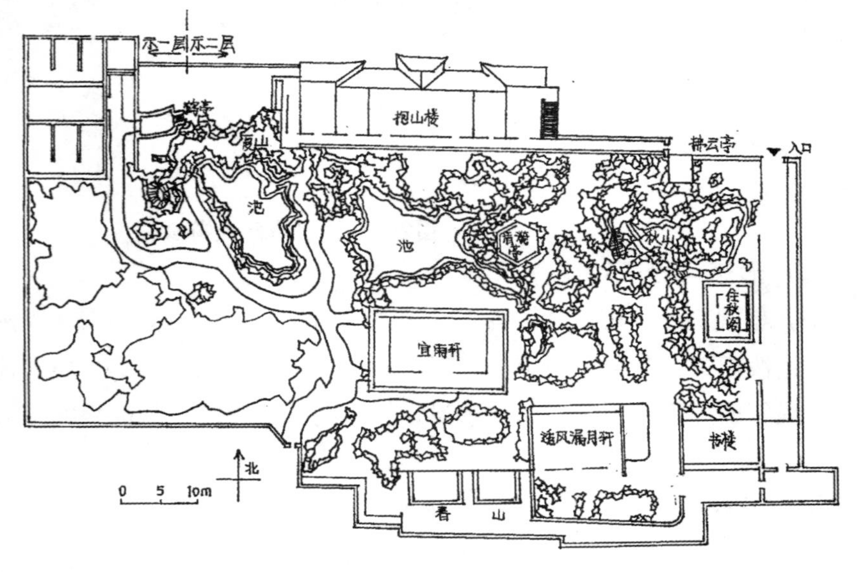

图2-16 扬州个园

理，既要展现水体主景空间，又要引伸水体的高远深度，使水景视像有流有滞、有隐有露、有分有聚而生发无穷之意。水体贯通，一是把分散的水体沟通起来，构成连贯的、点线面相连的水景。二是通过水体的贯通组织，以沟通不同景域或建筑内外空间，使之景观空间相互渗透、景物相连，构成景观空间序列的一条天然纽带。

六、 假山置石设计

假山置石是中国园林景观艺术的独特表现手法，山石可堪称园林的骨干。一块石头在大自然中不一定引人注目，而庭园中的点置孤石成景，则会使人移情于大自然的风采意趣。所谓“置石”，就是择其石品的佳者，或独置于庭前，或散缀于道旁，或陪衬以花木水池，或组合造型成景，均可得其自然雅趣。这类置石小品构设，一是选石要讲究，形象观感要求玲珑剔透或古朴浑厚，其体型、色彩、纹理、摺绉等要有特色，常以“瘦、皱、漏、透”的造型为佳品（见图2-17）。二是布置要得宜，置石小景要注意观赏环境和条件，只要位置、大小和构图得法，亦有“片山多致，寸石生情”的情趣。置石的优秀实例，如苏州织造府的瑞云峰、杭州西湖花圃盆景园的绉云峰以及上海豫园的玉玲珑等堪称江南三大名石。

图2-17 假山置石

以篑土叠石而成的人工造山，是一种构景的造型艺术，构设要有较高的造型水平，非此而不能收为“以自然之趣而药人事之工”的效果，构置应得其法：

1. 因其势、定其位

假山构设须符合景园总体布局和景观构图要求，并按功能与其他景观要素关系而就其势、定其位，或立于广场中心，或构于花坛水池之中，或为空间的对构景物，或为亭廊楼阁的基台，均需因境而成、顺应环境、独具匠心。

2. 远取势、近取质

从假山的视觉观赏条件和相关景观要素的景观环境关系出发，宜从动态观赏考虑假山的势态和细部质感的构成，要有远望、近看、步步看、面面观，以大观其小、以小观其大等视觉效果。因此，应采用“远取其势、近取其质”，山峦有圆浑之势，悬岩有倾危之势。借助山势的诸多势态，可构成不同的景观特征。山之质，是构成山体岩性特征及其自然形象的特质。假山构置时，常可借助山质的纹理、色泽、摺绉、体形等细部显示，以表现其不同的姿态形象。

七、路、桥、亭等景观的设计

（一）园路

园路是联系景区景点的纽带，构成园林的骨架，它具有组织交通、引导人流、疏导空间、构成景致、连接场地高差、协调管线和排水组织等作用，是成景和导景的重要条件。园路处理是根据人的行为活动心理、游览观赏路线、人流及视线空间组织、地形地物条件、景观意境表达等因素决定。就构景而言，园路之妙在于“路从景出，景从路生”。园路观赏线宜曲折迂回，含蓄有致，高低起伏，顺其自然。园路路面应力求选材朴素，宽窄相宜，弯直适度，坡度舒适，安全耐久。

（二）园桥

园桥的尺度、造型、风格、材料、构筑与布局方式等，均可因地、因势、因景、因情而异。园桥通常构成平畴景区的焦点，溪流泉谷的通径，迎导游人的景点，是景园中的造景要素（见图2-18）。园桥的种类和形式很多，一般可分为平桥、拱桥、索桥、廊桥和亭桥等基本形式。园桥材料可采用石材、木材、钢筋混凝土、各种金属材料等建造，其造型、风格、装饰与维护等特点因各而异。此外，汀步有类似桥和路的功能，适用于窄而浅的水面，可构成步石凌水而过的情趣。汀步的形式有规则式、自由式、树墩式和莲叶式几种，汀步的大小、间距和距离水面高度等细部处理，必须考虑到人行安全与水面分隔关系。

图2-18 园桥

（三）亭

1. 园亭

四面开敞的点景建筑，能避雨、避阳，它既可供人驻足休息赏景，又是自身成景的景素，多位于良好的视点或景观风水处，它造型多样，风格自然，形象玲珑多姿，常常构成空间景致视觉美的焦点，有点缀、穿插、烘托、强化风景美的作用，就亭的布局成景条件而言，可有山亭、水亭、路亭、林间亭等形式。

2. 山亭

山亭常布置在景区高处风景点，或者山峰明处，亭外视野开阔，境界超然，可凭栏远眺，可环视周围景色，使人心旷神怡，是人们留连追寻的景点。

3. 水亭

水亭或依水依岸而立，或凌波于水面，亭水相彰，成景自然，如蜻蜓点水，似出水芙蓉，亭影辉映，意趣浓烈，不失为景色的焦点。水亭选址和尺度与水面开度有关，一般情况下，小水面宜小亭，较大水面宜大亭或多层亭，广阔水面宜组合亭或楼阁。水亭有丰富水域景色、控制环境、吸引视线和诱导人流等功能，因此要重视亭景的空间对构关系，既要考虑亭外的环视景色，又要考虑亭景外围空间视点的赏析构图，力求景中、景外均有景可赏。

4. 路亭

路亭为途中休息观赏景物而设，造成行动和景物空间的节奏感，既可用以点景与自身成景，丰富景色的内容与层次，又可用作视景站和休憩点，增加赏景中的情趣，减轻行动的疲劳感。路亭布置应与观赏线路、景点组织、空间序列展示、景象品质构成相配合，力求方便、舒适、视线良好、环境宜人。

5. 林间亭

林间亭常与路亭结合，多位于林木环抱的清幽处，与林木景色共成景色，并以大自然的声、色、光变幻而强化其自然美，是具有吸引力的幽雅景观点和休憩处。

（四）雕塑及小品

雕塑对环境美化有着画龙点睛的作用，是点景、成景的要素，它可用以增强园景美感，连接景观要素，引导和指示方向，汇聚视线与标志性等作用。雕塑与景观的关系，通常应考虑它的视觉空间构图和环境效果，即雕塑位置要得体，并有良好的观赏条件；注意雕塑与相关景物的相互衬托和补充，使之相互协调，气韵相连；雕塑造型、轮廓、主题思想应与环境相宜，雕塑质感、色彩及细部加工应考虑在不同光线下的视觉效果。

小品在绿地景观中为景色增加装饰效果，美化环境，点缀风景，是不可缺少的要素。小品主要有栏杆、花池、踏步、座位、园灯、标志牌、宣传廊（牌）、景门漏窗、花格和盆栽等，种类繁多，可使功能、造型、空间构景紧密结合，丰富景观效果，烘托园景主题，增加景色情趣。园林小品功能简明，体量小巧，造型新颖，立意有章，成景容易，处置多能适得其所，并容易表现地方特色，所以运用十分广泛。

第四节　景观空间及其观赏

一、景观空间的布局

绿地景观合理的结构有助于景观点的组织、景观的形成以及意境的营造。绿地结构是统协整个园林的要旨。根据园林的性质与功能将绿地规划分区，并在此基础上确定园林绿地的结构，组织游览路线，创造系列景观空间，规划设计景观区、景观点，创造意境氛围是园林绿地景观结构布局的核心价值内容（见图2-19）。

图2-19 园林绿地布局及构景实例

（一）景观点与景观区

观赏活动的内容，归结于“点”的观赏、“线”的游览两个方面。凡有欣赏价值的景观点是构成绿地景观的基本单元。一般风景园林绿地均由若干个景观点组成一个景观区，再由若干个景观区组成整个风景园林绿地景观。

（二）风景视线

观赏点与景观点间的视线，可称为风景视线。有了好的景观点，必须选择好观赏点的位置和视距。风景视线的布置原则，主要应在“隐、显”上下工夫。一般小园宜隐，大园宜显，在规划设计时，往往采取隐显并用的方法（见图2-20）。

图2-20 绍兴东湖

1. 时隐时显的视线

采用“显隐结合”的手法。如苏州虎丘，在很远的地方就可以看到虎丘顶上的云岩寺塔，起到了指示的作用。至虎丘近处，塔影又消失在其他景物之后。进入山门后，塔顶又显现在正前方的树丛山石之中。继续前进，塔影又时隐时现，并在前进道路的两旁布置各种景物，使人在寻觅宝塔的过程中间时观赏沿途景物，在千人石、说法台、白莲池、点头石、二仙亭等所组成的空间中，进入高潮，同时也充分展示了宝塔、虎丘剑池、双井桥、第三泉、玫爽阁、冷香阁等景观。游人可以在此休息、品茗、进食。最后登至山顶宝塔处，登高一望沃野平畴，眼界顿开，在平原地区，收到良好的景观效果。最后由拥翠山庄步出山门，风景视线到此终结。

2. 隐而含蓄的视线

将景观点、景观区隐藏在山峦丛林之中，由A风景视线导至B风景视线，再导至C风景视线、D风景视线等。风景视线可从景观点的正面或侧面迎上去，甚至从景观点的后部较小的空间内导人，然后再回头观赏，造成路转峰回、豁然开朗的境界。整个景观隐藏在山谷丛林之中，空间变幻莫测，其景观是在游人探索之中开展的。

二、景观与观赏

（一）观赏线与景观

景观观赏线，主要指贯穿于全园各景观区、主要景观点、景物之间的联系与贯通线路。是游人在兴致勃勃参观游览之中，自成随意自由的路线（见图2-21）。

图2-21 景观观赏线

优美的风景可供游览观赏，但不同的游览方式会产生不同的观赏效果。因此，掌握好游览观赏的规律，是观赏线要解决的问题。要组织设计好观赏视线，使游人能充分观赏各个景观点和景观区。

在开辟观赏游览路线时，首先要选择观赏景观点适宜的视点，这样视点之间的连线就可构成比较理想的游览线路。如果从一个视点观察周围，那么看到的连续画面就构成视点所在空间的视觉界面。这里说的界面包括天、地两面在内，称为景中视点。若对象是一座山，从一个视点望去，看到的是它的一个面，从多个视点看，看到的画面集合是它的体量行态，可称作景外视点。

观赏线要处理好两种视点的组织和转换关系。把多个景外视点串连成线，如果对象是三个峰，那么随着导线上视点的移动而三者的几何位置不断变化。同样，如果把景中视点在同一个环境中移动，那么这一空间的视觉界面也不断变化。产生渐变的动观效果。只有从景外视点转移到景中视点，或从景中视点转移到景外视点，尤其是从一个景外视点转移到另一个环境的景中视点的时候，才会取得突变的动观效果，所谓峰回路转、别有洞天而产生的不同意境之感。

（二）观赏线的设计

从整体观赏线路的组织设计来说，对于大、小不同的园林绿地景观，其观赏线的规划设计也略有不同。在较大的园林绿地中，为了减少游人步履劳累，宜将景区景点沿路线外侧布置。在较小的园林绿地中，要小中见大，路线宜迂回占边，即向外围靠、拉长线路。为了引起游兴，道路宜有变化，可弯可直，可高可

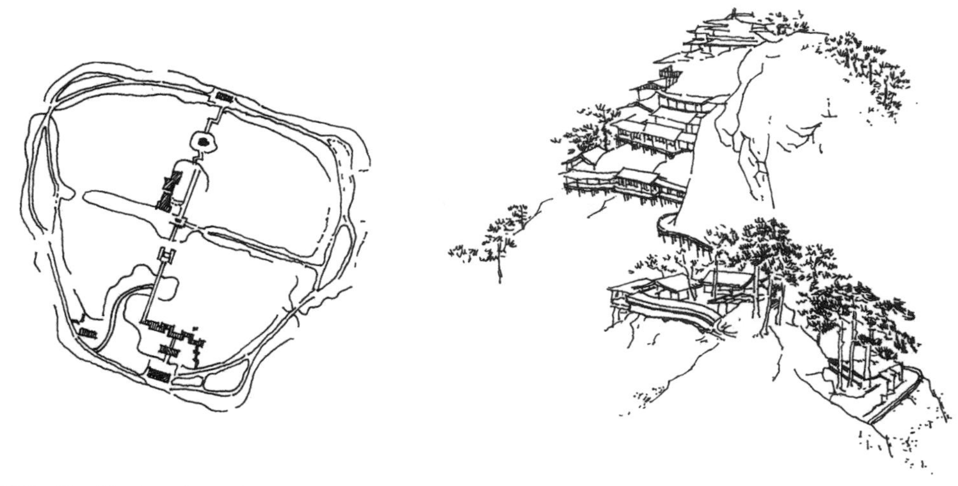

图2-22 景观观赏线的设计

图2-23 山地景观的导游路线

低，可水可陆，沿途经过峭壁、跋山涉水，再通过桥梁舟楫，蹊径弯转，开合敞闭，产生不同意境之感（见图2-22）。

在较小的园林绿地中，一条导游线路即可解决问题。一般可为环形，避免重复。也可再加几条越水登山的小路即可。面积较大的园林绿地，有时可布置几条导游线路，让游人有选择的自由。导游线路与景观点、景观区的关系可用串联方式、并联方式或串联、并联相结合的方式。游园者一般有初游、常游之别。初游者应按导游线路循序前进，常游者一般希望直达主要景区，故应有捷径布置。捷径应适当隐藏，避免与主要导游线路相混。在较陡的山地景观区中，导游路线可设陡缓两路，健步者可选走陡坡、捷径，老弱者可选走较长的平缓坡路（见图2-23）。

（三）动态观赏与静态观赏

景观的观赏有动静之分（动态观赏与静态观赏），因此一般园林绿地的规划设计，应从动与静两方面的要素来考虑。在动的游览路线上，应有系统地布置多种景观，但在重点景观区，能让游人停留下来，对四周景物进行静态的观赏品评。动态观赏如同看风景电影，成为一种动态的连续构图，一般多为进行中的观赏，可采用步行或乘车乘船的方式进行。静态观赏如同看一幅风景画。静态构图中，主景、配景、前景、背

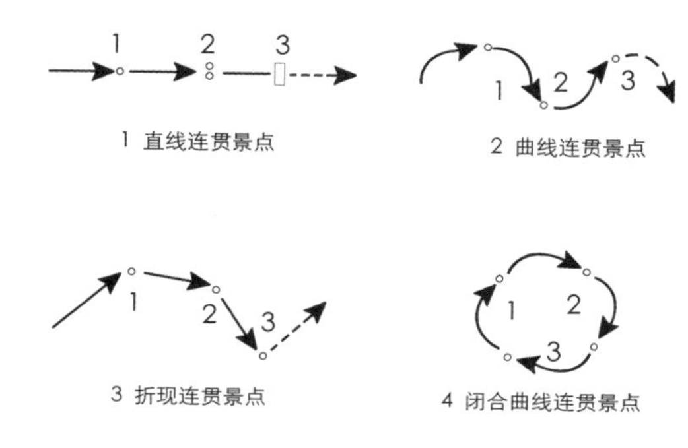

图2-24 景点与风景线的形成示意

景、空间组织和构图的平衡固定不变。所以静态的景观观赏点也正是人们驻足观赏的位置（见图2-24）。

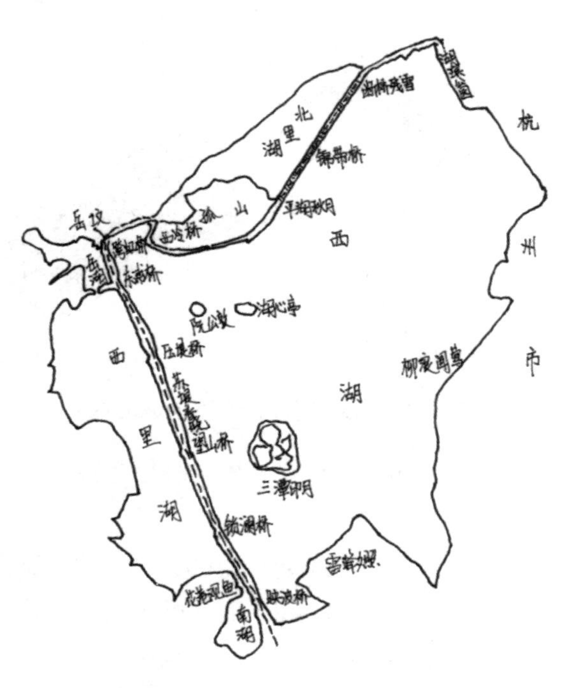

图2-25 杭州西湖景区位置及部分导游路线组织

静态观赏除主要方向的主要景观外，还要考虑其他方向的景观设计，另外，静态观赏多在亭廊台榭中进行。以步行游西湖为例，自湖滨公园起，经断桥、白堤至平湖秋月，一路均可作动态观赏，湖光山色随步履前进而不断发生变化。至平湖秋月，在水轩露台中稍作停留，依曲栏展视三潭印月、玉皇山、吴山和杭州城，四面八方均有景色，或近或远，形成静态观赏画面。离开平湖秋月继续前进，左面是湖，右面是孤山南麓诸景色，又转为动态观赏，及登孤山之顶，在西冷印社中，居高临下，再展视全湖，又成静态观赏。离孤山，在动态观赏中继续前进，至岳坟后，再停下来，又可作静态观赏。再前行则为横断湖面的苏堤，中通六桥，春时晨光初后，宿雾乍收、夹岸柳桃、柔丝飘拂、落英缤纷，游人慢步堤上，两面临波，随六桥之高下，路线有起有伏，这自然又是动态观赏了。但在堤中登仙桥处，步人花港观鱼景区，游人在此可以休息，可以观鱼观牡丹，可以观三潭印月、西山南山诸胜，又可作静态观赏。实际上，动、静的观赏不能完全分开，可自由选择，动中有静、静中有动，或因时令变化不同而异（见图2-25）。

同是动态观赏，景观效果也不完全相同。如乘车游览，无限风光扑面而来，但往往是一瞥印象，景物在瞬间即向后消逝。所以动态观赏往往因游览者前进的速度不同，对景观的感受各异。如缓步慢行，景物向后移动的速度较慢，景物与人的距离较近，可随人意既可注视前方，又能左顾右盼，视线的选择就更自由了。乘船游览，虽属动态，如水面较大，视野宽阔，景物深远，视线的选择也较自由，与置身车中的展望就不一样了。一般来说，在景观规划设计中，速度与景物的观赏上存在以下的关系：时速1km运动的观赏者，对景物的观察有足够的时间，且与景物的距离较近，焦点一般集中在细部的观察上，比较适宜观赏近景;时速5km时，观赏者可以保证对中景有适宜的观赏速度。而到了时速30km时，观赏者已无暇顾及细节的赏析，而比较注重对整体的把握，对远景有较强的捕捉能力。一般对景物的观赏是先远后近，先整体后细部；乘车观赏选择性较少，多注意景物的体量轮廓和天际线，沿途重点景物应有适当视距，并注意景物不零乱、不单调、连续而有节奏、丰富而有整体感。因此，对景观区、景观点的规划设计应注意动静的要求。

（四）观赏点与观赏视距

无论对景观动态、静态的观赏，游人所在位置都被称为观赏点或视点。观赏点与被观赏景物间的距离又称观赏视距，观赏视距适当与否直接影响观赏景观的艺术效果（见图2-26）。人的视力各有不同，正常人的视力，明视距离约为25cm。人的空间视觉距离上限为450～500m，如果要看清景物的轮廓，如雕像的造型及识别花木的类别，距离则要缩短到250～270m。大于500m时，对景物可有模糊的形象；1200m以外就看不见人的存在了，4km以外的景物就不易看清了。如在建筑物高度的1、2、3、4倍距离处设广场视点，使在不同视距内对同一景物能收到移步换景的效果。在朦胧的月色中来欣赏白天里看到的同样的风光，又有另一番景象。

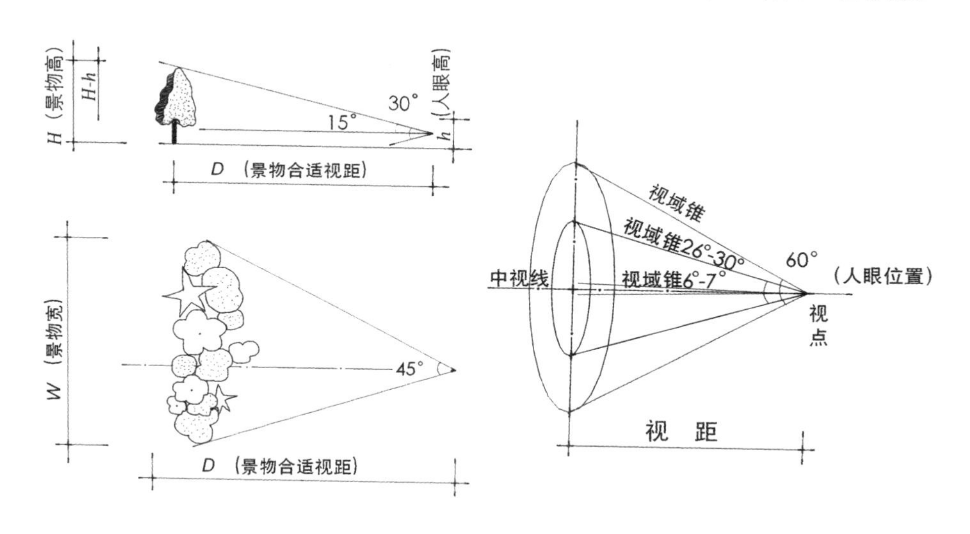

图2-26 观赏点与观赏视距

（五）平视、俯视、仰视的观赏

游人在观赏过程中，因所在位置之不同，或高或低而有平视、俯视、仰视之分。在平坦地区，江河之滨，向前观赏，景物深远，多为平视。在低处仰望高山高楼，则为仰视。登上高山高楼，居高临下，景色全收，则为俯视。平视、仰视、俯视的观赏，对游人的感受是各不相同的。

1. 平视观赏

平视是中视线与地平线平行而伸向前方，可以舒展地平望出去，使人有平静、深远、安宁的气氛，不易疲劳。平视风景由于与地面垂直的线组在透视上无消失感，故景物的高度效果较少。但不与地面垂直的线组，均有消失感，因而景物的远近深度，表现出较大的差异，有较强的感染力。平视景观的布局宜选在视线可以延伸到的较远的地方，那里有安静的环境（见图2-27）。如西湖风景多给人以恬静感觉，这与有较多的平视观赏是分不开的。

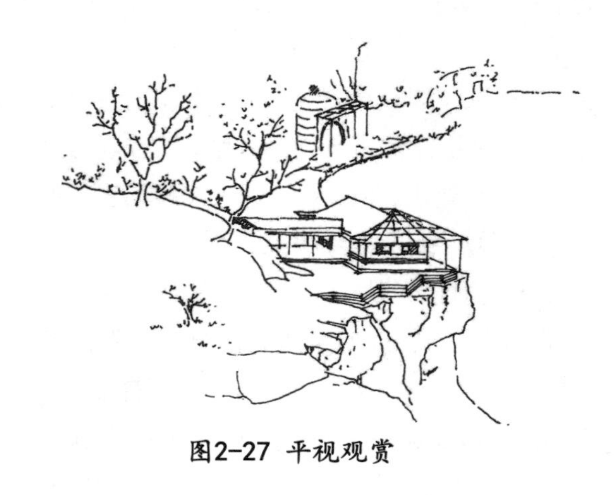

图2-27 平视观赏

2. 仰视观赏

观者中视线上仰，不与地平线平行。因此，与地面垂直的线产生向上消失感，故景物的高度方面的感染力较强，易形成雄伟严肃的气氛。有时为了强调主景的崇高宏伟，常把视距安排在主景高度的一倍以内，不留有后退的余地，运用错觉感到景象高大，这是一种设计手法之一。园林中堆叠假山，采用仰视手法，将视点安排在较近距离内，使山峰有高入蓝天白云之感。

3. 俯视观赏

游人所在位置、视点较高，景物多开展在视点下方（见图2-28）。如观者的视线水平向前，下面景物便不能映入60度的视域内，因此必须低头俯视，中视线与地平线相交，因而垂直地面的线组产生向下消失感，故景物愈低就显得愈小。“会当凌绝顶、一览众山小”即此意。俯视景观易有开阔惊险的效果。在形势险峻的高山上，可以俯览深沟峡谷。

图2-28 俯视观赏

第五节 景观的意境

传统风景园林讲究“意境”的营造，现代景观也追求游览中意境的体验。优秀的绿地景观设计能赋予无穷空间的想象，并唤起人们的内在心灵情感。因而，具有一定使用功能和游乐观赏价值的园林绿地景观，它的景观环境不仅是一种景观空间的艺术设计，更是人类的精神文化寄托所在。通过具体环境空间及其景物的设计，使景观空间获得一定意义的寓意和情感的过程，也是注重园林景观创造“贵在意境”的原则。

一、意境营造

运用延伸空间和虚复空间的手法，组织空间、扩大空间，强化园林景深，丰富美的感受。我国古代园林多崇尚淡泊自然而富于诗情画意。把文学、绘画、诗歌、建筑、园艺等融合在一定的景观环境之中。一幅山水画画面上景物的构图均衡、景物的主从、景色的深远、疏密浓淡，十分讲究，有深厚的意境。一幅画要有意境，一处园林景观也要有意境，而创造意境以及对意境艺术美的欣赏，则铸成了中华民族特殊的审美心理结构。艺术家如何运用高超的技巧将自己的情感和思想，以可感的具体形象传递给观众和游客，在这一点上，中国古典园林艺术和其他优秀的艺术门类一样，是颇为成功的。园林景观在意境的营造上主要运用的表现手法有:

意境延伸空间即通常所说的借景。明代造园家计成在其名著《园冶》中就提出了借景的概念，阐明了借景并非无所选择、无目的地盲日延伸。延伸空间的范围极广，上可延天，下可伸水，可相互延伸，内可借外，外可借内，由于它可以有效地增加空间层次和空间深度，取得扩大空间的视觉效果；形成景观空间的虚实、疏密和明暗的变化对比；疏通内外空间、丰富景观空间层次和意境，因而在古典园林和现代公园绿地中广为应用。

虚复空间并非客观存在的真实空间，它是多种物体构成的园林空间。由于光的照射，通过水面、镜面或白色墙面的反射而形成的虚假重复的空间，即所谓“倒景、照景、阴景”。它可以增加空间的深度和广度，扩大园林空间的视觉效果；丰富园林景观空间的变化，创造园林景观静态空间的动势；增强园林空间的光影变化，尤其水面虚复空间形成的虚假倒空间，它与园林景观空间组成一正一倒，正倒根连，一虚一实，虚实相映的奇妙空间构图。水面虚得空间的水中天地，随日月的起落，风云的变化，池水的波荡，枝叶的飘摇的景观变幻，而景象万千，光影迷离。

历代文人对园林所追求的美，首先是一种意境美，一种与天地相亲和，充满了深沉的宇宙感、历史感和人生感的富有哲理性的生活美。所以，它并不强求逼真地重现自然山水的形象，而是把那些最能引起思想情感活动的因素摄取到景观设计中来，以象征性的题材和写意的手法反映高尚、深邃的意境，使观赏的人感到亲切，感到崇高。所以，古典园林景观中的山水树木，大多重在它们的象征意义。

此外，在我国古典园林中特别重视寓情于景，情景交融，寓意于物。人们把作为审美对象的自然景物看作是品德美、精神美和人格美的一种象征。如我国历代文人赋予各种花木以性格和情感，构成花木的固定品格。设计者在运用花木或游客欣赏花木时，联想到特定的花木种类所象征的不同情感内涵，可以增强园林艺术的感染力，拓展园林景观艺术的文化意境，写意、比拟、联想的艺术手法，使中国园林艺术的意境更为深远。中国园林艺术常运用匾额、楹联、诗文、碑刻等形式来点景、立意，表现园林的文化意境、引导人们获得园林意境美的享受（见图2-29）。

图2-29　运用花木营造意境

二、与时俱进的意境创造

东西方文化之间交流的不断加强，城镇绿地景观规划设计的思维和理念也发生了强烈的冲撞与融合，不断的排斥、同化、影响、融合，景观设计不断走向更人性化和更具有实用性。简洁的现代景观设计突破了过去“自然式”“规整式”的传统概念，在规划设计形式上更自由、更灵活，通过新材料的运那、大胆的景观设计构图、传递给游人一种更为直白、现代气息的意境氛围。

另外，科学技术的进步和发展，为人类带来了众多的新材料和新的生活方式，这一变化也同样影响了绿地景观的发展。在传统园林中，人们擅长于利用地形、植物等自然物质的属性，加以季相、气候的辅助来营造意境，而在此基础上，现代景观的意境创造则更多元化。现代景观并未止步于场景的诗情画意，而是借助新材料的创新运用，如钢结构、玻璃、木材等，强化了景观的现代感和时代感。意境不再只是整体氛围的诗情画意，也可以成为某种新材料的构筑物所带给游客的对时代的感慨和未来的遐思。如著名华裔建筑师贝律铭在法国古典建筑卢浮宫广场前设计的玻璃透明金字塔，就带给游客一种非同一般的意境享受，它传递给人们的信息不同于古典建筑带给人们的凝重与历史沧桑感，而是用一种与传统的对比方法来引导人们无限遐想未来……

第三章 城镇绿地景观规划设计

第一节 城镇与景观设计

一、城镇与景观

（一）景观要素

1. 自然景观要素

自然景观要素 即山水、林木、花草、天象、气候等自然因素。在中国的传统文化里，城镇的自然景观要素被赋予了丰富的象征意义。自然要素是构成城镇景观特色的基础，这就是古往今来的城镇建设都十分注重城镇选址的原因所在。通过对自然景观要素合理的规划设计，以及对各种要素的运用与组合，形成和产生对景观的认识与情感，如高山象征着崇高与稳定，水流寓意着运动与包容，树木代表着生命与成长，苍天预示着神秘与永恒，大地显示出质朴与纯美。

2. 人文景观要素

人文景观要素，即建筑、道路、广场、园林、艺术装饰、大型构筑物等人文因素。它们是人类活动在城市地区的历史文化积淀，表现了人类改造自然与自然和谐相处的智慧与能力。通过直觉、想象、思维等心理综合过程，而产生对人文景观要素的联系、对比。

（二）城镇景观设计的空间尺度

城镇景观设计总体上是由历史文化和人工构筑物及以植物为主的自然景观所构成的。城市景观的承载主体，是由人行为活动的高度参与的城市开敞空间。因此，人类户外活动需求及其行为规律，是城市景观设计的基本依据之一。人类所表现出的各种行为可归纳为三种基本需求，即安全、刺激与认同。与之相对应，人类的活动也有三种类型：生存活动、休闲活动和社交活动。它们对场所空间和景观环境的质量要求也依次递增。人类在景观环境中的活动，构成景观行为，并形成一定的空间格局。

城镇景观环境空间构成与建筑空间构成有所不同。建筑空间是由三维尺度限定出来的实体；而环境空间的三维尺度限定比建筑空间要模糊，通常没有顶面或底面；领域的空间界定更为松散。对人的景观感觉而言，建筑空间是通过生理感受来界定的，景观环境空间是通过心理感受界定的，领域则是基于精神影响方面的量度界定的。所以建筑设计的工作边界多以空间为基准，而景观设计的边界限定要以场所和领域为基准。行为科学的研究表明：有三个基本尺度将景观空间场所划分为三种基本类型，它分别与空间、场所和领域相对应。

20～25m的视距是创造景观“空间感”的尺度。在此空间内，人们可以比较亲切地交流，清楚地辨认出对方的脸部表情和细微声音。其中，0.45～1.3m，是一种比较亲密的个人距离空间。3～3.7m为社交距离，是朋友、同事之间一般性谈话的距离。3.75～8m为公共距离，大于30m为隔绝距离。辨识物体的最大视距为39m左右。因此，如果要创造一种深远、宏伟的感觉就可以运用这一尺度，以形成景观环境“领域感”的尺度。城市景观设计，要分析城市居民日常活动的行为、空间分布格局及其成因，根据人类行为的构成规律，分析人的行为动机，进行人的行为策划，并赋予其以一定空间范围的布局。

广义的景观空间，由于尺度的扩大化和材料的自然化，其空间性往往趋于淡化而难以明确限定。所以，城市景观设计既要考虑有物质实体的空间构成，也要注重有尺度感的“人的行为”。

（三）城镇景观设计的内容

城镇绿地景观是由自然生态系统与人工生态系统相互交融组成的综合系统。城镇绿地系统是城市人居环境赖以维持生态与发展的资源综合体。因此，城镇景观设计应贯彻生态原则，在整体绿地系统规划中寻求平衡。在城镇景观规划设计中确立这一基本原则，在进一步的城镇规划和城镇绿地系统规划中落实体现。城镇生态系统和形成城镇绿地系统的特征及人类活动对城市生存环境和生物群落的影响。专家们普遍认为：城镇应该通过政策、机制的调控，使城镇绿地系统与区域生态系统和生物群落具有最大的生产力，使系统内的生物组分和非生物组分维持平衡状态。因此，城镇景观设计要充分运用绿地系统的先进研究成果，贯彻生态优先的理念，提供使城镇人居环境舒适优美、生态系统健全的空间发展规则。在实际工作中，一套完整的城镇景观设计通常应包括：

1. 景观评估与环境规划

景观评估是系统环境规划的依据，主要是在收集、调查和分析城镇景观资源的基础上，对其社会、经济和文化价值进行评价，找出区域发展的潜力及限制因素。环境规划则要对区域性的自然要素与社会经济要素，按照区域规划的程序制定环保策略和发展蓝图。

2. 城镇与社区规划设计

将城镇地区的土地利用资源保护和景观设计过程融为一体的具体环节。其主要对象，是城市及其社区形态的建造和环境质量的改善。如荒地、农田、林地和水域开发、绿地系统建立、城市景观轴线、历史文化街区、商业步行街及文化旅游景观建设等内容。

3. 景观设计

目的是对景观要素进行保存、维护和资源开发，确保水域、土地、生物等资源永续利用，促进景观形成平衡的物质体系，把人工构筑物的功能要求与自然要素的影响有机地结合起来，发挥人文景观与自然景观平衡的最佳景观环境效果。

（四）城镇绿地系统规划的内容

城镇绿地系统与景观设计，是营造城市景观的重要环节。从国内外的发展趋势来看，城镇景观与绿地系统的规划建设更趋于一体化。城镇景观设计、生态环境和大众行为心理这三方面的日益深入到城镇绿地系统规划之中。通过以视觉形象为主的城市景观感受，借助于绿地美化城市生态环境，对居民的行为心理产生积极反应，是现代城市景观环境设计的理论基础。城市建筑形象、城市景观空间、大众活动场地和生态环境质量，已成为衡量城镇现代文明水平的重要标志（见图3-1）。

图3-1 花园城市广州

1. 宏观环境规划

宏观环境规划是对城镇地区土地的生态化合理使用、保护自然景观资源及改善强化城市景观环境美学和功能等。通过对美学的感受和功能的分析，对各类构筑物和道路交通进行选址、布局设计，并对城市及风景区内自然游步道和城市人行道系统、植物配植、绿地灌溉、照明、地形平整改造以及排水系统等进行规划设计。

2. 城镇各类景观的设计

城镇景观具有自然生态和文化内涵两重性。自然景观是城市的基础，文化内涵则是城市的灵魂。生态绿地系统作为城市景观的重要部分，既是人居环境中具有生态平衡功能的生存维持、支撑系统，也是反映城市形象的重要窗口。所以，现代城市的景观与绿地系统规划越来越注重引人文化内涵，使景观构成的大场景与小环境之间，有限制的近景、中景与无限制的远景之间，人工景物与自然景观之间，空间物质化的表现与诗情画意的联想之间得以沟通，使城市景观显得要加丰富多彩。

二、城镇街区景观的设计

城镇景观设计将城市中的自然与人工的环境和景物，从功能设施、文化艺术上进行合理的保护、改造、组织和再创造的活动过程。城镇景观设计应根据自然生态、社会文化、城市发展，审美特征来进行整体设计，使城镇景观环境设计呈现出自然、和谐、美观的具有地域特色的城镇景观。

（一）城镇景观的基本概念

景观作为审美对象属美学概念，具有较强的主观因素，是田园诗、风景画及园林山水创作的对象。在地理学上，将景观作为地球表面气候、土壤、地貌、生物各种成分的综合体，其概念已向客观对象转化。在景观生态学上，景观是空间上不同生态系统的构成，城市景观则包括绿地系统空间上彼此相邻、功能上互相联系、发展上有一定特点的若干个生态系统的构成。

城镇景观的概念及内涵的拓展，反映了人与自然关系的不断深化。所以，景观作为多层次的、综合的概念，具有多种内涵。一方面，城镇景观是自然生态系统的能流和物质循环载体，与自然演进过程紧密相关，是自然生态科学的主要研究领域；另一方面，城镇景观又是社会文化系统的重要信息源，人类不断地从中获得美感与科学信息，经过智慧创造形成丰富的物质和文化载体。具体到应用领域、特别是从城镇绿地系统规划的研究和应用的角度来看，通常所说的景观主要包括自然景观和人文景观。

城镇景观指城市的空间结构以及城市整体或局部的外观自然形态和人工形态，包括城镇区域内各种人工、自然要素的组成及外观形态。在城镇景观中，人与环境的相互作用关系是主题，因此，城镇景观是城市空间中由自然地形、建筑物、植物绿地、小品等所组成的各种形态的外在表现，是通过人的感官以及思维所获得的感知空间和美感。因而城镇的景观设计，也可以说是城市美学在具体时空中的体现，是改善城镇空间环境、创造高品质的城镇环境的途径之一。城镇规划、历史文化、自然地形、建筑道路、园林绿地等，是现代城镇景观中的重要构成要素。城镇景观设计应在此基础上重点、深入、综合地运用城市设计与技术等多种成就，包括吸取生态学与行为学的研究成果，创造人的感觉所能接受的、有形的和无形的各种信息，以创造完美的城市景观。

（二）城镇景观的构成要素

城镇景观总体上是由自然环境、历史文化、人工构筑物、植物绿地为主的景观要素构成的。我们从构成城市景观的物质形态角度将城市景观分为若干要素，要素不同特征的组合反映出一座城市景观特征，城镇绿地系统是通过景观设计来美化、丰富城镇景观特色的重要表现。

1. 城镇道路

城镇交通网络，是城镇景观组成的重要物质载体，如街道、铁路、河流等。道路交通是城镇的主导因素，良好的城镇道路景观具有可识别性、连续性、方向性。要突出城镇中的景观特征，就要合理地设计道路沿街特殊的景观点、特殊的道路立面等。在城镇的道路中，植物种植是增强道路景观最为有效的方式之一。采用绿色植物构成的连续构图和季相变化，如林荫路、滨水路，以及退后红线的建筑前庭绿地，不仅强调了道路本身的特征，而且还可使道路与周围环境取得良好的协调的景观效果，使城镇景观更具完整性。道路绿地可以采用规则而简练的连续构图。道路作为城镇的轴线或透视线。这种道路绿地形式则使道路特征更加突出。也可以采用自然式丛植以打破城市中过多的几何线形，给城镇景观增添自然趣味。同时由于城镇道路绿地多是采用反映所在城市自然植被植物的种类，所以很容易使城镇形成特有的地域特色。如：南京的雪松行道树、南宁的蒲葵行道树、长沙的广玉兰行道树等，均以当地植被构成独特的城镇景观特色。

2. 城镇边界

空旷地、水体、森林等形成城郊绿地。边界不但在视觉上具有主导性，而且在形式上是连续的。城镇中的各种绿地可以作为形成城市边界的主要因素，可以为城镇提供一个良好的自然生态环境，与城镇形成多层次的、丰富的大地景观。如在城镇边缘有大片水域或河流，可以多利用自然河湖作为边界，并在边界上设立公园、浴场、滨水绿带等，以形成环境优美的城镇景观，通过水路进入城镇的人们产生良好的城镇景观印象，如我国的青岛、大连、上海、杭州、厦门等。而内陆地区的城市边界则可能是河流、道路、山地、防护林，这些天然的景观要素同样可以通过合理的城镇绿地系统规划与城市人工环境相连，形成绿水青山环抱的自然景观环境，从而增添城市总体景观效果，为形成大地景观化创造条件。另外城市内部的防护林，流经城市的河流、所形成的带状绿地不仅是城镇区域的分界，而且对城镇内部各区域的连接部产生了极大的柔化作用，为城镇增添了更多的优美的景观区域。

3. 城镇区域

城镇区域不仅具有某些共同的可识别特征，而且能成为外部的参照物，通常给人留下深刻而较为完整的印象。城镇的区域是多样的，不同的空间特征、建筑类型、色彩组合、绿地景观等，都可形成不同的区域景观特征。这样的城镇景观可以影响周边区域的景观特征以及附近的人流走向、交通状况等。如从青岛中心向南八大关一带，绿荫中庭院式建筑的点点红瓦，在蓝色的大海和天空的衬托下，为城市景观增添了无限魅力。因此在城镇中心开辟绿地是非常必要的。这种规划设计，可以形成一种区域的景观效果，成为城镇景观视线的标志性景观。城镇绿地的面积不仅会改善城市的生态环境、色彩质感，而且还会优化城镇所在地区的景观特色，如北京的中南海地区，很自然地让人联想到国家中心机构，城镇周边以区域大面积的绿地，为城镇继承和发展增添新的景观区域。

4. 城镇节点

城镇节点是城镇道路交通线路中的连接点、休息地、汇集点，如街角的集散地或是一个围合的广场。重要的节点可成为一个区域的中心，成为区域的象征。当然许多城镇节点具有联结和集中两种特征，在历史发展的过程中形成的城镇中心，如政治中心、金融商贸中心，从城市范围讲都是节点。这样的中心地带往往有许多标志物和具有纪念意义的建筑物。在它们周围划出一定保护地带，不仅有助于将其永久地保存下来，而且还能使节点成为一个区域性组成要素而丰富城市景观效果。如广州的越秀公园、上海人民公园等，都是视线和人流的节点，通过与城镇绿地系统的结合而给人以深刻的景观区域印象。

5. 城镇标志物

城镇标志物是构成城市景观的重要内容之一。其关键特征是具有独特性，占据突出的空间位置，或其有重要的历史意义，其尺度未必是宏大的。城镇标志物最好位于城镇中心的高处。仰视观赏可排除地面建筑物的干扰，像拉萨的布达拉宫、北京北海白塔等。由城镇绿地系统所形成的空间，使之成为明晰的标志物。拥有开阔水面的城镇，利用水面作标志物的背景往往能够收到较好的效果。青岛市利用海中岛屿小青岛和栈桥为标志物，城市各条道路均以它为对景，同时可利用道路引入海风，从功能和景观上均获得了很好的效果。城镇景观艺术面貌是一个整体，各要素都是相互联系作用的，通过道路在其间穿行，线路交接成为节点，并向四周分散一些标志物，因此要素之间是互相穿插重叠的，构成了独特的城镇景观的特征。

6. 城镇轴线

城镇轴线是控制城市空间结构和人的运行方位定位线。轴线的基本特征是线段形态，有起点和终点，有长度、方向感。一条轴线的两端由主要轴点控制，其间则由若干次要轴点联结。轴线也意味着对称，轴线两侧的建筑和环境设施，其造型、体量、长度、高度、材料、色彩可能截然不同，但这并不意味着轴线强度的减弱。相反，轴线空间表现得更为生动。在城市景观环境中轴线因地势和环境的不同，还有折线、曲线、螺旋线、浪线起伏和直线分解等，分别具有直率、活泼、幽深等特点（见图3-2）。

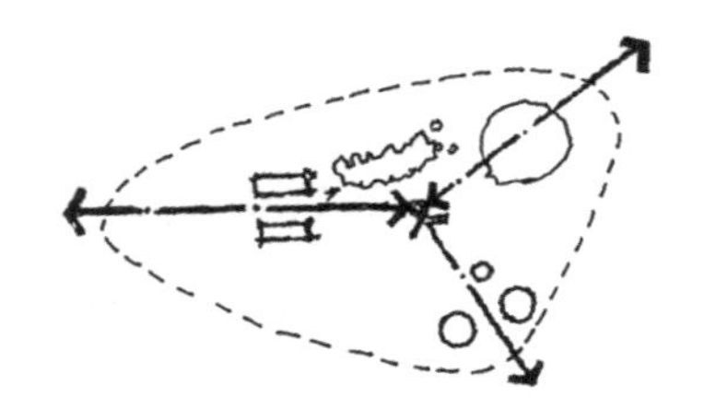

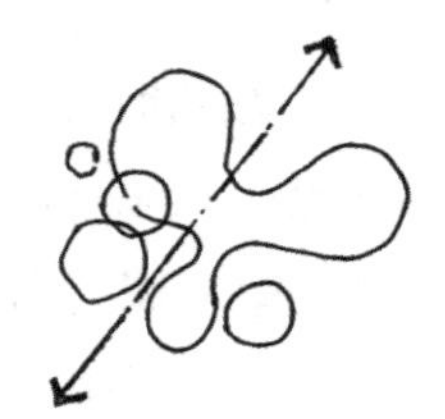

图3-2 城镇轴线

7. 透视线与视点

①透视线。透视线是人的视觉通过归纳而感知到的物体透视点的汇集线，平视时就是地平线。决定透视点的是人的观察位置以及被观察物的空间形态，不管透视线是否被阻隔或空间形态是否有所变化，透视点都客观存在于人的感觉之中。在特定的城市环境或场地中，因地面坡度、垂直界面的变化，透视线又呈多重状态，给人以不同的心理感受（见图3-3）。

②视点。视点指城市中具有较高外视景观价值的点，这种点本身也常具有较高的被视价值。在规划设计时保留和处理好视点是非常重要的，对提高城市的景观质量具有重要意义。

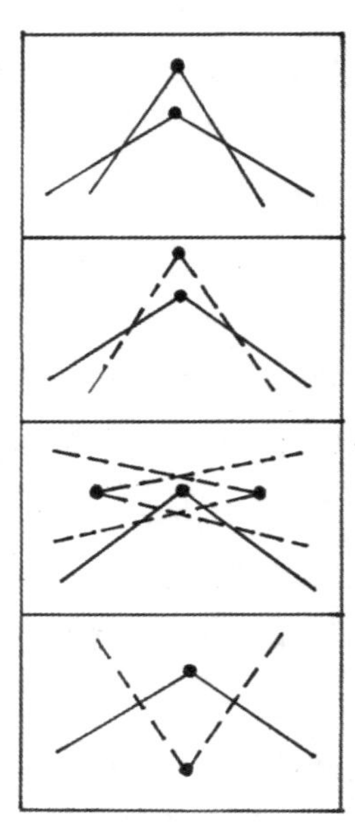

图3-3 透视线与视点

三、城镇景观设计的原则

（一）以人为本

城镇景观设计是城市利用社会经济、科技艺术、自然环境的设计，来营造人们在城市生活环境中的需求，以及以城市为中心带动郊区及其周边乡村发展的需求。任何城镇景观设计都应以人的需求为出发点，体现对人的关怀，创造出满足各自需要的城市生活空间。

（二）自然和谐

自然环境是人类赖以生存和发展的基础，其中地形地貌、河流湖泊、城镇绿地植物、建筑物、道路交通、居住小区、商业街等要素是构成城镇的主要景观资源。改善强化城市景观特征，使人工要素与自然环境要素和谐共生，有助于城镇景观环境特色的营造。在钢筋混凝土建筑林立的都市中，积极组织和引入自然景观要素，不仅对改善城镇生态环境、维持城镇可持续发展具有重要意义，而且还可利用自然植物的柔性特征“软化”城市的硬质空间，为城镇景观注入生气与活力。因此“城镇生态化”已经成为城市建设发展的一大趋势。

（三）传承历史与不断创新

城镇景观设计许多是在原有基础上所做的更新改造，因此，今天的规划建设就是连接过去与未来的桥梁。对于具有历史价值、纪念价值和艺术价值的景物，要有意识地进行挖掘、利用和保护，以便历代所经营的城镇空间及文化景观得以延续。在城镇景观设计过程中，对城镇文化延续、城镇历史遗产保护、城镇空间演变等产生重大影响。同时还应运用现代科技成果，创造出具有时代感和地方特色的城镇景观空间环境，以满足城镇建设发展的需要。

（四）地域特色

地域特色有自身的形成发展的过程，必须强调地域特色的重要性。因此，城镇景观环境不单纯是一种形体视觉艺术空间，而应被理解为一种综合的社会场所。将地域文化要素融人到城市规划中，无疑是对城镇未来空间的发展注入新的活力。城镇景观设计是塑造城市形象的重要途径。对城镇的地域特色、组成要素的提炼和强化，是体现城镇景观地域特色的重要表现形式之一。

四、城镇景观规划设计

（一）城镇景观设计与城镇总体规划的关系

一座城镇的规划，不仅要创造良好的工作、生活环境，而且还应具有优美的景观环境，在选择城镇用地时，除根据城镇的性质和规模进行用地的调查分析外，还要考虑城镇的景观设计要求，对用地的地形地势、河湖水系、名胜古迹、绿地林木、有保留价值的建筑以及周围地优美的人文景观可供利用等，进行分析研究，以便能组织到城镇总体规划布局之中。

城镇景观设计，根据城镇的性质规模、现状条件、城镇总体布局，形成城镇景观布局的基本构思。如结合城镇用地的客观条件，对城镇主要建筑群体组合等提出某些设想，这是城镇设计和详细规划设计的基础。根据城镇总体规划的景观布局，进行城镇空间的组合、河湖水面及高地山丘结合、广场建筑群的组合、城镇绿地和风景视线的考虑，以便能全面地实现城镇总体景观布局的要求。

（二）景观设计与城镇环境的关系

城镇总体规划或详细规划中的布局，都要体现城镇可持续发展与自然环境的协调统一。起伏的地势山丘，多变的江河湖海，富有生气的花草树木等为自然之美。建筑、道路、桥梁、舟车等为人工之美。优美的城镇景观则是城镇环境中自然美与人工美的有机结合，如建筑、道路、桥梁等的布置能很好地与山势、水面、林木相结合，获得相得益彰景观效果。

城镇中的广场、道路、建筑、绿地等，均需有一定的空间地域和环境氛围的衬托。人们对城镇景观的观赏有静态观赏和动态观赏之分。人们固定在某一地方，对城市某一组成部分的观赏为静态观赏；在乘车或步行中对城市的观赏为动态观赏。静态观赏有细赏慢品的要求，动态观赏有步移景异的要求。实际上，城镇的景观风貌常是自然与人工、空间与时间、静态与动态的相互结合、交替变化而构成。在城镇景观设计中，应根据城镇环境的实际情况，综合加以考虑（见图3-4）。

图3-4 珠江海滨景观

（三）城镇景观设计与自然环境、历史文化的关系

1. 自然环境的利用

①平原地区，地势平坦，城镇的规划布局有比较紧凑整齐的条件。但为了避免布局的单调，在绿地地段有时可适当挖低补高，积水成池，堆土成山，增强

三度空间感。在建筑群的布置上，高层建筑、低层建筑要配置得当，广场、干道的比例尺度要处理得宜，使城镇获得丰富的轮廓线。加强城镇景观植物配置形成系统，增强城镇景观层次感。如，北京是位于平原地区的大城市，封建时代的北京利用了自然的河湖水面，人工堆筑的山丘，进行大面积的绿地，布置高低不同的建筑群落，特别是城楼、高塔等比较突出的高大建筑，给城市创造了丰富而有变化的立体轮廓和气氛不同的空间组合，使城镇表现出特有的景观特色（见图3-5）。

图3-5 自然环境的利用

②丘陵山区，地形比较大，成熟的规划分布应充分凸显成熟的主要景观，并结合自然环境，多采用建筑量相宜、分散与集合的布置，若将城镇中心或一些主要建筑群布置在高地上，或在高地上布置优美的园林风景建筑，会使成熟的轮廓更加丰富多彩。如拉萨的布达拉宫成为城市的标志，给人们留下深刻的印象。拉萨的布达拉宫，建筑群依山建立，将主要的建筑布置在山顶，充分发挥山势的作用，因而有雄伟壮丽的艺术效果。在一些丘陵地区，城镇的主要道路系统，如沿丘陵间的沟谷布置，将各个山头包围在街坊或小区之中。并对主要道路在竖向上进行处理，使丘陵城镇获得一些平坦城市的街景。

③河湖水域，可利用水面组成丰富的城镇景观。位于河湖海滨地区的城镇，应充分考虑水资源条件进行城市景观设计。一些休养或风景城镇，靠近名山大川或浩瀚的海洋，应要求将绿水青山的自然风光组织到城市中去，建筑群及城镇设施的布局应充分与自然山水结合起来。如桂林市的规划布局将独秀峰、伏波山、叠彩山、七星岩、榕湖、杉湖、漓江、桃花江等织织在城市之中，市中心选择在榕湖、漓江相接之中心地带，隔漓江与七星岩相呼应。主要道路亦多以修理的山峰为对景，如丽君路对隐山，正阳路对独秀峰，解放东路对七星岩，形成了桂林风景城镇的特有景观。另外，有河流经过的城市，还常有桥梁设施。实用性、艺术性较高的桥梁，富有城市艺术的表现力，往往能组成城镇的重要景观点。

2. 文化遗产的利用

我国历史上遗留下来的城镇景观包括文化遗产和人文景观，在城镇的扩建改造中，应充分利用，特别是城市总体布局的规划建设时，要根据情况，进行保留、改造、迁移、拆除、恢复等多种方式进行处理。有历史和艺术价值的建筑群等，必须保留。如天安门的故宫。或在保留原有风格和艺术、历史价值的条件下，组织到城镇规划布局中去，在原有基础之上加以利用，可适当成为公园或旅游胜地。如成都的文化公园，就是由原来的青羊宫、二仙庵两座庙宇合并而成。可适当恢复重建，如武昌的黄鹤楼、扬州的二十四桥等历史上有名的园林建筑，以增强城镇的地方色彩，丰富城镇历史和文化艺术内涵。总之，城镇景观设计及其构成要素，要因各个城镇的其体条件而定，有山依山，有水傍水，因山水地势规律组织到景观布局中去，有文化古迹、风景名胜的条件也应充分加以利用。结合考虑城镇对景、借景、风景视线的要求，并加强城镇绿地系统和公共设施，以丰富城镇景观特色和文化内涵（见图3-6）。

图3-6 人文景观

六、自然生态景观应用

当代城镇中出现的包括环境在内的各种问题，很大程度上是由于不合理的绿地系统规划布局而造成的，因此，运用景观生态学的理论和方法对城镇绿地系统景观进行研究，形成完整的绿地系统规划，是构成城镇生态景观结构的基本要素。城镇景观生态学是研究城镇景观形态、结构、空间布局及其景观要素之间关系并使之协调发展的科学。近年来，通过对城镇景观生态空间布局等问题的研究，解决了一部分城市化对城镇生态环境所造成的压力，实现了城镇中人与自然和谐共存的目标。

我们在城镇景观设计中，应十分重视历史发展和区域文化对城镇景观设计的深远影响，从环境保护和自然资源合理利用的角度出发，发挥景观设计在环境保护和开发中的重要作用。城镇景观设计应将自然地理、城镇规划园林绿地、环境科学等综合设计，形成完整的城镇绿地系统和丰富的城镇景观。

因此，城镇景观生态规划应该和城市规划有机地融为一体，并增加其可操作性和可实施性，实现景观生态学实用性特点。在城镇绿地系统规划中，研究的内容包括：城镇绿地的总体规划、城镇绿地中景观廊道的研究、城镇绿地空间结构的研究、城镇中某块绿地的研究等。由于景观生态学注重景观空间布局研究，将景观生态规划的理论和方法运用到城市规划和城镇绿地系统规划中，从而成为解决城镇绿地空间布局与城市绿地系统规划的理论基础和方法依据（见图3-7）。

城镇景观生态规划要根据景观生态学原理和方法，合理布局景观空间结构、廊道、板块体、基质等，使景观要素的数量及其空间分布合理，把景观生态规划的理论和方法与城镇绿地系统规划设计融为一体进行研究，使绿地景观不仅符合生态学要求，而且还具有很高的美学价值。在较大的空间尺度上强调空间结构的合理性，保护和提高生物多样性而强调廊道的设置以及廊道的连接度、廊道的生态功能，以及景观空间的多样性，不仅要注意满足城镇绿地规划中人们游憩、观赏的需求，而且还要兼顾发挥城镇生态发展平衡、保护生物多样性、净化空气、减少热岛、提高城镇景观的环境质量等多项功能。

图3-7 植物景观

七、我国城镇景观设计的发展趋势

近年来，各地城镇汲取现代城市科学的新理论、新成果，拓展多学科、多专业的融贯研究，在重点探索城市绿地系统如何与城镇结构布局有机结合、城市绿地与乡村绿地如何协调发展，不同类型和规模的城镇如何构筑生态绿地系统根架等问题上，取得了显著突破和许多有益的经验。即：城镇地区在宏观层次上要构筑城乡生态大环境绿地圈，强调区域性城乡一体化、大框架结构的生态绿地；市域层面上在中心城区及郊区城镇形成“环、楔、廊、园”有机结合的绿地系统；微观层面上要搞好庭院、阳台、屋顶、墙面绿地及家庭室内绿地，营造健康舒适的生活环境。通过保护和营造上述三个系列的生态绿地系统，建立合理有效的物种生存环境结构和生物种群结构，疏通城乡自然系统的物流、能流、信息流、基因流，改善生态要素间的功能网络系统，从而扩大生物多样性的保存能力和承载容量。这些基于生态学原理的绿地系统与城市景观规划方法，正在实践中逐渐得到认同和应用。

在科技的运用方面，由于景观生态的研究和应用规划都是多变量的复杂系统，规模庞大且目标多样，随机变化率高。只有依靠现代计算机技术的帮助，才能运用泛系理论语言来描述和分析区划与规划问题，分析各种多元关系的互相转化，并进行各种专业运算，以便在一定的条件下优化设计与选择。另外，CAD辅助设计、遥感、地理信息系统、全球卫星定位技术等的应用，解决了大量基础资料的实时图形化、格网化、等级化和数量化的难题。目前，我国一些大城市已采用航空摄影和卫星遥感技术的动态资料来进行城市绿地现状调查。通过航拍和遥感数据的计算机处理，可以精确地计算出各类城镇绿地的分布均衡度和城市热岛效应强度。我国地域辽阔，各地自然环境和经济发展不尽相同，应提倡尊重客观规律、因地制宜，贯彻绿地优先的城镇用地布局原则，充分发挥绿地系统对美化城镇的作用。

第二节 建筑景观设计

一、建筑与自然环境

（一）人与自然和谐相处

随着社会生活、自然环境和科学技术发生的重大变化和人类对自然及其他关系的重新认识，建筑观念也受到巨大的冲击和压力，促使建筑从整体的、联系的、环境的和生态的新概念出发，使建筑观念发生了深刻的变化。强调要保护自然绿地已从个别现象转为普遍现象，并将自然引入了建筑内部。随着社会的进步和经济的发展，建筑规模日益增大，它与自然环境、社会经济、历史文化紧密相关。人类科学技术的进步，同时更渴望与大自然的和谐相处。

（二）建筑环境的特点

建筑环境所具有的意义越丰富、越深邃，就越容易与人产生深层次的情感沟通，使人获得永久性的印记，环境本身便具有了长久的艺术魅力。因此具有意义的建筑环境可以有较高的文化内涵和社会效益。例如，绍兴的兰亭因《兰亭序》而闻名，其周边弯曲的小溪也因古代文人们在此“曲水流觞”、饮酒作诗的风流雅事而名垂史册。所以建筑环境不分大小，它所代表的往往不只是简单的自然属性和具体的功能特性，即建筑的环境是具有历史文化意义层面的内涵，这也是它发挥社会效益的基础，这一特点在设计中必须重视和强化。

建筑环境虽然也是人为限定的，而更具广泛性和无限性的特点。在界域上它可以是连续绵延、起伏转折、走向不定的连贯性空间。在时间上前后相随，除随空间序列变化外，同时在植物季相（一年四季）、时相（一天中的早、中、晚）、位相（人与环境的相对位移）和人的心理时空运动中共同形成了一个综合多向的时空环境。

二、自然环境中的建筑

公共绿地环境是侧重以自然要素起主导作用的环境。自然环境的特征和可游可赏性是它显著的表象。这里所谈的以自然环境为主体的环境，含有各种人工要素作用的环境，是由自然要素和人工要素共同组成的。尽管人工要素占次要地位，但正是人工要素的作用，使得公共绿地从纯自然状态得以升华。

作为建筑，是以物质形态而构成的空间。但是在自然环境为主体的环境中的建筑又有其自身的特点。在这种环境下的建筑，同样具有避风挡雨、各种活动空间诸多的物质功能作用。但这并不是它的主要目的，它的真正目的在于审美，在于赏景与被观赏。因此，自然环境主体中的建筑在于表现。正是这样的建筑，赋予了公共绿地的人工性典型的物质对象。它的景观构成，在整个环境中起着重要的作用。

（一）自然环境与建筑的关系

在以自然环境为主体的环境中，虽然自然要素在环境中起主要作用，但这并不意味着不需要人工要素，不需要建筑单体、自然环境与建筑的关系是密切的、有机的结合。在自然风景中如果看不到建筑，景就野；有建筑，景则文。

有了建筑，才使得以自然环境为主体的环境成为建筑景观环境，使其区别于天然的野性的自然，并将自然升华。我们所要研究和创造的以自然环境为主体的景观环境，它不仅仅要表现自然的美，而且还要表现人在自然中的生活和智慧的物化象征，正是这种自然环境主体与建筑有机结合，协调统一的关系，才表达出人对自然的理解和人与自然的和谐关系（见图3-8）。

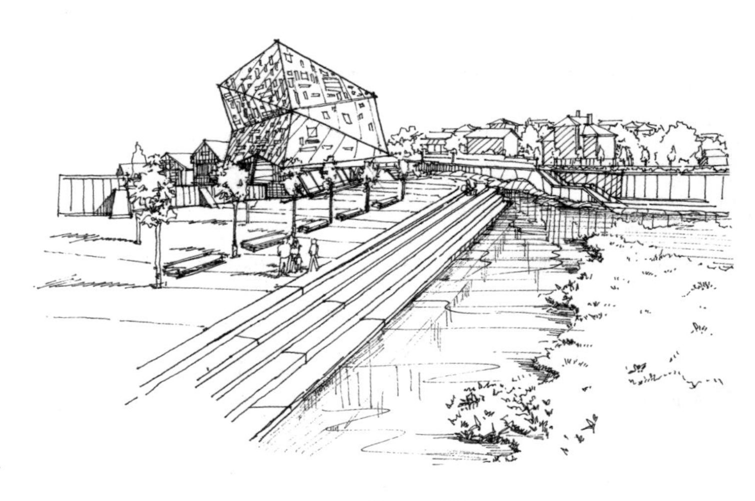

图3-8 景观环境

（二）建筑在自然环境中的作用

1. 物质性作用

①建筑成为自然环境空间的物质形式之一。建筑最基本的作用是为人提供活动的空间。建筑能为人的活动创造必要的物质基础。在自然环境主体中的建筑单体主要提供了人们驻足、休息、游赏、娱乐、交通、服务等的物质空间，为人们观赏、参与自然环境提供空间基点。

②建筑成为自然环境景观形式之一。自然环境中的建筑往往以其自身的体量、造型、色彩、风格等，结合其他的自然环境要素，成为整体环境中的景观，如一个小小的古朴的石灯笼，便可以其自然可爱的形象引人细细品味。

③建筑划分空间的作用。自然环境主体中的建筑常被用来分割公共绿地，起障景、对景、借景的作用。建筑物可以是划分空间的物质，使得有限的空间环境得以延伸，起到扩大空间的作用。另外，建筑物、建筑空间具有一定的方向性，对视线有引导或阻隔的作用，因而建筑能自然而然地引导人的视线，构成景观和场景。

④建筑是改善地形地貌的物质手法之一。地形地貌是自然环境的组成要素之一，通过建筑物的合理布局和其本身的体量尺度，使原始的地形地貌得以改善，可以强化地形地貌的优势，也可以弱化地形地貌的不足，形成更为理想和丰富的景观环境，如在山顶、高地上设置比较高耸的建筑，则便得地形起伏更加明显;或在过于平坦的地段，建筑物设置的高低错落，可以丰富天际轮廓线；在临水或水中设置建筑或桥、亭等，能丰富水体空间和丰富景观层次等。

2. 审美作用

自然环境主体中的建筑起物质性的功能，它的真正目的是在审美作用。一是建筑以它的造型供人欣赏，二是人们在建筑空间内向外观望，能对外界环境组景，同时，还在人们的审美上起着重要的作用。

①通过建筑的形式赋予人们对自然环境以一定的联想，达到超越感观感受的更深层次的审美高度。比如运用建筑的象征手法，在中国传统的园林建筑中就有极丰富的象征意义。如舫象征船，人在其中，想象坐在“船”中，外围景观似在运动，平添很多联想和雅兴。而建筑物的命名、题咏，可以使人们联想更丰富的“情”和“意”，使自然环境有更深的表现力和更强的感染力。

②通过民族的、地域的和时代的建筑语言，来表达一定的文化内涵和环境意义。由于文化的认同，一些建筑形式或符号可以使人们理解到种族、信仰、民俗、时代历史等的综合意象，使得整个环境更具有人文特征。如利用历史的遗迹、名人的旧居等建筑，使人产生对历史的缅怀与回顾。

（三）建筑的造型与风格

自然环境主体中的建筑，在造型与风格上侧重于灵活亲切、多姿多彩，体现出富有情趣、富有个性特色的风格。充分体现和运用当地建筑风采与特色是设计中常用的具体手法之一。各地的民居、店铺、廊舍等地方建筑均各有特点，借鉴其造型、色彩、装饰和空间布局手法进行建筑设计，有利于形成地方特色的建筑，使得自然环境主体中的建筑在造型上与环境协调统一。

（四）建筑的色彩与质感

建筑风格的主要特征表现在造型和色彩两个方面，因此自然环境主体中的建筑物的色彩对形成建筑的艺术感染力有很大作用。利用色彩与质感的不同特征可造成节奏、韵律、对比、均衡等景观构图变化。尽管自然环境是主体，自然景物的色彩决定了整体环境的色调，建筑物的色彩在总体色彩中所占比重不是很大，但在重要的景观位置上，需要精心设计。一般设计原则是:既要与周围自然环境相协调，又要有适当对比或微差，使重点突出，取得和谐统一。质感表现在建筑物外表的纹理和质地两个方面。纹理有直共、宽窄、深浅之分，质地有粗细、刚柔、隐显之别。质感可以加强某些情调上的氛围。苍劲、古朴、柔媚、轻盈等建筑个性与质感处理关系很大，如利用自然材料做建筑材料，会显得异常古朴、清雅、自然……

色彩与质感在设计上除考虑建筑物本身特征外，还必须考虑到与各种自然景物之间的谐调关系，要立足于空间整体的景观艺术效果。自然的山石、水池及花草、树木都有各自不同的色彩与质感。山石大多颜色是青灰或土黄，质地坚硬，纹理直长；池水色清，质柔而纹曲;花木色彩丰富，质地和纹理介于水石之间。组景时，水与石表现出的是对比关系;水与树、石与树则体现出的是微差。建筑进入组景之后就需要依据其在景观构图中所起的作用，确定是采用对比还是微差最能显现它的艺术美感。同时由于随观赏距离加大颜色会变得朦胧、灰暗，质地与纹理也会模糊而难以分辨。因此在自然环境中建筑应该运用何种材质的材料、使用何种色调，应根据地理位置、自然环境的不同而有所区别。

三、建筑的环境要素

（一）自然环境

建筑主体中自然要素是通过基本的自然要素的不同组合，组织形成各种自然环境契合到建筑环境中去。这些“环境”是千变万化的，如大到行车停车、人流聚散的建筑物前广场，小可到建筑室内一隅的山石花卉等。

场地是建筑物本身所占据的空间以外的场所，即建筑物周边的环境空间。场地是建筑物与更大范围环境的交接处和契合点。外界的人，必须通过场地，经过场地的容纳、引导，才能进人建筑内部或外部环境。

场地的大小、形状各异，它是由绿地植物、水体造型地面铺设和一些人工材料等共同组合而成。如:绿篱、花坛花池、水景、行道树、草坪等等均是组成建筑周边场地的常用的设计手法。场地对于建筑物是一个底座、衬托、背景，它所构成的自然环境可以烘托建筑物，美化建筑物。

（二）自然要素

自然要素弥补了建筑主体坚硬、隔绝自然的缺陷，丰富了建筑景观构图，满足了人们渴求自然的精神上的需求。自然要素通过融合、嵌入、缩微、美化和象征等艺术手法将自然的信息引人建筑，在有限的天地中再现自然，带给人们精神上的自由、清新和愉快的感受 （见图3-9）。

图3-9 自然要素的怡情作用

自然要素在形成整体环境的气氛，尤其在美化环境上起着重要的作用，它能够带来色彩丰富、形态生动、充满生机、活跃生动、柔美自然的氛围。对建筑主体既有背景衬托的作用，又可丰富建筑的轮廓线，增强建筑物的美感。

自然要素具有文化的引领和传达作用。自然要素往往通过多种形式传达一定的文化意韵或引发人们在心理上产生历史、生活、文化层面的联想、追忆等。自然要素本身又具有一些象征性，这些象征性是人们在一定的文化发展中所约定俗成的，如植物中的"岁寒三友"梅、松、竹；又如松柏象征生命常青，牡丹象征富贵荣华，荷花象征出淤泥而不染等。在城市建筑景观环境中有意地运用这些自然要素的象征意义，表达一定的文化内涵，可引起人们对整体环境的联想，形成历史文化层面上的遐想。

四、建筑与自然要素的设计

（一）植物景观设计

在以城市建筑为主体的建筑环境中，可以利用植物构成环境优美的室外空间，提供休闲观赏的对象；创造出多种形式组合的景观空间形态；组织植物形成景观导向，统一建筑物的观赏效果；调节风速，引导、控制人流和车流等。利用植物作为环境景观的组成要素，构成、限定和组织形成具有特殊质感的空间，通过其特有的形态、色彩、质感来影响和调整人的情感和视觉感受是我们设计的目的。

1. 植物与空间的关系

植物的品种、大小、形态、色彩、质感、气味的不同，空间的封闭性和通透性的变化，以及植物与人体的尺度关系的不同，构成环境空间的功能、性质和氛围也不相同。

植物可以在空间的任何一个平面上，以不同高度、形态、色彩和不同种类限定空间的范围。地被要素、立面要素和顶面要素是植物构成空间的三要素。

地被植物或者是矮灌木可以在地平面上暗示空间的范围。在垂直面上，植物并没有形成实体，但却限定了空间的范围。如一片草坪和一片地被植物的交界处没有视线的屏障，但两者的领域范围划分非常明确（见表3-1）。

在垂直面上，植物种类、疏密、种植形式的不同组合方式可以形成多样的空间视觉感受。构成影响空间的因素，首先是树干，它们是以暗示的方式来限定空间。树干的大小、种类、疏密程度以及种植形式决定了其围合的空间封闭程度。植物的叶丛是影响空间视觉感受的另一个因素，树冠的疏密度和分枝点的高低影响了空间的闭合度。树冠越浓密、体积越大，其围合感就越强烈。常绿的阔叶植物和针叶植物构成的空间封闭感受相对稳定，而落叶植物构成的空间封闭感受是动态的，随着季节的变化而变化（见图3-10）。

表3-1植物与人体的关系

序号	植物类型	植物高度	植物与人体尺度的关系	对空间的作用	图示
1	草坪	<15cm	踝高	作基面	
2	地被植物	<30cm	高度踝膝之间	丰富基面	
3	低篱	40~45 cm	膝高	引导人流	
4	中篱	90cm	腰高	分隔空间	
5	中高篱	1.5m左右	视线高	有围合感	
6	高篱	1.8m左右	人高	全闭封	
7	乔木	5~20m	人可在树冠下活动	上围下不围	

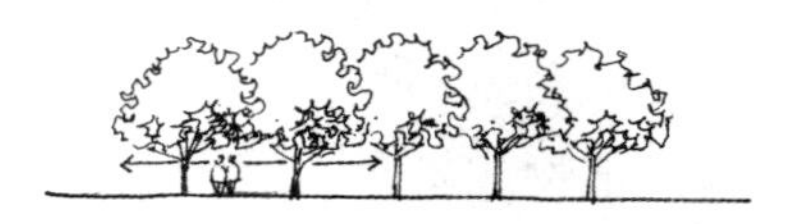

图3-10 植物构成的空间

植物也能够改变空间的顶平面。植物树冠的密度、种类、种植方式以及季节的变化都能产生不同的空间顶平面效果，并且影响着垂直面的尺度。

2. 植物与空间设计

植物不仅可以独立构成空间环境，也可以与其他自然要素一起相互搭配共同构成空间的功能。例如，植物与地形构成的空间效果，通过强化或削弱地形的起伏变化以达到预期的空间效果。除了地形外，植物还可以与建筑、山、水、道路等其他景观设计要素结构成丰富的空间形态。如，植物与建筑共同围合，可以是一个完整、封闭的空间；也可以是视线略有约束的半封闭空间；还可以配合建筑的需要，弥补缺口，形成完整的室内外空间景观效果。处理好与建筑主体的关系，植物配置既不能使建筑生硬，也不能过于茂密、喧宾夺主，务求量材适时适地的搭配组合设计（见图3-11）。

图3-11 植物与空间

图3-12 冬季半开敞空间

3. 植物空间的形态

运用植物构成室外空间时，应先明确空间设计的目的和空间的性质，根据具体的要求选取和组织适当的植物种类和种植方式。

①开放空间

运用低矮的灌木和地被植物作为空间的限定因素，空间性质开敞外向，无私密性。空间的主要界面开放无封闭感，人的视线没有任何遮挡。

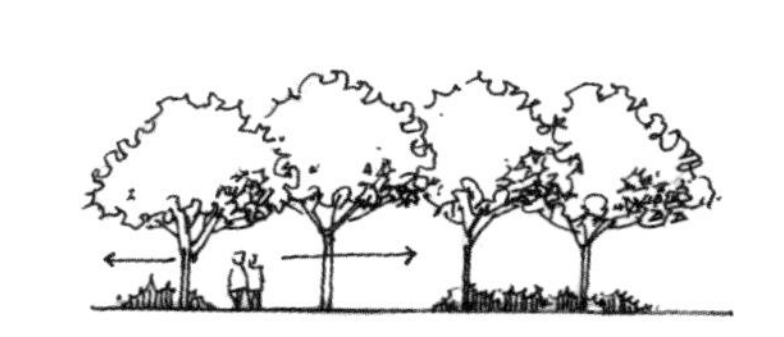

②半开放空间

空间的一面或多部分受到较高植物的封闭，限制了视线的通透。这种空间与开放空间的特性比较相似，只是空间的开放程度小，空间的方向性是朝向封闭较差的开敞面（见图3-12）。

③覆盖空间

利用具有浓密树冠的遮荫树木构成空间的顶平面，四面有树干限定空间的范围，视线通透（见图3-13）。

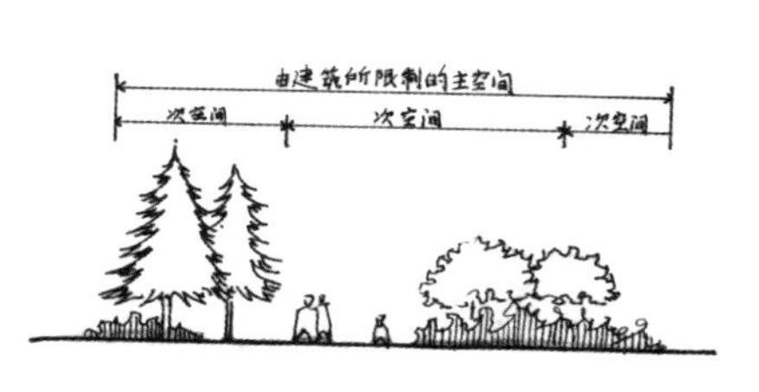

图3-13 覆盖空间

这类空间只有空间顶平面有一个水平限定要素，四周高大的树干形成了空间强烈的垂直空间，不仅具有隐蔽感和覆盖感，而且人的视线和行动也不受到限制。

④完全封闭空间

空间不仅顶平面被浓密的树冠遮蔽，其垂直面也是封闭的。这种空间没有方向性，具有极强的隐蔽性和隔离性，空间的形态十分鲜明。

⑤垂直空间

选用高而细的植物能构成具有向上开敞的空间。这类空间将人的视线引导向天空，人的行动和视线被限定在空间中产生强烈的封闭感。

4. 植物空间构成的方法

①划分空间

植物不仅能独立与其他设计要素一起构成不同的空间类型，植物还可以根据地平面的起伏、水面、道路的曲直变化、空间组织、视觉条件和场地使用功能等因素，采用似连似分、多分少连等多种的空间划分方式，将空间其他构成要素围合而成的大空间再次分隔成为一系列宜人的小尺度的次空间。植物还可以用以完善建筑或其他设计要素所构成的空间的缺陷，限定空间的范围，组织空间的布局，使孤立的要素成为一个有机的整体，形成连续的空间。

②联系空间

运用植物组织一系列相互联系的空间序列，引导人们穿越、进出一个个小空间。可以通过树冠改变空间的顶平面，产生封闭或开敞的空间效果；也可以有选择性地引导或遮挡空间的视线序列，营造抑扬顿挫的空间变化，巧妙地利用植物创造出丰富多彩的空间序列。

③屏蔽视线

在景观设计中，需要限定人的视线范围，植物是常用的手段。遮蔽视线的方式分为障景和控制私密性两种。

A. 障景。凡是能抑制视线而又能引导空间转折的屏障景物都可以称为障景。障景的效果分为完全阻隔视线和漏景两种。前者采用不通透的植物种类和配置，后者采用封闭视线的植物。植物障景的效果与观赏者所处的位置、被障景的高度、观赏者与被障景物的距离、地形等诸多因素相关。障景的设计应该有动势，高于人的视线，形象生动、构图自由，在景象前有足够的场地空间，用以接纳大量的人流。同时空间中应设计具有指示和引导人流流动方向的诱导因素。另外，还要考虑季节的变化，以及落叶植物在不间的季节对空间性质的影响。

B. 控制私密性。私密性控制的功能与障景的作用相似，它是利用阻挡人们视线

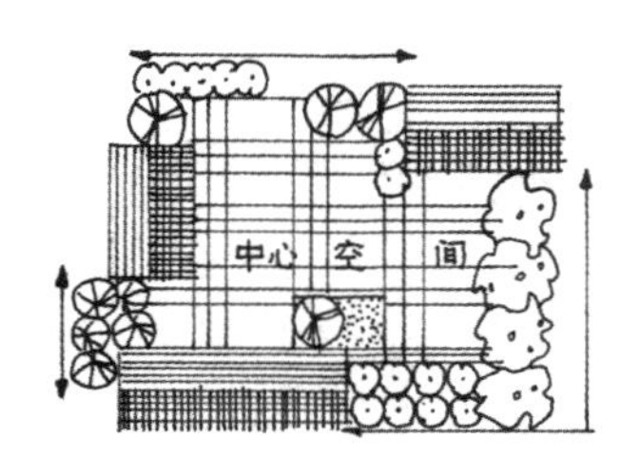

图3-14 植物空间构成的方法

高度的植物，对明确的所限区域进行围合，目的就是要将空间和环境完全隔离。私密性与障景之间的区别是，前者围合形成一独立的空间，以封闭所有，取得成功的实际效果，要做到这一点，首先要了解所运用的植物的性能以及其形态、叶色、花香、季相等的特色，把各种不同植物种类、不同形态、不同色彩、不同花期、不同栽培要求的植物，根据不同的环境空间要求和形态，使科学培植与艺术形式组合密切结合起来，才能达到预期的整体景观效果（见图3-14）。

（二）山石设计

这里所说的山石，是指利用天然的山石材料，具有一定的观赏性，形体一般较小。这样的山石设计中首先是选材，并充分加以体现和利用，保持原有品质，如石质、石纹等。应尽量考虑使用当地石品，这样能够较好地体现当地特色和当地环境风俗，形成具有地域特色的景观效果。观赏性为主的山石在布局方面，一般布置在视觉焦点，如入口、前庭、路端或场地的空间重心，也有布置在景窗边、水边、植物下等次要位置。

山石在景观环境中还常和一定的实用功能结合起来设计，如用片状石板来铺砌地而，或用鹅卵石铺地，设计成各种花纹形状；用天然石作水池驳岸；将天然石头设计加工成座凳等，这种山石的设计手法有多种多样的形式，较好地体现了人工与自然的结合，是公共绿地中常用的设计方法。无论是石材的选料布局，还是利用山石造景，都必须以

图3-15 广州麓湖公园

合适的体量尺度，有与建筑主体相适宜的体量比例，以达到对比关系与整体环境相协调统一（见图3-15）。

图3-16 自然式驳岸

（三）水体设计

在建筑主体的环境中，公共绿地设计的水池形体一般都较小，以精巧取胜，但保持了池水的以水面为镜、倒影为图作影射景的特点。另外，水池的边缘驳岸成为设计的重点之一，水池边的形状、砌筑方法、水陆交接的岸线线形等都与水池的景观效果有直接关系。曲岸有流曲之美，直岸比较硬朗肯定，凹岸构成环拥之势，凸岸形成半岛。砌筑的形式分自然式和几何式。自然式一般取自然形，如采用飘积原理构成的流曲、弯月、葫芦形等，自然式的用材也保持材料的自然特征，如交错状的石块驳岸，植物草坪的绿坡土岸、砂石护岸等(见图3-16)。

几何式一般采用几何形状，如用圆形、方形、三角形、矩形、莲花形、正多边形等闭合形状。几何式的水岸一般用规则的材料形成齐整的岸形，如整齐的台阶、护栏、护坡、挑台等。

“泉”这种自然状态是在设计中被模拟较多的。其中典型的是设计成“喷泉”，并且喷泉的形式极其丰富，大小各异，既可布置在室外也可布置在室内。丰富多变的动感与形态变化是喷泉最大的特征，运用这些在公共环境中可以达到活跃环境气氛、丰富景观效果的作用。

近水、亲水等活动的设计，其形态而言，并非以完美的艺术形态取胜，亲水活动包括游、渡、踏、溅、泼、戏等。根据特点，可以设计成大到戏水池、入水的平台或台地等等，小到一个饮水钵、洗手钵等。这种设计手法能增加环境的亲和力，烘托亲切和富有情趣的气氛。水体设计再一种手法是结合声、光、生物等其他的物质来丰富景观，如声光喷泉、水景缸、鱼池等。五彩灯光使得水景在夜晚色彩迷人，而红鱼点点又使水中增添了许多生气。

无论是山石、水体、植物，还是其他自然要素，它们都是相互联系、相互作用的，适宜地组合在一起，就会在不同的环境中组成优美的景观环境，传递自然的信息……

五、景观环境的设计

（一）基地环境的设计

每一处基地，都有其理想的用途。如果建筑物与它们的位置毫无联系，那么这些建筑物设计无论如何填密精彩，整体的建筑景观环境效果也不会成功的。所以基地环境设计是极其重要的。基地环境设计首先涉及的是基地的选择。选择一个合适的理想的基地，是成功设计的开始和基础。首先，我们必须知道我们所寻求的是什么，对所要进行的建筑环境设计必需的草地特色是什么，例如:要设计商业建筑，则要求基地有便捷的交通、易达性、区域的中心性等，所以必须明确最适合某个特定建筑环境设计的基地特征是什么。

基地确定后，对土地具有影响的任何地形地貌特征，不论是自然的还是人工的，都是基地特征的一部分，必须成为基地的一个要素。尤其是基地中的自然要素—树木、地形地貌、岩土与水体等。基地环境设计中应将这些自然要素合理运用，将自然景观要素纳入建筑环境设计中去（见图3-17）。

图3-17 街头绿地

基地的下一步则是具体的基地设计。同一个基地也会有多样的设计手法，而理想的设计应是发掘出基地的最大潜能，并且将这些潜能明确地实现出来。如：一个有坡地有起伏的基地，不是简单化地将其铲平，而是要发掘出坡地所具有的机动性、戏剧性的特质，使用台地设计，以不同的水平面划分其功能，使之予以强化和突出。并且利用斜坡提供的环境，将水体处理成常年瀑布、喷泉、涓流、涟漪等丰富的水景景观。另外，基地设计的理想表现，应借建筑造型和基地环境特点的调和或对比等方式来达到。建筑造型必须充分考虑到基地的最佳环境关系，同时基地中不适合的因素也应予以修正、改善；适当的因素则应予以扩展、延伸和加强，从而达到基地设计的最终目的：形成一个和谐统一的建筑景观环境。

（二）场地设计

我们在一个基地上建造建筑物，它不只是剩余空间大小的问题，而且还要有正确形状与良好的环境以衬托建筑物。所以，这就是建筑场地环境设计的外部景观空间与建筑造型的完美统一的重要性。建筑物与场地环境，无论在功能或视觉效果上，应是一个完整而均衡的组合体。场地作为一个开阔的空间，同样起着分隔围合或界定的作用。

1. 出入口

场地中的出入口，是城市公共空间与单元空间的邻接界面，兼有公共性与私密性的双重含义。它将公共空间扩展到单元空间去，同时又将单位空间延伸到公共空间中来，成为更大的环境组成部分。

出入口的设计，需解决人流的集结与疏散，车流的出入，以及人流与车流的汇合与分导等问题。它的设计原则是根据人行和车行的特点，首先要选择一个安全适合的出入口位置，要有适当的缓冲地段。其次，要便于空间的识别与定位，使人一目了然。出入口空间往往是建筑环境的起景点，对后序景观环境具有先入为主的效应。因而在设计上应使其具有画龙点睛的作用。同时必须注意对出入口的强化手法应与建筑环境整体性质、规模相协调。如住宅入口，应亲切自然，富有浓郁生活气息，多用适宜尺度的小绿地，高低相和；公共建筑出入口，应以简洁、美观、大方、鲜明、开放为宗旨；商业建筑入口则应服从购销的需要等。

2. 道路

场地中道路的设计有其自身的一些要点：①根据道路本身的要求来设计，比如是行车还是人行，包括道路的质地、宽度、坡度以及道路转弯半径，均是设计中应考虑到的方面。②能迅捷地走向建筑物并经过建筑物，无论是人还是车，都要遵循方便、安全、快捷地到达或离开建筑物的原则。③道路的线形走向应引导人们观赏建筑，视线距离与位置都应很适当。④道路的线形中不但应显露建筑物造型的特质，而且还应把场地的景观环境凸显出来。如：当人仍沿路而行时，可感受到植物丛迷人的起伏、色彩的梦幻、地形地貌的变化，层次丰富的植物空间感，以及景物组合有质地的、有色彩的变化等。

3. 停车场

停车场属于服务性质。停车场的设计既应便于车辆的出入，又要避免直接看到停车场。所以一般将停车场遮蔽起来，使之与建筑物和其他景观环境从视线上隔离，一般是运用绿地，如绿篱、花台，或成行的树木来遮蔽。有的还运用植草砖等铺设地面，引入绿地，改善停车场的环境。另外，停车场的出入要充分考虑联系外围的道路以及车行的特点，如转弯半径、行车方向等。

4. 围墙

围墙的功能是完成场地的空间界定，也是整个建筑环境的外部界面。领域性是围墙的功能特点，开放式边界、象征性边界、绿篱边界皆可作为分隔界面。有时围墙设计也将围墙做成各种空透形式与植物绿地结合起来，将围墙作为环境设计的一部分，使外部空间与单元建筑环境相互融合、相互渗透，以产生丰富的立面景观效果。

六、庭园设计

（一）“点、线、面”有机结合

点：指的是景观点、线的节点、视点、各种点状的景物，如一组观赏性强的植物、一块景石，都可形成一个个活动和视觉注意的中心。

线：指带状、条状和路径两侧之景，如长廊、花径、行植的树木和由多点暗示的线形空间。线是联系各点的纽带，对点起串联、统辖、制控、靠拢等作用，将不同的景观点连起来，形成动态的欣赏过程。另外，空间的深远，靠线之引伸、断续、曲折和层次排列，使空间感觉更深更远。

面：指的是由线（如边界、道路等）所围合的界面具有一定的开阔性和覆盖性，可提供一个视野开阔、心旷神怡、公众群集的场所。比如一片草地、一处水池、一块综合的场地，如街角公园，以竹为主要植物，既减弱了街角建筑的封闭感，又为人们提供了一处洽谈、休息、观赏的良好场所。

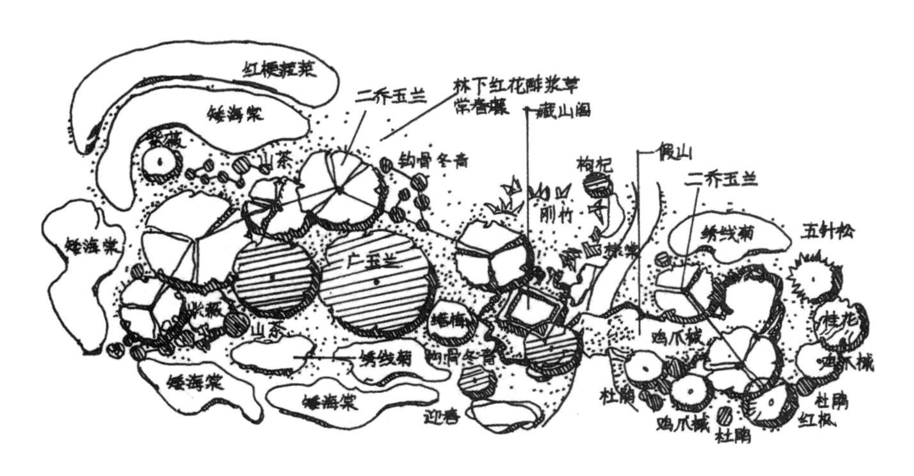

图3-18 植物景观空间设计

在几何构成关系中，点是分散之景，线是连续之景，面是铺展之景。在庭园设计中要将它们有机组合，构成看有点、行有线、动有面的景观环境空间（见图3-18）。

（二）动、静分区

动，指公共性、游动性、喧闹性的空间；静，指私密性、交往性、静态休息性的空间。在庭园布局设计中，动静的场地应作适当的分隔，既考虑空间之间彼此联系，又要排除相互间的干扰，比如用地面的下沉，加之绿地的遮挡，则可在流动性较大、较喧闹的场地中辟出一个可安静休息的空间。

（三）因地制宜

首先是很多植物的生长有地域性，对气候条件、土质条件有一定要求。如水体亦受气温、降雨等自然因素影响，因此要结合当时、当地的地理条件、气候条件，使之形成各自的独特之处。

以上三个要点说明，庭园组景是庭园设计的关键，而组景首先要理解庭园空间的特点:由于庭园位于建筑外部，一般由建筑物所形成，从而与有顶盖罩住的建筑室内空间不同，不是漫无止境的自然空间。它通常是由地面和四周的限定构成，有些带顶的中庭也是由透明材料组成“虚化”的顶盖。因而，庭园的组景是在满足基本功能的前提下，根据其空间的大小、层次、尺度、景物品类、地面状况和建筑造型等作为基准要素，构成各种庭园景观，使庭小不觉局促，园大不感空旷，览之有物，游无倦意。

七、公共绿地与建筑的统一

公共绿地与建筑景观同属于一个宏观层面上的“环境”范畴，公共绿地与建筑景观是统一的、融合的。具体表现在以下两个方面:

首先，公共绿地和建筑都具有空间和功能的特征，同时都需要科学、技术与艺术的高度综合，如城乡规划、环境科学、城市绿地、路桥工程，以及植物学、历史、文学、艺术等知识的综合。其结果使两者有类似的表现形式，如完成一定功能的空间，包含和表达一定的内涵和意义，适应多样化的人类活动，有着千姿百态、形式各异的表现形式等。

其次，公共绿地和建筑共同遵循的基本原则，如形态构成、空间组织、视觉原理、美学原理、行为学原理以及社会的心理的、历史文化的原则等，这些都是在创建公共绿地和建筑景观中所共同运用和遵循的基本原则。

总之，公共绿地与建筑是辩证统一的关系。公共绿地更侧重于自然要素，是以自然环境为主体的；建筑环境则侧重于人工要素，是以建筑为主体的。自然要素、人工要素的融合程度，又是千变万化因时因地因人而异的。都是创造融合自然与人为一体的城镇环境之中。所以无论以哪个为主体的环境，都不是孤立存在的，而应融入自然的、生态的城镇环境之中。

第三节　广场景观设计

一、广场的功能

在城镇总体规划中，对广场的布局应有系统的安排，而广场的数量、面积的大小、分布则取决于城市的性质、规模和广场功能。城市广场是城市居民社会生活的中心，其周围常常分布着行政、文化、娱乐和商业及其他公共建筑。在城市中心广场可以举行节日的群众集会庆祝活动。城市广场的分布在城市总体规划阶段确定，广场应与城市干道和街道相连结（见图3-19）。

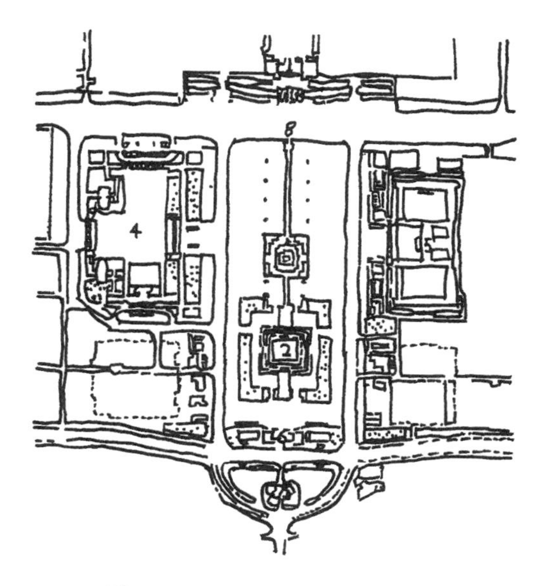

图3-19 天安门广场平面图

城市广场通常是汽车、自行车与步行交通集中地，应该分属各类不同交通性质、交通量加以组织设计，避免过境车流穿越广场。广场四周的建筑高度、体量应与广场尺度相协调。在广场中布置建筑物、绿地、喷水、雕塑、照明设施、花坛、座椅等可以丰富广场空间，提升城市景观艺术的观赏性。

城市广场一般是由建筑物、道路和绿地等围合或限定形成的永久性城市公共活动空间，是城市空间环境中最具公共性、最富艺术魅力、最能反映城市文化特征的开放空间。当广场以绿地为主时可称为广场绿地，其绿地率可达50%～80%，能取得较好的城市绿地景观、生态和游憩的空间效果。如今人们所追求的交往性、娱乐性、参与性、多样性、灵活性与广场所具有的多功能、多景观、多活动、多信息、大容量的作用相吻合。城市广场绿地景观对现代城市的作用是可以满足城市居民日益增长对社会交往和户外休闲场所的需求；增加城市开敞空间，改善和重塑城市景观空间品质，提高城市环境的可识别性。所以，开放的城市空间，优美的城市景观环境，是我们每一个热爱生活的人们所向往的。

二、广场的分类

城市广场发展已有数千年历史，从早期开放的空地广场到如今的多功能立体式广场，呈现出形式多样的类型特征。广场在城市中的位置、活动的内容、周围建筑物及其标志，决定着广场的性质和类型。广场的设置和演变受到各种因素的影响，在众多因素之中首要因素是功能。从古代到现代，广场就是城市居民社会生活的公共空间，它设在城市中心，是城市不可缺少的部分。随着现代社会的发展和市民生活的需要，要求建立多种功能的广场，通常以主要功能定性，以布置不同性质的广场。

（一）不同性质的广场

1. 集会广场

集会广场多设在市中心区，通常它就是市中心广场。在市民广场四周布置市政府及其他行政管理办公建筑，也可布置图书馆、文化宫、博物馆、展览馆等公共建筑。市民广场平时供市民休息、游览，节日举行集会活动。广场应与城市干道有良好的衔接，能疏导车行和步行交通，保障集会时人车集散。广场应考虑各种活动空间，场地划分，通道布置需要与主要建筑物有良好的景观关系，可以采用轴线设计或者自由构图布置建筑。市民广场上还应布置有使用功能和起装饰美化作用的环境设施及绿地，以加强广场气氛，丰富广场景观。

2. 建筑广场及纪念广场

为衬托重要建筑或作为建筑物组成部分布置的广场为建筑广场，如巴黎罗浮宫广场、纽约洛克菲勒中心广场等（见图3-20）；为纪念有历史意义的时间和人物布置的广场为纪念性广场，如南京雨花台烈士陵园等。在建筑广场及纪念性广场上可布置雕塑、喷水、碑记等各种环境设施，要特别重视这类广场的比例尺度、空间构图及观赏视线、视角的要求。

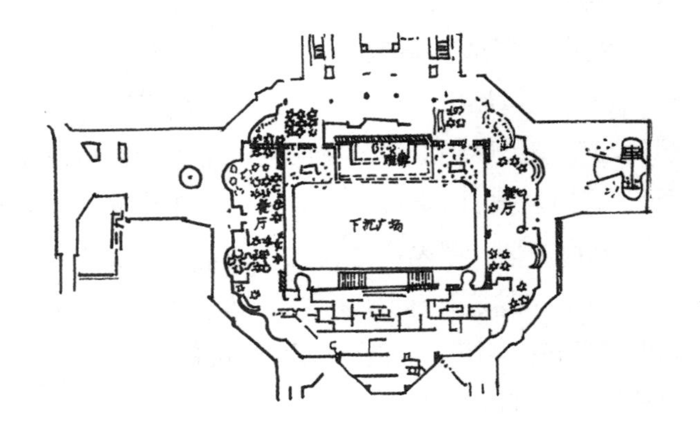

图3-20 纽约洛克菲勒中心广场

3. 商业广场

城市商店、旅馆及文化娱乐设施集中的商业街区常常是人流最集中的地方。为了人流集散和满足建筑上的要求，可布置商业广场。我国有许多城市有历史上形成的商业广场，如苏州的北局广场、玄妙观前广场，南京的夫子庙，上海的城隍庙等。

4. 交通广场

交通广场分两类：一类是道路交叉的扩大，疏导多条道路交汇所产生的不同流向的车流与人流交通广场；另一类是交通集散广场，如工矿企业的厂前广场，交通枢纽站站前广场等。在这些广场中，有的偏重于解决人流的集散，有的偏重于解决车流、货流的集散，有的对人、车、货流的解决均有要求。

（二）不同形状的广场

1. 规整形广场

广场的形状比较严正对称，有比较明显的纵横轴线，广场上的主要建筑物布置在主轴线的主要位置上。

①正方形广场

在广场的平面布局上，无明显的方向，可根据城市道路的走向、主要建筑物的位置和朝向来表现广场的朝向，如巴黎旺多姆广场（见图3-21），始建于17世纪，后被拿破仑为自己建造的纪功柱代替。纪功柱高41米，广场四周是统一形式的3层古典主义建筑，底层为券柱廊，廊后为商店。广场为封闭型，建筑统一、和谐、中心突出。纪功柱成为各条街道的对景。这样的广场要组织好交通，避免行人活动干扰交通。

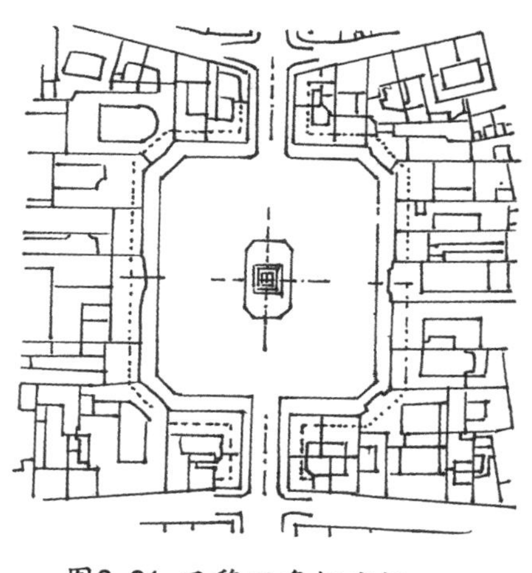

图3-21 巴黎旺多姆广场

②长方形广场在广场的平面布局上，有纵横的方向之别，能强调出广场的主次方向，有利于分别布置主次建筑（见图3-22）。在作为集会游行广场使用时，会场的布置及游行队伍的交通组织均较易处理。广场究竟采用纵向还是横向布置，应根据广场的主要朝向、与城市主要干道的关系及广场上主要建筑的要求而定。

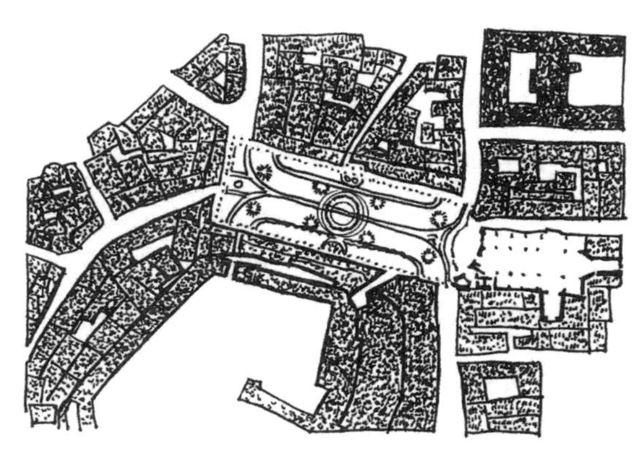

图3-22 意大利维基凡诺城的杜卡广场

③梯形广场

由于广场的平面为梯形，有明显的方向，容易突出主体建筑。广场只有一条纵向主轴线时，主要建筑布置在主轴线上，如布置在梯形的短底边上，容易获得视觉上的宏伟效果；如布置在梯形的长底边上，容易获得主要建筑与人较近的效果，还可以利用梯形的透视感，使人在视觉上对梯形广场有矩形广场的感觉。

④圆形和椭圆形广场

圆形广场、椭圆形广场与正方形广场、长方形广场有些近似，广场四周的建筑，面向广场的立面一般应按、圆弧形设计，方能形成圆形或椭圆形的广场空间　（见图3-23）。

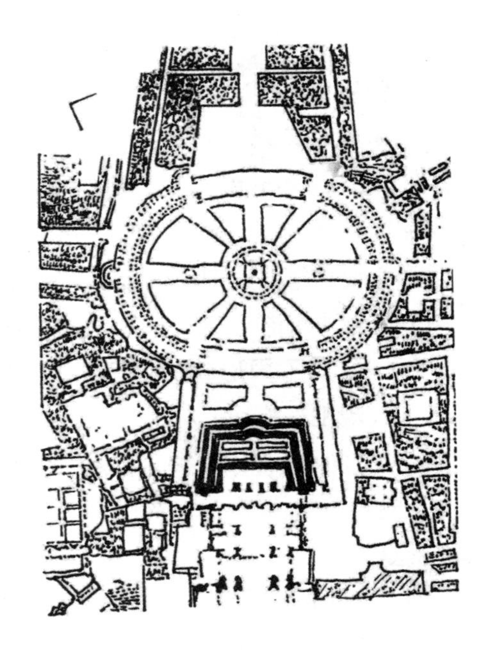

图3-23 罗马圣彼得教堂

2. 不规则形广场

由于用地条件，城市在历史上的发展和建筑物的体形要求，会产生不规则形广场。不规则形广场不同于规则形广场，平面形式较自由。不规整形广场的平面布置、空间组织、比例尺度及处理手法必须因地制宜。如在山区，由于平地不多，有时在几个不同标高的台地上，也可组织不规整形广场。

广场的规划布置，不是孤立在城市之中，而是城市的有机组成部分。一个广场不能满足有关功能的要求，可考虑设置各种不同功能的广场，形成广场群。广场群应考虑广场之间的有序联系，以形成统一协调的整体。

三、广场景观设计要点

（一）广场景观设计原则

1. 整体协调原则

作为一个成功的广场规划设计，整体协调是最重要的。整体协调包括功能和环境两方面。功能上一个广场应有其相对明确的功能和主题，在此基础上，辅之以相配合的次要功能，这样广场才能主从分明，特色突出。另外，在环境上要考虑广场与周边建筑与城市地段的时空连续，在规模尺度上也应做到与城市空间时序和性质的相统一。

2. 以人为本原则

现代城市广场规划设计要充分体现对人的关怀，以人的需求、人的活动为主体，强调广场功能的多样性、综合性，强化广场作为公众中心的场所理念，使之成为舒适、方便、富有人情味、充满活力的城市公共活动空间。

3. 个性特色原则

广场是城市的窗口。每个广场都应有自己的特色，特色不只是广场形式的不同，更重要的是广场设计必须适应城市的自然地理条件，必须从城市的经济发展、文化特征和基地的自然环境及历史背景中寻找广场设计的脉络。

（二）广场景观的设计

1. 广场的面积

广场面积及大小形状的确定取决于功能要求、观赏要求及客观条件等方面的因素。功能要求方面。如交通广场，取决于交通流量的大小、车流运行规律和交通组织方式等。集会广场，取决于集会时需要容纳的人数及游行行列的宽度，使它在规定的游行时间内能使参加游行的队伍顺利通行。影剧院、体育馆、展览馆前的集散广场，取决于在许可的集聚和疏散时间内能满足人流与车流的组织与通过。

观赏要求方面，要求广场上的建筑物及其纪念性、装饰性构筑物等要有良好的视线、视距。在体形高大的建筑物的主要立面方向，宜相应地配置较大的广场。如建筑物的四面都有较好的建筑造型，则在其四周适当地配置场地，或利用朝向该建筑物的城市街道来显示该建筑物的面貌。但建筑物的体形与广场间的比例关系，可因不同的要求，用不同的设计手法来处理。有时在较小的广场上，布置较高大的建筑物，只要处理得宜，也能显示出建筑物高大的效果。

广场面积的大小，还取决于用地条件、生活习惯条件等客观情况。如城市位于山区，或在旧城中开辟广场，或由于广场上有历史艺术价值的建筑需要保存，广场的面积就会受到限制。如气候暖和地区，广场上的公共活动较多，则要求广场有较大的面积。此外，广场面积还应满足相应的附属设施的场地，如停车场、绿地种植、公共设施等。

2. 广场的比例尺度

广场的比例尺度包括广场的用地形状、各边的长度尺寸之比、广场大小与广场上的建筑物的体量之比、广场上各组成部分之间相互的比例关系、广场上的整个组成内容与周围环境，如地形地势、城市道路以及其他建筑群等的比例关系。广场的比例关系不是固定不变的，例如，天安门广场的宽为500m，两侧的建筑——人民大会堂、革命历史博物馆的高度均在30m-40m之间，其高宽比例为1:12，这样的比例会使人感到空旷，但由于广场中布置了人民英雄纪念碑、大型喷泉、灯柱、栏杆、花坛、草地，特别又建立了毛主席纪念堂，从而丰富了广场内容，增加了广场层次感，使人们并不感到空旷，而是舒展明朗。广场的尺度应根据广场的功能要求、广场的规模与人们的活动要求而定。大型广场中的组成部分应有较大的尺度，小型广场中的组成部分应有较小的尺度。踏步、石级、栏杆、人行道的宽度，则应根据人们的活动要求设计。车行道宽度、停车场地的面积等要符合行人和交通工具的尺度。

3. 广场的限定与围合

广场是经过精心设计的外部空间，是从自然环境中被有目的地限定出来的空间。广场主要就是地面和墙壁所限定的。广场空间限定的主要手法是设置，包括点、线、面的设置。在广场中间设置标志物是典型的中心限定。围绕这个标志物，形成一个无形的空间。从广场使用中可以看到人们总爱围绕一些竖向的标志物活动。中心限定能够形成一种向心的吸引作用。通过墙面、建筑、绿地围成所需的空间，是广场限定最常用的方法，不同的构筑物及围合方式会产生封闭与开放强弱不同的空间感觉、为了保证广场视觉上的连续，形成开阔整体感，同时又能划分出不同的活动空间，打破单调感，常运用矮墙和敞廊。运用大乔木形成林荫空间，在广场的覆盖中具有很强的实用性。广场地坪的升高与下沉，可以形成广场不同的空间变化，但升高与下沉要适度，避免造成人群活动的不便。广场地面质感的变化，主要是通过铺地的材质、植物配置组合图案的变化，造成不同的质感，以作为空间限定的辅助方法(见图3-24)。

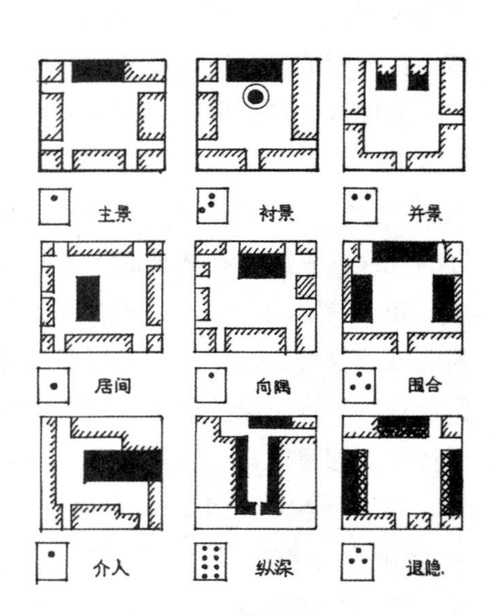

图3-24 广场与主体建筑的关系

建筑物对于广场空间的形成具有重要的作用，传统的广场主要是由建筑物的墙面围合形成。通过建筑的围合，使广场具有一种空间容积感。广场的封闭形态：①通过道路将广场地面与空间分离，使广场形成独立的空间；②进入广场的每条道路能够封闭视线，增强广场的围合感；③将广场角部封闭，中间开口，形成较为完整的空间围合。广场空间与周围建筑形态的关系：①一般高层建筑物与低层建筑物共同围合形成广场空间，高层建筑物的裙房或低层的敞廊可以与邻近建筑物建立联系；②主体建筑后退，以突出广场空间体量；③有的主体建筑向广场空间内扩展，打破单一的广场空间形式，使广场空间变化多样；④相互联系的广场空间通过廊柱及敞廊的过渡或围合形成广场空间，这种广场形式可以形成多样的、多层次广场的使用功能。

（三）广场的标志物与主题表现

在广场上设置雕塑、纪念柱、碑等标志物是表现广场主题内容的常用方法。一般布置在广场中央的标志物，宜体积感较强，无特别的方向性。成组布置的标志物应当具有主次关系，同时适宜于大面积或纵深较大的广场。标志物布置在广场的一侧，侧重于表现某个方向或轮廓线，而将标志物布置在广场一角，则更适用于按一定观赏角度来欣赏（见图3-25）。

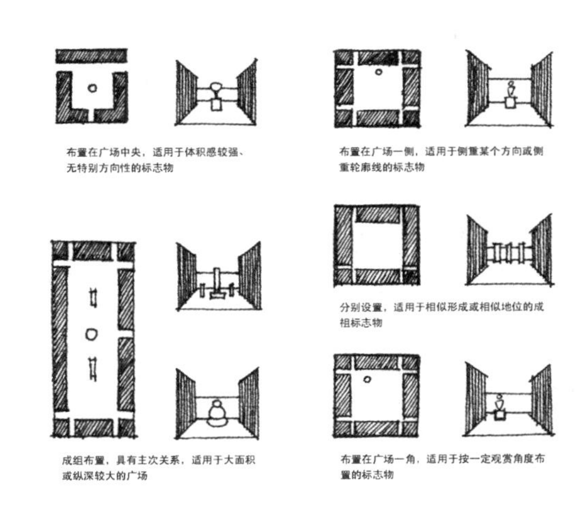

图3-25 广场与标志物的关系

在布置标志物特别是雕塑纪念碑时，除了要按视觉关系进行考虑外，还要注意透视变形校正问题。人们在观察高大的物体时，由于仰视，必然会出现被视物体变形问题，包括物像的缩短、物像各部分之间比例失调，这些透视变形直接影响人们对广场雕塑或纪念碑的观赏。同时还要考虑重心问题，广场雕塑纪念碑大都是四面观赏的。为了解决透视变形问题，最好是将原有各部分比例拉长，但这要视实际情况而定。

建筑对广场主题的表现至关重要。广场中的主要建筑决定了广场的性质，并占据支配地位，其他建筑则处于从属地位，提供连续感和背景的作用。这种主次关系不仅表现于位置，还在尺度、形态、人流导向上有明显的差异。许多现代广场周边的建筑群功能复杂，形式多样，统一感和连续性差，主体建筑不仅在体量上而且精神上表现得不是十分明显。

广场周边的建筑与广场要有一种亲密关系，特别是对于集会广场。建筑要有较强的社会性，如与广场关系密切的公共建筑有市政府、美术馆、博物馆、图书馆等。另外，需防止过多重要的建筑围绕着一个广场，因为这样做较难解决它们在建筑形式上的冲突问题，同时城市其他部分往往会因为失去某种重要性而变得沉闷。一般来讲，广场周边有一两个重要的公共建筑，并且引入一些功能不同的其他建筑，特别是商业服务建筑，这样有利于在广场中形成变化和连续的活动。

（四）广场的使用与人的活动

广场的绿地、建筑、铺地、设施等具体布置，主要应以公共活动为前提。从行为心理角度考虑，在广场设计中应注意以下几个方面：

1. 边界效应

行为观察表明，受欢迎的广场逗留区域一般是沿着建筑立面的地区和一个空间与另一个空间的过渡区，在那里同时可以看到两个空间。实际上广场上的活动也是如此。驻足停留的人倾向于沿广场边缘聚集，靠门面处、门廊之下、建筑物的凹处都是人们常常停留的地方。只有停留下来，才可能发生进一步的活动。活动是由边缘向中心扩展的。边界地区之所以受到青睐，因为处于空间的边缘为观察空间提供了最佳条件。人们站在建筑物的四周，比站在外面的空间中暴露得少一些。这样既可看清一切，个人又得到适当的保护。所以在广场设计中，要注意广场空间与周边建筑、道路交汇处小环境的设计处理。广场的边缘地区要有一定的活动空间和必要的小品布置，这样才能吸引过往行人，使他们自然而然地来到广场上活动。

2. 场地划分

在广场设计中，按照人们不同需要和不同活动内容，适当地进行场地划分，以适应不同年龄、不同兴趣、不同文化层的人们开展社交和活动的需要。在广场设计中，既要有综合性的集中的大空间，又要有适合小集体和个人分散活动的空间。场地划分是一种化大为小、集零为整的设计技巧，要避免相互干扰，广场作为一种高密度的公共活动场所，在空间上应以块状空间为主，尽量减少使用细长的线状空间。

3. 活动的界面

广场上的活动，可以在水平面上划分，亦可将它抬高、下沉或起坡。活动界面的不同，其领域界限、视线、活动以及相互联系都有不同的效果。从公共活动的开放性与空间的延伸性角度看，无论是抬高或下沉，都容易影响不同领域间活动内容的联系和视线交流，容易造成视觉阴影形成空间的凝滞，从而成为活动的死区。所以在采用抬高和下沉界面时，须注意开放性设计（见图3-26）。

为了界面的变化及领域的划分，可以优先采用缓坡、慢丘、台阶等形式来丰富广场的空间形态。

4. 环境的依托

人们在广场中用于进出和行走的时间只占20%左右，而用于各种逗留活动的时间约占80%。然而，人们活动时很少把自己置于没有任何依托和隐蔽的众目睽睽的空地中，无论谈天、观看、静坐、站立、漫步、晒太阳……总是选

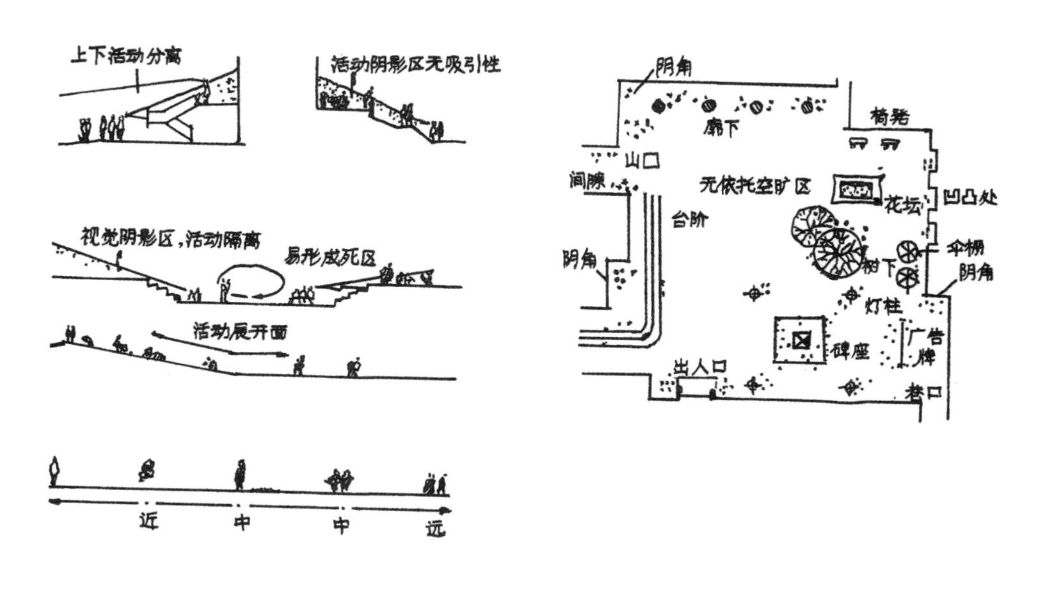

图3-26 界面变化对人的行为影响及广场周边界面示意图

择那些有依靠的地方就位。有学者认为，广场的可坐面积达到广场总面积的10%~26%时，对满足人的行为需要是比较合适的。对于依托物的选择，人们常常选在建筑台阶、凹廊、柱子、树下、街灯、花池栏杆、街道和建筑阴角、两建筑空隙间、山墙、屋檐下。人们在广场中活动除了选择依托之外，还需要有一个不受自然气候和使用时效限制的物理环境，如在烈日、寒风、雨雪、风沙的气候条件下。所以，有不少广场设计利用现代科技手段和建设条件，力求创造一种全天候的广场。

5. 活动的参与行为

人们在广场中充当什么样的角色，是检验广场环境质量的一个重要标准。所以，现代广场十分重视调动参与者的积极性，使人充当活动的主角，而不是处于被排斥或仅以旁观者的身份进入广场。参与活动是多种多样的，拍照、小吃、戏耍、玩水、谈天、观景、使用广场设施、交往、选购等都是一种参与行为。

四、广场的空间设计

广场的空间设计主要应满足人们活动的需要及观赏的要求。在广场的空间组织中，要考虑动态空间的组织要求。人们在广场上观赏，人的视平线能延伸到广场以外的远处，所以空间应是开敞的。如果人的视平线被四周的屏障遮挡，则广场的空间是比较闭合的。开敞空间中，使人视野开阔，特别是在较小的广场上，组织开敞空间，可减低广场的狭隘感。闭合空间中，环境较安静，四周景物呈现眼前，给人的感染力较强。在设计中，可适当开合并用，便开中有合，合中有开。让广场上有较开阔的区域，也有较幽静的区域。

（一）广场空间的划分与层次

广场空间的设计要与广场性质、规模及广场上的建筑和设施相适应。广场空间的划分，应有主有从、有大有小、有开有合、有节奏的组合，以衬托不同景观的需要。如有纪念性质的烈士陵园的广场空间，一般采用对称、严谨、封闭的设计手法，并以轴线引导人们前进，空间的变化宜少，节奏宜缓，以造成肃穆的气氛。游息观赏性的广场空间，可多变换，快节奏，收放自由，并在其中增设小品，造成活泼气氛（见图3-27）。

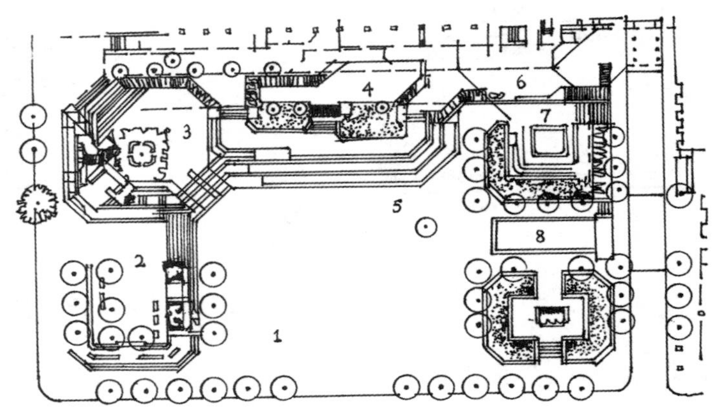

1. 主亭；2. 临时展会；3. 泉；4. 敞廊；5. 叠泉；6. 咖啡座；7. 剧场；8. 水池

图3-27 广场的功能分区

广场空间的景观：近景、中景、远景。中景一般为主景，要求能看清全貌，看清细部及色彩。远景作背景，起衬托作用，能看清轮廓。近景作框景、导景，增强广场景深的层次感。静观时，空间层次稳定；动观时，空间层次交替变化。有时要使单一空间变为多样空间，使静观视线转为动观视线，把一览无余的广场景观转变为层层引导，开合多变的广场景观。

（二）建筑物和设施的布置

建筑物是组成广场的重要部分。广场上除主要建筑外，还有其他建筑和各种设施。这些建筑和设施应在广场上组成有机的整体，主从分明，满足各组成部分的功能要求，并合理地解决交通路线、景观视线和分期建设问题。

广场中纪念性建筑的位置选择要根据纪念建筑物的造型和广场的形状来确定。纪念物是纪念碑时，无明显的正背关系，可从四面来观赏，宜布置在方形、圆形、矩形等广场的中心。当广场为单向入口时，或纪念性建筑物为雕像时，则纪念性建筑物宜迎向主要入口。当广场面向水面时，布置纪念性建筑物的灵活性较大，可面水、可背水、可立于广场中央、可立于临水的堤岸上，或以主要建筑为背景，或以水面为背景，突出纪念性建筑物。在不对称的广场中，纪念性建筑物的布置应使广场空间景观构图取得平衡。纪念性建筑物的布置应不妨碍交通，并使人们有良好的观赏角度，同时其布置还需要有良好的背景，使它的轮廓、色彩、气氛等更加突出，以增强艺术感染力。

广场上的照明灯柱与扩音设备等设施，应与建筑、纪念性建筑物协调。亭、廊、坐椅、宣传栏等小品体量虽小，但与人活动的尺度比较接近，有较好的观赏效果。它们的位置应不影响交通和主要的观赏视线。

五、广场交通的设计

广场还须考虑广场内的交通路线组织，以及城市交通与广场内各组成部分之间的交通组织。组织交通的目的，主要在于使车流通畅，行人安全，方便管理。广场内行人活动区域，要限制车辆通行。交通集散广场车流和人流应很好地组织，以保证广场上的车辆和行人互不干扰，畅通无阻。广场要有足够的行车面积、停车面积和行人活动面积，其大小根据广场上车辆及行人的数量决定。在广场建筑物的附近设置公共交通停车站、汽车停车场时，其具体位置应与建筑物的出入口协调。在规划设计时，应根据广场的有关功能，分别主次，进行综合考虑。

六、广场铺装与绿地设计

广场的地面是根据不同的功能要求而铺装的，如集会广场需有足够的面积容纳参加集会的人数，游行广场要考虑游行行列的宽度及重型车辆通过的要求。其他广场亦须考虑人行、车行的不同要求。广场的地面铺装要有适宜的排水坡度，能顺利地解决广场地面的排水问题。有时因铺装材料、施工技术和艺术设计等的要求，广场地面导航须划分网格或各式图案，增强广场的尺度感。铺装材料的色彩、网格图案应与广场上的建筑，特别是主要建筑和纪念性建筑物密切结合，起到引导、衬托的作用。广场上主要建筑前或纪念性建筑物四周应作重点处理，以示一般与特殊之别。在铺装时，要同时考虑地下管线的埋设，管线的位置要有利于场地的使用和便于检修。

绿地种植是美化广场的重要手段，它不仅能增加广场的表现力，而且还具有一定的改善生态环境的作用。在规整型的广场中多采用规则式的绿地布置，在不规整型的广场中采用自由式的绿地布置，在靠近建筑物的地区宜采用规则式的绿地布置。绿地布置应不遮挡主要视线，不妨碍交通，并与建筑组成优美的景观。应该大量种植草地、花卉、灌木和乔木，并考虑四季色彩的变化，以丰富广场的景观效果。

第四章 城镇公园绿地景观设计

第一节 城镇公园

城镇公园是向公众开放的、以游憩为主要功能，有一定的游憩设施和服务设施，同时具有美化城市景观、防灾减灾等综合作用的公共绿地。它是城镇绿地系统和城镇市政设施的重要组成部分，是体现城镇环境整体水平和居民生活质量的重要标志。城镇公园作为城镇绿地系统的主要组成部分，对保护生态环境、丰富市民生活和美化城镇环境都有着重要的作用。公园作为城镇绿地系统中最重要的部分，是城市居民必需的游憩空间。公园作为公益事业的城镇基础设施，是广大市民文化娱乐的主要场所。公园可分为城市公园和自然公园两大类。公园依其规模和功能不同又可分为综合公园和专类公园，而自然公园通常指的是大规模的森林公园和国家公园。

一、城镇公园分类

世界各国对城市公园绿地并没有形成统一的分类系统，但其中比较主要的有：

1.美国：美国城市公园系统主要包括：儿童游戏场；街坊运动公园；教育娱乐公园；运动公园；风景公园；水滨公园；综合公园；近邻公园；市区小公园；广场；林荫路与花园路；保留地。

2.德国：德国城市公刻系统主要包括：郊外森林公园；国民公园；运动场及游戏场；各种广场；分区园；花园路；郊外绿地；运动公园。

3.前苏联：前苏联城市公园系统主要包括：全市性和区域性的文化休息公园；儿童公园；体育公园；城市花园；动物园和植物园；森林公园；郊区公园。

4.中国：我国的城市公园按主要功能和内容，将其分为综合公园（全市性公园、区域性公园）、社区公园（居住区公园、小区游园）、专类公园（儿童公园、动物园、植物园、历史名园、风景名胜公园、游乐公园、其他专类公园）、带状公园和街旁绿地等。

二、城镇公园指标和游人容量

（一）城市公园指标计算

按人均游憩绿地的计算方法，可以计算出城市公园的人均指标和全市指标。

人均指标(需求量)计算公式：

$$F= p\times f/e$$

式中：F——人均指标，㎡/人；

p——游览季节双休日居民的出游率：%；

f——每个游人占有公园面积，㎡/人；

e——公园游人周转系数。

大型公园，取：

$p_1>12\%$，60㎡/人<f1<100㎡/人，$e_1<1.5$

小型公园，取：

$p_2>20\%$，f_2=60㎡/人，e2<3

居民所需城市公园总而积由下式可得，城市公园总用地：

居民（人数）×F总

（二）城市公园游人容量计算

公园游人容量是确定内部各种设施数量或规模的依据，也是公园管理上控制游人量的依据。公园的游人量随季节、节假日与平日之中的高峰与低谷而变化；一般节假日最多，游览旺季周末次之，旺季平日和淡季周末较少，淡季平日最少，一日之中又有峰谷之分。确定公园游人容量以游览旺季的周末为标准，这是公园发挥作用的主要时间。

公园游人容量应按下式计算：

C=A/Am米

式中：C——公园游人容量(人)；

A——公园总面积(㎡)

Am——公园游人人均占地面积（㎡/人）

公园游人人均占地面积根据游人在公园中比较舒适地进行游园考虑。在我国城市公园游人人均占有公园面积以60㎡为宜；近期公园绿地人均指标低的城市，游人人均占有公园面积可酌情降低，但最低游人人均占有公园的陆地面积不得低于15㎡风景名胜公园游人人均占有公园面积宜大于100㎡。按规定，水面面积与坡度大于50%的陡坡山地面积之和超过总面积50%的公园，游人人均占有公园面积应适当增加。

三、城镇公园规划设计的程序与内容

（一）规划设计的程序

1.了解公园规划设计的任务情况，包括建国的审批文件，征收用地及投资额，公园用地范围以及建设施工的条件。

2.收集现状资料。①基础资料；②公园的历史、现状及与其他用地的关系；③自然条件、人文资源、市政管线、植被树种；④图纸资料；⑤社会调查与公众意见；⑥现场勘察。

3.研究分析公园现状，结合设计任务的要求，考虑各种影响因素，拟定公园内应设置的项目内容与设施，并确定其规模大小；编制总体设计任务文件。

4.进行公园规划，确定全国的总体布局，计算工程量，造价概算，分期建设的安排。

5.经审批同意后，可进行各项内容和各个局部地段的详细设计，包括建筑、道路、地形、水体、植物配置设计。

6.绘制局部详图：造园工程技术设计、建筑结构设计、施工图。

7.编制预算及文字说明。

根据公园面积的大小，工程复杂的程度，规划设计的步骤可按具体情况增减。如公园面积很大，则需先有分区的规划；如公园规模较小，则公园规划与详细设计可结合进行。公园规划设计后，进人施工阶段还需制定施工组织设计。在施工放样时，还要结合地形的实际情况对规划设计进行校核、修正和补充。在施工后需进行地形测量，以便复核整形。有些造园工程内容，在施工过程中还需要在现场根据实际的情况，对原设计方案进行调整。

（二）现状资料收集

1.基础资料

公园所在城镇及区域的历史沿革，包括城镇的总体规划与各个专项规划，经济发展计划，社会发展计划，产业发展计划，环境质量，交通条件等。

2.公园外部环境条件

①地理位置——公园在城市中与周边其他用地的关系。

②人口状况——公园服务范围内的居民类型，人口组成结构、分布、密度、发展及老龄化程度。

③交通条件——公园周边的景观及城市道路的等级，公园周围公共交通的类型与数量，停车场分布，人流集散方向。

④城市景观条件——公园周边建筑的形式、体量、色彩等。

3. 公园基地条件

①气象状况——年最高、最低及平均气温，历年最高、最低及平均降水量，温度，风向与风速，晴雨天数，冰冻线深度，大气污染等。

②水文状况——现有水面与水系的范围，水底标高，河床情况，常水位，最高与最低水位，历史上最高洪水位的标高，水流的方向，水质，水温与岸线情况，地下水的常水位与最高、最低水位的标高，地下水的水质情况。

③地形、地质、土壤状况——地质构造、地基承载力、表层地质、冰冻系数、自然稳定角度，地形类型、倾斜度、起伏度、地貌特点，土壤种类、排水、肥沃度、土壤侵蚀等。

④山体土丘状况——位置、坡度、面积、土方量、形状等。

⑤植被状况——现有园林植物、生态、群落组成，古树、大树的品种、数量、分布、覆盖范围、地面标高、质量、生长情况、姿态及观赏价值等。

⑥建筑状况——现有建筑的位置、面积、高度、建筑风格、立面形式、平面形状、基地标高、用途及使用情况等。

⑦历史状况——公园用地的历史沿革，现有文化古迹的数量、类型、分布、保护情况等。

⑧市政管线——公园内及公园外围供电、给水、排水、排污、通信情况，现有地上地下管线的种类、走向、管径、埋设深度，标高和柱杆的位置高度。

⑨造园材料——公园所在地区优良植被品种、特色植被品种及植被生态群落生长情况，造园施工材料的来源、种类、价格等。

4. 图纸资料

在总体规划设计时，应由甲方提供以下图纸资料:

①地形图：根据面积大小，提供1：2000，1：1000或1：500园址范围内总平面地形图。

②要保留使用的建筑物的平、立面图：平面位置注明室内、外标高，立面图标明建筑物的尺寸、颜色、材质等内容。

③现状植物分布位置图（比例尺在1：500左右）：主要标明要保留林木的位置，并注明品种、胸径、生长状况。

④地下管线图：比例尺一般与施工图比例相同，图内包括要保留的给水、雨水、污水、电信、电力、散热器沟、煤气、热力等管线位置以及井位等，提供

相应剖面图，并需要注明管径大小、管底、管顶标高、压力、坡度等。

5. 实地勘察

实地勘察也是资料收集阶段不可缺少的一步。一般来说，由于地形图的测量与公园规划设计时间不同步，基地现状与地形图之间存在或多或少的差别，这就要求设计者必须到现场认真勘察，核对、补充资料，纠正图纸与现状不一致的地方。确定公园景观的主要取向，增加设计者对公园场地植物、地形地貌、人文历史的全面了解，把握公园所在地的文脉与特色，创造有特色的公园。在勘察过程中，采用航空摄影和卫星遥感技术的动态资料来进行绿地现状调查，通过航拍和遥感数据的计算机处理，可以精确地计算出数据，结合使用照相机、摄像机，拍摄一些基地环境的素材，供将来规划设计时参考。

（三）编制总体设计任务书

设计者根据所收集到的文件，结合设计任务书的要求，制定出总体设计原则和目标，编制出进行公园设计的要求和说明，即总体设计任务文件。主要内容包括；公园在城市绿地系统中的关系作用，公园所处地段的特征和四周环境，公园面积和游人容量，公园总体设计的艺术特色和风格要求，公园地形设计、建筑设计、道路设计、水体设计、种植设计的要求，拟定出公园内应该设置的项目内容与设施各部分规模大小，公园建设的投资概算，设计工作进度安排。

四、总体规划设计

确定公园的总体布局，对公园各组成部分作全面的安排。常用的图纸比例为1:500，1:1000或1:2000。包括的内容有：

1.公园的范围，公园用地内外分隔的设计处理与四周环境的关系，园外借景或障景的分析和设计处理。

2.计算用地面积和游人量，确定公园活动内容、需设置的项目和设施的规模、建筑面积和设备要求。

3.确定出入口位置，并进行园门布置和机动车停车场、自行车停车棚的位置安排。

4.公园的功能分区，活动项目和设施的布局，确定公园建筑的位置和组织活动空间。

5. 景观分区：按各种景色构成不同景观的艺术环境来进行分区。

6.公园河湖水系的规划、水底标高、水面标高的控制、水中构筑物的设置。

7. 公园道路系统、广场的布局及组织游线。

8.规划设计公园的艺术布局，安排平面及立面的构图中心和景观点，组织风景视线和景观空间。

9. 地形处理、竖向规划，估计填挖土方的数量、运土方向和距离，进行土方平衡。

10.造园工程设计：护坡、驳岸、挡土墙、围墙、水塔、水中构筑物、变电间、公厕、化粪池、消防用水、灌溉和生活给水、污水排水、电力线、照明线、广播通信等管网的布置。

11. 植物群落的分布、树木种植规划，制定苗木计划，估算树种规格与数量。

12.公园规划设计意图的说明、土地使用平衡表、工程量计算、造价概算、分期建园计划。

五、详细规划设计

在公园规划的基础上，对各个局部地段及各项工程设施进行详细的设计。常用的图纸比例为1:500或1:200。

1.主要出入口、次要出入口和专用出入口的设计：包括园门建筑、内外广场、服务设施、景观小品、绿地种植、市政管线、室外照明、汽车停车场和自行车停车棚等的设计。

2.各功能区的设计：各区的建筑物、室外场地、活动设施、绿地、道路广场、园林小品、植物种植、山石水体、构筑物、管线、照明等的设计。

3. 园内各种道路的走向、纵横断面、宽度、路面材料及做法、道路中心线坐标及标高、道路长度及坡度、曲线及转弯半径、行道树的配置、道路透景视线。

4.各种公园建筑初步设计方案：平面、立面、剖面、主要尺寸、标高、坐标、结构形式、建筑材料、主要设备。

5. 各种管线的规格，管径尺寸、埋置深度、标高、坐标、长度、坡度或电杆灯柱的位置、形式、高度，水、电表位置，变电或配电间，广播调度室位置，室外照明方式和照明点位置，消防栓位置。

6.地面排水设计：分水线、汇水线、汇水面积、明沟或暗管的大小，线路走向，进水口、出水口和窨井位置。

7.土山、石山设计：平面范围、面积、坐标、等高线、标高、立面、立体轮廓、叠石的艺术造型。

8.水体设计：河湖的范围、形状，水底的土质处理、标高，水面控制标高，岸线处理。

9.各种建筑小品的位置、平面形状、立面形式。

10.园林植物的品种、位置和配植形式：确定乔木和灌木的群植、丛植、孤植及与绿篱的位置，花卉的布置，草地的范围。

六、植物种植规划设计

依据树木种植规划，对公园各局部地段进行植物配置。常用的图纸比例为1:500或1:200。包括以下内容:

1. 植物种植的位置、标高、品种、规格、数量。

2.植物配植形式：平面、立面形式及景观效果。乔木与灌木，落叶与常绿，针叶树与阔叶树的树种组合。

3. 攀缘植物的种植位置、标高、品种、规格、数量、攀缘与棚架情况。

4. 水生植物的种植位置、范围，水底与水面的标高，品种、规格、数量。

5. 花卉的布置，花坛、花境等的位置，标高、品种、规格、数量。

6.花卉种植排列的形式：图案排列的式样，自然排列的范围与疏密程度，不同的花期、色彩、高低、草本与木本花卉的组合。

7. 草地的位置范围、标高、地形坡度、品种。

8. 园林植物的修剪要求，自然的与整形的形式。

9.园林植物的生长期，速生与慢生品种的组合，在近期与远期需要保留、疏密与调整的方案。

10. 植物材料表:品种、规格、数量、种植注意事项等。

七、施工详图设计

按详细设计的意图，对部分内容和复杂工程进行结构设计，制定施工的图纸与说明，常用的图纸比例为1:100、1:50或1:20。包括的内容：

1.给水工程：水池、水闸、泵房、水塔、水表、消防栓、灌溉用水的水龙头等的施工详图。

2.排水工程: 雨水进水口、明沟、机井及出水口的铺设, 公厕化粪池的施工图。

3.供电及照明：电表、配电间或变电间、电杆、灯柱、照明灯等施工详图。

4. 广播通信：广播室施工图，广播喇叭的装饰设计。

5. 煤气管线，煤气表具。

6. 废物收集处，废物箱的施工图。

7. 护坡、驳岸、挡土墙、围墙、台阶等园林工程的施工图。

7. 护坡、驳岸、挡土墙、围墙、台阶等园林工程的施工图。

8. 叠石、雕塑、栏杆、踏步、说明牌、指路牌等小品的施工图。

9. 道路广场硬地的铺设及行车道，停车场的施工图。

10. 公园建筑、庭院、活动设施及场地的施工图。

八、编制预算及说明书

对各阶段布置内容的设计意图、经济技术指标、工程的安排等，用图表及文字形式说明。

1. 公园建设的工程项目、工程量、建筑材料、价格预算表，

2. 公园建筑物、活动设施及场地的项目、面积、容量表。

3.公园分期建设计划，要求在每期建设后，在建设地段能形成公园的面貌，以便分期投入使用。

4. 建园的人力配备:工种、技术要求、工作日数量、工作日期。

5. 公园概况，在城市绿地系统中的地位，公园四周情况等的说明。

6. 公园规划设计的原则、特点及设计意图的说明。

7. 公园各个功能分区及景色分区的设计说明。

8.公园的经济技术指标:游人量、游人分布、每人用地面积及土地使用平衡表。

9. 公园施工建设程序。

10. 公园规划设计中要说明的其他间题。

为了表现公园规划设计的意图，除绘制平面图、立面图、剖面图外，还可绘制实测投影图、鸟瞰图、透视图和制作模型，使用电脑制作多媒体等多种形式，以便形象地表现公园的设计构思。

第二节　综合公园

综合公园是在市、区范围内为城市居民提供良好的游憩及文化娱乐的综合性、多功能、自然化的大型绿地，其用地规模一般较大，园内活动设施丰富完备，适合各阶层的城市居民进行的游赏活动。综合公园作为城市主要的公共开放空间，是城市绿地系统的重要组成部分，对于城市景观环境美化、城市生态环境调节、居民社会生活起着极为重要的作用。

一、综合公园的分类

（一）全市性公园

全市性公园为全市居民服务，用地面积一般为10～100hm²或更大，其服务半径为3～5km，居民步行30～50min内可达，乘坐公共交通工具10～20min可达。它是全市公园绿地中，用地面积最大、活动内容和设施最完善的绿地。大城市根据实际情况可以设置数个市级公园，中、小城市可设1～2处。

（二）区级域性公园

区域性公园服务对象是市区一定区域的城市居民。用地面积按该区域居民的人数而定，一般为10hm²左右，服务半径为1～2km，步行15～25min内可达，乘坐公共交通工具5～10min可达。园内有较丰富的内容和设施。市区各区域内可设置1～2处。

二、综合公园的功能

综合公园除具有公共绿地的作用外，在丰富城市居民的文化娱乐生活方面负担着更为重要的任务 。

（一）游乐休憩方面

为增强人民的身心健康，设置游览、娱乐、休息的设施，要全面地考虑各种年龄、性别、职业、爱好、习惯等的不同要求，尽可能使来到综合公园的游人能各得其所。

（二）文化节庆方面

举办节日游园活动，国际友好活动，为少年儿童的组织活动提供场所。

（三）科普教育方面

宣传政策法令，介绍时事新闻，展示科学技术的新成就，普及自然人文知识。

三、综合公园的面积与位置

（一）面积

综合公园一般包括有较多的活动内容和设施，故用地需要有较大的面积，一般不少于10hm²。在假节日里，游人的容纳量约为服务范围居民人数的15%～20%，每个游人在公园中的活动面积为10～50㎡，在50万以上人口的城市中，全市性公园至少应能容纳全市居民中10%的人同时游园。综合公园的面积还应与城市规模、性质、用地条件、气候、绿地状况及公园在城市中的位置与作用等因素全面考虑来确定（见图4-1）。

（二）位置

综合公园在城市中的位置，应在城市绿地系统规划中确定。在规划设计时，应结合河湖系统、道路系统及生活居住用地进行规划综合考虑。

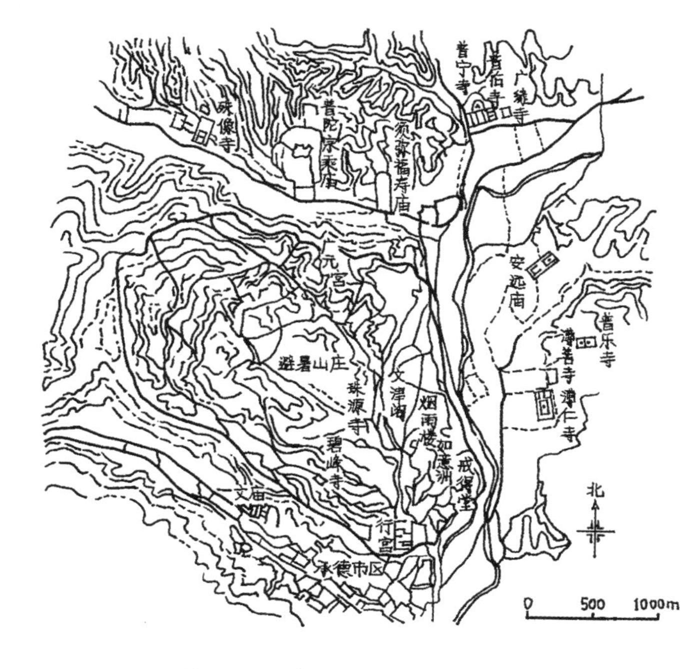

图4-1 承德避暑山庄及周边平面图

1.综合公园的服务半径应使生活居住用地内的居民能方便地使用，并与城市主要道路有密切的联系。

2.利用不适于工程建设及农业生产的复杂破碎的地形、起伏变化较大的坡地。充分利用地形，避免大动土方，既节约了城市用地和建园的投资，又有利于丰富城镇景观。

3.可选择在具有水面及河湖沿岸景色优美的地段。充分发挥水面的作用，有利于改善城市小气候，增加公园的景观特色。

4.可选择在现有树木较多和有古树的地段。在森林、丛林、花圃等原有种植的基础上加以改造，建设公园。

5.可选择在原有绿地的地方。在原有的公园建筑、名胜古迹、纪念人物事迹和历史传说的地方上，加以扩充和改建，补充活动内容和设施。在这类地段建园，可丰富公园的内容，有利于保存文化遗产。

6.公园用地应考虑将来有发展的余地。随着国民经济的发展和人民生活水平不断提高，对综合公园的要求会逐渐增加，故应保留适当发展的备用地。

四、综合公园规划原则

公园是城市绿地系统的重要组成部分，综合公园规划要综合体现实用性、生态性、艺术性、经济性。

（一）满足功能，合理分区

综合公园的规划布局首先要满足功能要求。公园有多种功能，除调节温度、净化空气、美化景观、供人观赏外，还可使城市居民通过游憩活动接近大自然，达到消除疲劳、调节精神、增添活力、陶冶情操的目的。不同类型的公园有不同的功能和不同的内容，所以分区也不同。功能分区还要善于结合用地条件和周围环境，把建筑、道路、水体、植物等综合起来组成公园景观空间。

（二）园以景胜，巧于组景

公园以景取胜，由景观点和景观区构成。景观特色和组景是公园规划布局之本，就综合公园规划设计而言，组景应注重意境的营造，处理好自然与人工的关系，充分利用山石、水体、植物、动物、天象之美，塑造自然景色，并把人工设施和雕琢痕迹溶于自然景色之中。将公园划分为具有不同特色的景观区，这是规划布局的重要内容。景观区一般是随着功能分区不同而变化，然而景观分区往往比功能分区更加细致深人，即同一功能分区中，往往规划多种小景区，左右逢源，既有统一基调的景色，又有各其特色的景观，使动观静观均相适宜。

（三）因地制宜，注重选址

公园规划布局应该因地制宜，充分发挥原有地形和植被优势，结合自然，塑造自然。为了使公园的造景具备地形、植被和古迹等优越条件，公园选址，务必在城市绿地系统规划中予以重视。故选址时宜选有山有水、低地畦地、植被良好、交通方便、利于管理之处。有些公园设在城市中心，对于平衡城市生态环境具有重要作用。

（四）组织导游，路成系统

园路的功能主要是作为导游观赏之用，其次才是供管理运输和人流集散。因此绝大多数的园路都是联系公园各景观区、景观点的导游线、观赏线、动观线，所以必须注意景观设计，如园路的对景、框景、左右视觉空间变化，以及园路线型、竖向高低给人的心理感受等。

（五）突出主题，创造特色。

综合公园规划布局应注意突出主题，使其各具特色。主题和特色除与公园类型有关外，还与园址的自然环境与人文环境有密切联系。要巧于利用自然和善于结合人文环境。一般综合公园的主题因园而异。为了突出公园主题，创造特色，必须要有相适应的规划结构形式。

五、综合公园规划设计

（一）出入口的设计

综合公园出入口的位置选择与详细设计对于公园具有重要的作用，它的影响与作用体现在以下几个方面：公园的可达性程度、园内活动设施的分布结构、大量人流的安全疏散、城市道路景观的塑造、游客对公园的印象等。出入口的设计是公园设计的重要环节之一。

1. 位置与分类

出入口位置的确定应综合考虑游人能否方便进出公园，周边城市公交站点的分布，周边城市用地的类型，是否能与周边景观环境协调，避免对过境交通的干扰以及协调将来公园的空间结构布局等。出入口包括主要出入口、次要出人口、专用出入口三种类型。每种类型的数量与具体位置应根据公园的规模、游人的容量、活动设施的设置、城市交通状况安排，一般主要出入口设置一个，次要出入口设置一个或多个，专用出入口设置1~2个。

主要出入口应与城市主要交通干道、游人主要来源方位以及公园用地的自然条件等诸多因素协调后确定。主要出入口应设在城市主要道路和有公共交通的地方，同时要使出入口有足够的人流集散用地，与园内道路联系方便，城市居民可方便快捷地到达公园。

次要出入口是辅助性的，主要为附近居民或城市次要干道的人流服务，以免公园周围居民需要绕行才能入园，同时也为主要出入口分担人流量。次要出入口一般设在公园内有大量集中人流集散的设施附近。如园内的表演厅、露天剧场、展览馆等场所附近。专用出入口是根据公园管理工作的需要而设置的，为方便管理和生产需要，多选择在公园管理区附近，专用出入口不供游人使用。

2. 造型与建筑

公园出入口设计要充分考虑到它对城市街景的美化作用以及对公园景观的影响。出入口作为给游人第一印象，其平面布局、立面造型、整体风格应根据公园的性质和内容来具体确定，一般公园内大门造型应与其周围的城市建筑有较明显的区别，以突出其特色（见图4-2）。

图4-2 狮子关旅游区出入口

公园出入口所包括的建筑物

有：公园内、外集散广场，公园大门、停车场、售票处、小卖部、休憩廊、问讯处、导游牌、陈列栏、办公室等。园门外广场面积大小和形状，要与下列因素相协调：公园的规模、游人量，园门外道路等级、宽度、形式，是否存在道路交叉口，临近建筑及街道里面的情况等，根据出入口的景观要求及服务功能要求、用地面积大小，可以设置丰富的水池、花坛、雕像、山石等景观小品。

（二）景观规划设计

1. 规划布局

公园的布局要有机地组织不同的景观区，使各景观区间既有联系又有各自的特色，全园既有景色的变化又有统一的艺术风格。对公园的景观，要考虑其观赏的方式，何处是以停留静观为主，何处是以游览动观为主，静观要考虑观赏点、观赏视线。观赏与被观赏是相互的，既是观赏景观的点也是被观赏的点。动观要考虑观赏位置的移动要求，从不同的距离、高度、角度、天气、早晚、季节等因素可观赏到不同的景观效果。公园景观的观赏要组织导游路线，引导游人按观赏程序游览。导游线常用道路广场、建筑空间和山水植物的景色来吸引游人，按设计的艺术效果，循序游览，可增强景观艺术效果的感染力。例如，要引导游人进入一个开阔的景观区时，先使游人经过一个狭窄的地带，使游人从对比中，强调对景观艺术设计境界的感受。导游线应该按游人兴致曲线的高低起伏来组织。从公园入口起，即应设有较好的景色，吸引游人入园。如上海松江方塔园东大门外，透过方池，可看到部分水景，起到引景的作用。从进入公园起应以导游线串联各个园景，逐步引人入胜，到达主景进入高潮，并在游览结束前应以余景提高游兴，使游人在离园时留下深刻的印象。导游线的组织是公园艺术布局的重要设计内容之一。

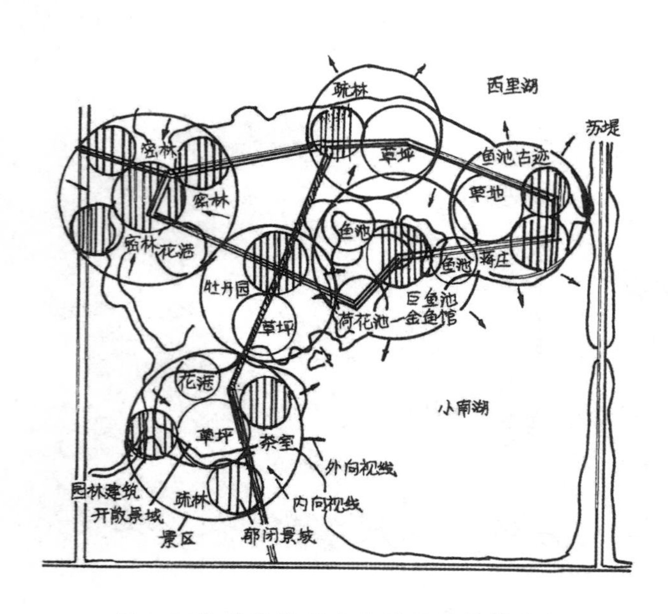

图4-3 杭州花港观鱼公园景观视觉分析

2. 景观与设施布置

公园的景观布点与活动设施的布置，要有机地组织起来。在公园中要有景观构图中心，在平面布局上起游览高潮作用的主景，常为平面构图中心。在立体轮廓上起观赏视线焦点作用的制高点，常为立面构图中心。平面构图中心、立面构图中心可以分为两处。如杭州的花港观鱼（见图4-3），以金鱼池为平面构图中心，以较高的牡丹亭为立面构图中心。平面构图中心的位置，一般设在适中的地段，较常见的是由建筑群、中心广场、雕塑、岛屿及突出的景观点组成。园中可有一、二个平面构图中心。当公园的面积较大时，各景观区可有次一级的平面构图中心，以衬托补充全园的构图中心。两者之间既有呼应与联系，又有主从之别。

立面构图中较常见的是由建筑和雕塑、山石、古树及标高较高的景观点组成。如颐和园以佛香阁为立面构图中心。立面构图中心是公园立体轮廓的主要组成部分，对公园内外的景观都有很大的影响，是公园内观赏视线的焦点，是公园外观的主要标志，也是城市面貌的组成部分。公园立体轮廓的构成是由地形、建筑、树木、山石、水体等的高低起伏而形成的，常是远距离观赏的对象及其他景物的远景。在地形起伏变化的公园里，立体轮廓必须结合地形设计，填高挖低，形成有节奏、有韵律感的、层次丰富的立体景观轮廓。

在地形平坦的公园中，可利用建筑物的高低、树木树冠线的变化构成立体轮廓。公园中常利用园林植物的体形及色彩的变化种植成树林，形成在平面构图中具有曲折变化的、层次丰富的林冠线，使之在立面构图中，具有高低起伏、色彩多样的林冠线，增加公园立体轮廓的景观艺术效果。形成具有层次变化的立体轮廓。公园里以地形的变化形成的立体轮廓比以建筑、树木等形成的立体轮

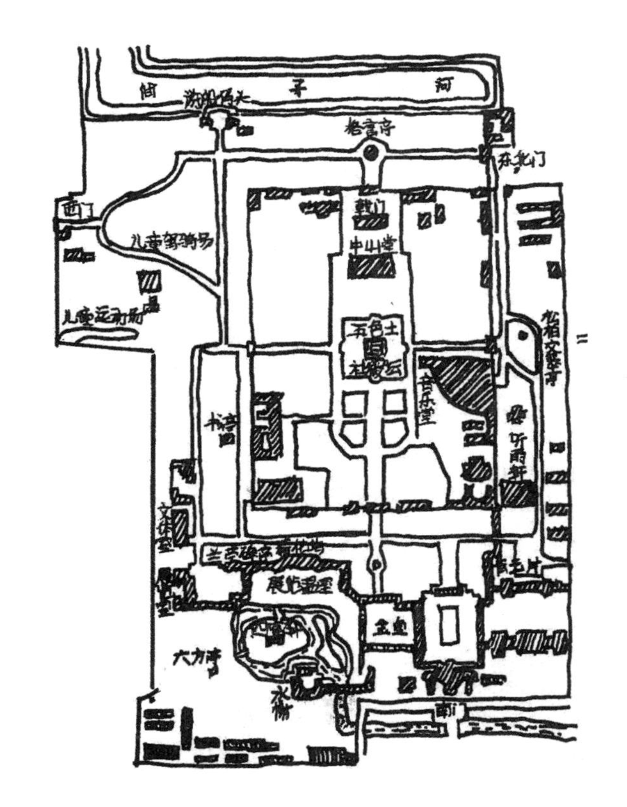

图4-4 北京中山公园平面图

廓其形象效果更易显著。但为了使游人活动有足够的平坦用地，起伏的地段或山地不宜过多，应适当集中。

3. 规划布局的形式

①规则式布局。强调轴线对称，多用几何形体，比较整齐，有庄严、雄伟、开朗的感觉。当公园设置的内容需要形成这种效果，并且有规则地形或平坦地形的条件，适于用这种布局的方式。如北京中山公园（见图4-4）。

②自然式布局。是完全结合自然地形，原有建筑、树木等现状的环境条件或按美观与功能的需要灵活布置的，可有主体和重点，但无一定的几何规律。有自由、活泼舒展的感觉，在地形复杂、有较多不规则的现状条件的情况下采用自然式比较适合，可形成富有变化的景观视线。如北京中山公园、南京白鹭洲公园（见图4-5）。

③混合式布局。部分地段为规则式，部分地段为自然式，这两种形式在用地面积较大的公园内常被采用，具体可按不同地段的情况分别处理。例如在主要出入口处及主要的园林建筑地段采用规则的布局，安静游览区则采用自然的布局，以取得不同的景观效果，如上海复兴公园（见图4-6）。

（三）功能分区

功能分区是以公园空间规划设计的内容划分，尤其是面对用地面积较大、活动内容复杂多样的综合公园，通过功能分区可以使各种活动互不干扰，使用

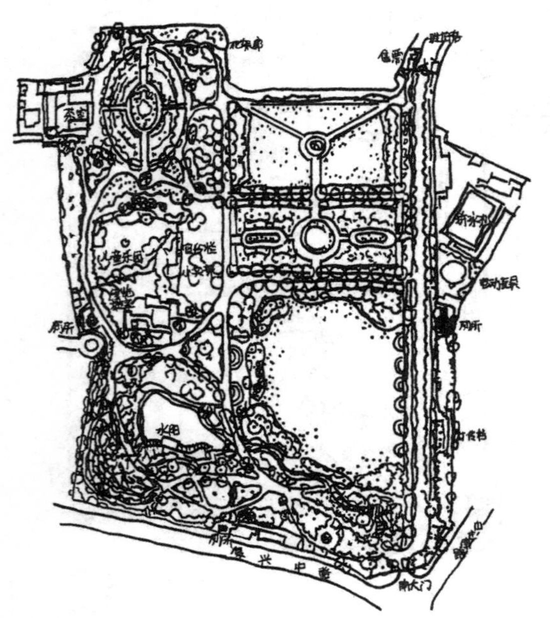

图4-5 南京白鹭洲公园平面图

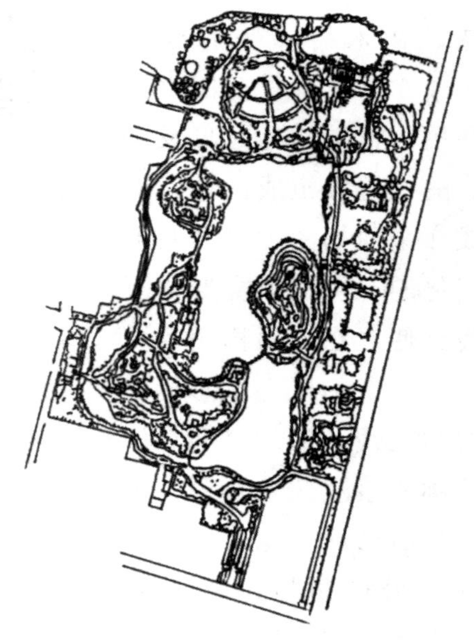

图4-6 上海复兴公园平面图

方便。不同类型的公园有不同的功能和内容，所以分区也随之不同，一般包括安静游览区、文化娱乐区、儿童活动区、园务管理区、服务设施等。

1. 安静游览区

安静游览区主要是作为游览、观赏、休息、陈列，一般游人较多，但要求游人的密度较小，需大片的绿地用地。安静游览区内每个游人所占的用地份额较大，最好100㎡/人，故在公园内占的面积比例亦大，是公园的重要部分。安静游览区活动的设施应与喧闹的活动区隔离，以防止活动时受声响干扰，又因这里无大量的集中人流，故离主要出入口可以远些，用地应选择在原有树木多、地形变化复杂、景色优美的地方。

2. 文化娱乐区

文化娱乐区是进行较热闹的、有喧哗声响、人流集中的文化娱乐活动区。其设施有：俱乐部、游戏场、技艺表演场、露天剧场、电影院、音乐厅、跳舞池、溜冰场、戏水池、陈列展览室、动植物园地、科技活动室等。园内一些主要建筑往往设置在这里，因此常位于公园的中部，成为全园布局的重点。布局时要注意避免区内各项活动之间的相互干扰，故要使有干扰的活动项目相互之间保持一定的距离，利用植物、建筑、山石等加以分隔。公众性的娱乐项目常常人流最较多，而且集散的时间集中，所以要妥善地组织交通，需接近公园出入口或与出入口有方便的联系，以避免不必要的园内拥挤，理想用地达到30㎡人。区内游人密度大，要考虑设置足够的道路广场和生活服务设施。

3. 儿童活动区

儿童活动区规模按公园用地面积的大小、公园的位置、少年儿童的游人量、公园地的地形条件与现状条件来确定。公园中的少年儿童常占游人量15%~30%;在居住区附近的公园，少年儿童人数比重大，距离大片居住区较远的公园比重小。

在区内可设置学龄前儿童及学龄儿童的游戏场、戏水池、少年宫、障碍游戏区、儿童体育馆、运动场、少年阅览室、科技活动园地等。用地50㎡/人，并按用地面积的大小确定设置内容的多少。游戏设施的布置要活泼、自然，最好能与自然环境结合。不同年龄的少年儿童，如学龄前儿童与学龄儿童要分开活动。公园中的儿童乐园，根据儿童的年龄或身高划分活动的区域。区内的建筑、设备等都要考虑到少年儿童的尺度；建筑小品的形式要适合少年儿童的兴趣，富有教育意义。区内道路的布置要简洁明确，容易辨认，主要路面要能通行童车。花草树木的品种要丰富多彩，颜色鲜艳，引起儿童对大自然的兴趣。为了布置不同的活动内容，最好是平地、山地、水面都有。该区需接近出人口，并与其他用地有分隔。有些儿童由成人携带，还要考虑成人的休息和成人照看儿童时的需要。区内需设置盆洗、厕所、小卖部等服务设施。

4. 园务管理区

园务管理区是为公园经营管理的需要设置的内部专用地区。可设置办公、值班、广播室、水、电、煤、电信等管线工程建筑物和构筑物、修理工场、工具间、仓库、车库、温室、棚架、苗圃、花圃等。按功能使用情况，区内可分为：管理办公部分、仓库工场部分、花木苗圃部分、生活服务部分等。这些内容根据用地的情况及管理使用的方便，可以集中布置在一处，也可分成数处。园务管理区要设置在既便于公园的管理工作，又便于与城市联系的地方，四周要与游人有隔离，对园内园外均要有专用的出入口，不应与游人混杂。温室、花圃、花棚、苗圃是为园内四季更换花坛、花饰、节日用花、小卖部出售鲜花、盆花及补充部分苗木之用，

5. 服务设施

服务设施类的项目内容在公园内的布置，受公园用地面积、规模大小、游人数量与游人分布情况的影响较大。在较大的公园里，可能设有1～2个服务中心点，按服务半径的需求再设几个服务点，并将休息和装饰用的建筑小品、指路牌、座椅、废物箱等分散布置在园内。服务中心点是为全园游人服务的，应按导游线的安排结合公园活动项目的分布，设在游人集中较多、停留时间较长、地点适中的地方。服务中心点的设施可有：饮食、休息、电话、问询、摄影、寄存、租借和购买物品等项。服务点应按服务半径的要求和在游人较多的地方设置，并根据各个活动项目的需要设置服务设施。

（四）综合公园的建筑设计

建筑是公园的组成要素，在功能和观赏方面都有不同程度的要求，虽占用地的比例很小（一般为5%）但在公园的布局和组景中起着控制和点景作用，所以应根据公园环境性质进行选址和造型，以达到与自然环境的和谐统一。

公园建筑类型从功能和观赏来分类，有展览馆、陈列室、阅览室等文化宣传类建筑；也有游艺室、弈棋室、露天剧场、溜冰场、游泳池、游船码头等文娱体育类建筑；有以餐厅、茶室、小卖部、厕所等服务性建筑；还有亭、廊、榭等景观游息类建筑。

公园建筑造型，包括体量色彩、空间组合、细部形式等，建筑应与自然环境融合，注重景观功能的艺术效果。一般体量要轻巧，空间要相互渗透。要化整为散，按功能不同分为厅、室等，再以廊架相连和花墙分隔组成庭院式的建筑，可取得功能景观两相宜的效果。公园建筑形式尽管依其屋顶、平面、功能、结构

而分，类型繁多，个性比较突出，但其设计一般要求要有共性，既要适应功能要求，又要简洁活泼，空透轻巧，明快自然，并需服从于公园的总体风格。

亭、廊、花架等是公园中常见的景观游息类建筑。它既是风景的观赏点，同时又是被观的景观点，通常居于有良好风景视线和导游线的位置上，加之亭廊榭等各自特有的功能、造型、色彩等，往往比一般山水、植物更引人注目，而成为景观构图的中心。公园中除了各种有一定体量和功能要求的建筑之外，还应有多种小品设施，如跨越水间的桥、汀步，供人休息的椅凳，防护分隔的栏杆、围墙，上下联系的台阶、指示牌等。除了它们自身的使用功能外，也是美化和装饰景色的景观设施，所以要求在造型、材料、色彩等方面都需要精心设计，使之与周围环境相协调。

（五）植物配置设计

植物分布于公园的各个部分，占地面积最多，是构成公园景观的基础材料。它有净化空气、调节气温、防护遮荫、美化环境、组织景观、供人游赏等重要作用。

植物的生长与所处的自然地理条件密切相关。以我国长江以南为例，气候属温带、亚热带、热带，在植物地理区域分布中，大部属华东、华中湖沼平原常绿落叶混交林区，局部为华南丘陵季风林区和热带雨林区，具有全国最丰富的植物资源，多常绿阔叶、针叶、乔灌木和草本植物，另外又有丰富的落叶树种，因而植物季相景观有较多变化，为公园植物配置提供了良好的条件。

公园植物品种繁多，观赏特性也各有不同，有观姿、观花、观果、观叶、观干等区别，要充分发挥植物的自然特性，以其形、色、香作为造景的素材，以孤植、列植、丛植、群植、林植作为配置的基本手法，从平面和竖向上组合成丰富多彩的人工植物群落景观。

植物配置要与山水、建筑、园路等自然环境和人工环境相协调（见图4-7），要服从于功能要求、组景主题，注意气温、土壤、日照、水分等条件适地适种植。如广州流花湖公园北大门以大王椰为主的大型花坛、棕榈草地，活动区的榕树林，长堤的蒲葵、糖棕林带，显示出亚热带公园的特有风光。

植物配置要把握基调，注意细部。要处理好统一与变化的关系，空间开敞与郁闭的关系，功能与景观的关系。如杭州花港观鱼以常绿观花乔木广玉兰为基调，统一全园景色；而在各景观区中又有反映特点的主调树种，如金鱼园以海棠为主调，牡丹园以牡丹为主调，槭树为配调，大草坪以樱花为主调等，取得了很好的景观变化效果，植物布置要选择乡土树种为公园的基调树种。同一城市的不同公园性质选择不同的乡土树种。这样植物成活率高，既经济又有地方的特色，

图4-7 自然的亲水空间

广州晓港公园的竹林、长沙桔洲公园的桔林、武汉解放公园的池杉林，都取得了基调鲜明的效果。

植物配置要重视景观的季相变化。春夏秋冬四季景观变化比较鲜明，春有牡丹、迎春、樱花、桃李；夏有荷花、广玉兰；秋有桂花、槭树；冬有腊梅、雪松。

（六）园路观赏路线的设计

园路的功能主要是作为导游观赏之用，其次是供管理运输和人流集散。因此绝大多数的园路都是联系公园各景观区,景观点的导游线、观赏线、动观线，所以必须注意景观环境设计，注意园路的对景、框景、左右视觉空间变化，以及园路线形、竖向高低给人的心理感受等。如杭州花港观鱼，从苏堤大门入园，左右花草呼应，对景为雪松树丛，树回路转，是视野开阔的大草坪。路引前行，便是曲桥观鱼佳处，穿过红鱼池，西行便是自然曲折、分外幽深的新花港区。在视觉上构成了一幅中国山水画长卷，在心理上具有亲切——开畅——欢乐——娴静之感。

为了使导游和管理有序，必须要统筹布置园路系统，区别园路性质，确定园路分级。园路一般分主园路、次园路和小径。主园路是联系分区的道路，次园路是分这内部联系景观点的道路，小径是景观点内的便道，主园路基本形式通常有环形、8字形，还有的呈F形、田字形，这是构成园路系统的骨架。景观点与主园路的关系基本形式有串联式、并联式、放射式。串联式具有一定的强制性；并联式具有选择性；放射式则是将各景观点以放射型的园路联系起来。一般园路规划通常将以上三种基本形式混合使用，把游人出入口、管理用的出入口及园路组织成一个统一的园路系统。

第三节 儿童公园

儿童公园是单独或组合设置的，拥有部分或完善的儿童活动设施，为学龄前儿童和学龄儿童创造和提供以户外活动为主的良好环境，供他们游戏、娱乐、开展体育活动和科普活动并从中得到文化与科学知识，有安全、完善设施的城市专类公园。

一、儿童公园的分类

建设儿童公要的目的是让儿童在活动中接触大自然，熟悉大自然。而儿童公园所提供的游戏方式及活动，是学龄前儿童和学龄儿童的主要活动形式，是促进儿童全面发展的最好方式。儿童公园分为综合性儿童公园、特色性儿童公园和小型儿童乐园三类。

（一）综合性儿童公园

供全市或地区少年休息、游戏娱乐、体育活动及进行文化科学活动的专业性公园，综合性儿童公园一般应选择在风景优美的地区面积可达5hm^{2}左右。公园活动内容和设备可有游戏场、沙坑、戏水池、球场、大型电动游戏器械、阅览室、科技站、少年宫、小卖部，供休息的亭、廊等。

（二）特色性儿童公园

突出某一活动内容，且系统完整，同时配以一般儿童公园应有的项目。如哈尔滨儿童公园总面积16hm^2，布置了2km长的儿童小火车，铁轨沿着公园周围，自1954年建园以来深受国内外游人的赞扬。园内可系统地布凳各种象征性的城市设施，使儿童通过活动了解城市交通的一般特点和规则。

（三）小型儿童游园

作用与儿童公园相似，但一般设施简易，数量较少，占地也较少，通常设在城市综合性公园内，如上海杨浦公园的儿童乐园。

表4-1 各不同年龄组的游戏行为

年龄 游戏形态	游戏种类	结伙游戏	组群内的场地		
			游戏范围	自立度（有无同伴）	攀、登、爬
小于1.5岁	椅子、沙坑、草坪、广场为主	单独玩耍，或与成年人在住宅附近玩耍	必须有保护者陪伴	不能自立	不能
1.5～3.5岁	沙坑、广场、草坪、椅子等静的游戏，固定游戏器械为主	单独玩耍，偶尔和别的孩子一起玩，和熟悉的人在住宅附近玩耍	在住地附近，亲人能照顾到	在分散游戏，有半数可自立，集中游戏场可自立	不能
3.5～5.5岁	秋千经常玩，喜欢变化多样的器具	参加结伙游戏，同伴人逐渐增多，往往是邻里孩子	游戏中心在住房周围	分散游戏场可自立，集中游戏场完全能自立	部分能
小学一、二年级儿童	开始出现性别差异，女孩利用游戏器具玩，男孩子捉迷藏为主	同伴人多，有邻居，有同学、朋友，成分逐渐多样，结伙游戏较多	可在住房看不见的距离处玩	有一定自立能力	能
小学三、四年级儿童	女孩利用器具玩较多，跳皮筋、跳房子等。男孩子喜欢运动性强的运动	同上	以同伴为中心玩，会选择游戏场地以及游戏品种	能自立	完全能

二、儿童公园的规划设计

（一）功能分区

不同年龄的儿童处在生长发育的不同阶段，在生理、心理、体力诸方面都存在着差异，表现出不同的游戏行为（见表4-1）。

儿童公园内游戏场可按年龄或不同游戏方式及锻炼目的适当分区。当学龄儿童和学龄前儿童共用一处游戏场地时，则可根据游戏行为的不同进行适当分区；而场地开阔的较大型儿童公园，游戏器械多，可以根据游戏的方式进行适当分区。如分为体力锻炼、技巧训练、体验性活动、思维活动训练等。设计中要以某种游戏方式为主进行适当的区域划分（见图4-8）。

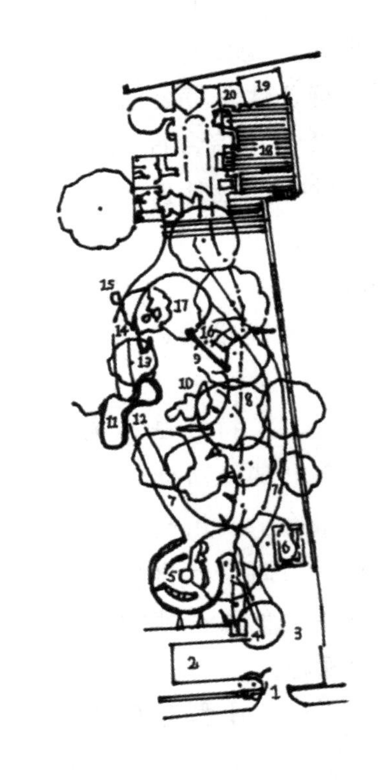

图4-8 美国某残疾儿童游戏场

（二）规划设计要点

1. 分区设计

学龄儿童游戏场一般应按分区进行设

计，划为运动区、游戏器械区、科学园地、草坪和地面铺装等。学龄前儿童游戏场，一般以儿童器械为主，器械可以是成品器械或废物利用制作。还可为学龄前儿童建造一些特殊类型的游戏场所。在一块有围栏的场地里，堆放一些砖木瓦石或模拟这些材料的轻质代用品，供儿童营造、拆卸。

学龄前儿童游戏场，多为单一空间，一般配置小水池、沙坑、铺面、绿地，周围用绿篱或矮墙围栏。出入口尽最少，一般设计成口袋形，出入口对着居住建筑入口一边。

2. 基本要素

构成儿童游戏场空间的基本要素是周围的建筑、小径、铺面、绿地、篱笆、矮墙、游戏器械、雕塑小品等。绿地是儿童游戏场空间构成的重要元素，绿地环境设计应强调游戏场的个性和趣味性。儿童游戏场的小径铺面可以是水泥、沥青材料的，也可采用质感与色彩强烈的材料，如松散状卵石路面、石块地面、彩色缸砖地面。小径的线形应活泼曲折，富于变化。矮墙、篱笆、灌木常用来作围合空间的构件，其色彩、质感应与整体环境相谐调统一。

树种的搭配要考虑遮阳和景观构图效果，尺度要适宜，应让儿童感到亲切。游戏器械是儿童游戏场空间的核心，也可用来围合空间，如由矮墙组成的迷宫。迷宫的一端可以适当延长作为与道路或其他需要遮挡环境的屏障。此外，为了点缀儿童游戏场的空间环境，还可设置雕塑和建筑小品等。

3. 重视残疾儿童的游戏要求

在儿童公园内应设有专为残疾儿童设计制造的秋千、转马、攀登等游戏器械。这些器械的构造及用料都要适合他们的特点。同时，整个公园要干净整洁，孩子们可以尽情玩耍。

（三）绿地设计

儿童公园一般位于城市生活居住区内。为了给儿童活动创造一个良好的自然环境，游戏场周围要栽植浓密乔灌木或设置假山以屏障之。公园内各功能分区间也应以绿地等适当分隔，尤其是学龄前儿童活动区要保证安全。要注意园内的遮荫，适当种植行道树和庭荫树。

1. 树种的选择要求

①选择生长健壮、便于管理的乡土树种。它们少病虫害，耐干耐寒，耐贫脊土壤，便于管理，具有地方特色。

②乔木宜选用冠大荫浓的树种，分枝点不宜低于2m。灌木宜选用萌发力强，直立生长的中、高型树种，这些树种生存能力强，占地面积小，不会影响儿童的游戏活动。

③宜选择姿态美、树冠大、枝叶茂盛的树种。夏季可使场地有大面积遮荫，枝叶茂盛，使儿童能在空气新鲜、安静的环境中愉快游戏，如北方的槐树，南方的榕树、银桦等。

④在植物的配置上要有完整的主调和基调，形成全园既有变化又完整统一的绿色环境。

⑤在植物选择方面要忌用下列植物：a.有毒植物。凡花、叶、果等有毒植物均不宜选用，如凌霄、夹竹桃等。b.有刺植物。易刺伤儿童皮肤和刺破儿童衣服，如构骨、刺槐、蔷薇等。c.有絮植物。此类植物易引起儿童患呼吸道疾病，如杨、柳、悬铃木等。d.有刺激性和有奇臭的植物。会引起儿童的过敏性反应，如漆树等。

2. 绿地植物配置

①儿童游戏场的四周应种植浓密的乔木和灌木，形成封闭场地，有利于保证儿童的安全。

②绿地面积应不小于65%。③游戏场内应有一定的遮荫区、草坪和花卉。④树种不宜过多，应便于儿童记忆，辨认场地和道路。⑤绿地布局设计应适合儿童心理，引起儿童的兴趣。

（四）道路与广场设计

儿童公园的道路宜成环路，应根据公园的大小和人流的方向设置一个主要出入口或1～2个次要出入口，出入口处设计，应突出主题。园内主要道路应通行汽车，次要园路和游憩小路应平坦，并要进行装饰和铺装，此外，主要园路还应考虑童车的推行以及儿童骑小三轮车的需要。

广场主要有两类，一是集散广场，多设在大门出入口，主要建筑物附近，一般多为混凝土铺装，供游人集散、停放车辆。二是游憩广场，主要供儿童或家长休息，游玩，如草地、水泥地铺装地。

（五）主要设施

儿童公园应鼓励儿童进行积极的、自发的、创造性的游戏活动。应根据他们的年龄及兴趣爱好安排活动内容，并提供必要的游戏设施。

1. 草坪与铺地

柔软的草坪是儿童进行各种活动的理想场所，还要设置一些用砖、石、沥青等做铺面材料的硬地面。

2. 沙土

在儿童游戏中，沙土游戏是最简单的一种，学龄前儿童踏进沙坑立即感到轻松愉快。沙土的深度以30cm为宜，沙坑最好放置在向阳的地方，既有利于学龄前儿童的健康，又能给沙土消毒，要经常保持沙土的松软和清洁，定期更换沙土。

3. 水

在较大的儿童游戏场，常设置浅水池，在炎热的夏季不仅吸引儿童游嬉，同时还可以改善局部地区的气候。水深以15～30cm为宜，可修成各种形状，也可用喷泉雕塑加以装饰，池水要常换。

4. 下水管道

水泥制作的下水管道多为圆筒形式或矩形。表而要光洁，是儿童较喜欢的钻爬设施。可将管道适当加工组合，在管筒外壁饰以各种不同的图案，组合成攀登山、火车、巨龙等。总之，游戏设施的设计不仅要考虑儿童的使用安全，还必须考虑要易于生产和能抗自然侵蚀。在气候方面还应考虑材料、造型、表面质地和接缝等问题。

第四节　动物园

动物园是在人工饲养条件下，移地保护野生动物，供观赏、普及科学知识，进行科学研究和动物繁殖，具有良好设施的城市专类公园。

一、动物园的分类

（一）现代城市动物园

多建于城镇市区，除了动物园的本身职能以外，还兼有城市绿地功能。适应社会发展需求的动物园模式，考虑动物地理学、动物行为学、动物心理学等因素，结合自然环境进行设计，建筑式场馆与自然式场馆相结合，充分考虑动物生理习性等因素，动物与人类的关系，故此类动物园为现代主流动物园类型。

（二）野生动物园

多建于野外，根据当地的自然环境，创造出适合动物生活的环境，采取自由放养的方式，让动物回归自然。参观形式也多以游客乘坐游览车的形式为主。这类野生动物园大都是自然环境优美，适合动物生存生活的区域。

（三）专业动物园

根据动物确的性质，不断向专业化方向分化。目前世界上已出现了以猿猴类为中心的灵长类动物园，以水禽类为中心的水禽动物园，以爬虫类为中心的爬虫类动物园，以鱼类为中心的水族类动物园，以昆虫类为中心的昆虫类动物园。

（四）夜间动物园

分为普通动物园的夜间动物展区和完全的夜间动物园。前者通常建于室内或地下，通常利用人工的方式营造出一些夜间动物所需的生活环境，不受时间的限制。后者则在夜间开放，其中最著名的是新加坡夜间动物园。这类型动物园可以提供给游客不同的感受，看到平常只在夜晚运动的动物的真实活动习性。

二、动物园规划设计

（一）规划设计内容

1. 全园总体布局规划；
2. 规划设计饲养动物种类、数量、展览分区方案，分期引进计划；
3. 规划展览方式、展览路线，设计动物笼舍和展馆，规划设计游览区及设施；
4. 规划设计动物医疗、隔离和动物园管理设施；
5. 绿地规划设计，绿地和水面面积不应低于国家规定的标准；
6. 基础设施规划设计；
7. 商业、服务设施规划设计。

（二）用地与规模

1. 用地选择

①地形方面。由于动物种类繁多，来自不同的自然生态环境，故地形宜高低起伏，有山冈、平地、水面等自然风景条件和良好的绿地基础。

②卫生方面。动物时常会狂吠吼叫，并有通过疫兽、粪便、饲料等产生传染疾病的可能，因此动物园最好与居民区有适当的距离，应在下游、下风地带。园内水面要防止城市水的污染，周围要有卫生防护地带，该地带内不应有住宅和公共福利设施等机构场所。

③交通方面。动物园客流较集中、货物运输量也较多，如在市郊更需要交通联系。一般停车场和动物园的出入口宜在道路一侧，较为安全。停车场上的公共汽车、无轨电车、自行车应适当隔离使用。

④工程方面。应有充分的水源，良好的地基，便于建设动物笼舍和开挖隔离沟或水池，并有经济安全的供应水电的条件。

2. 用地规模

动物园的用地规模大小取决于下列因素：城市的大小与性质，动物品种与数量，动物笼舍的造型，全园规划、构景风格，自然条件，周围环境，动物饲料来源，经济条件等。

用地规模的具体确定应依据：①保证足够的动物笼舍面积。包括动物活动、饲料堆放、管理参观面积。②在分组分区布置时，各组各区之间应有适当距离的绿地地段。③给可能增加的动物和其他设施预留足够的用地。④游人活动和休息的用地。⑤办公管理、服务用地。

（三）规划布局的具体内容

1. 要有明确的功能分区，做到不同性质的交通互不干扰，但又有联系，达到既便于动物的饲养、繁殖和管理，又便于游客的参观休息。

2. 要使主要动物笼舍和服务建筑等与出入口广场、导游线有良好的联系，以保证全面参观和重点参观的游客均方便。

3.动物园的导游线是建议性的，设置时应以景物引导，符合人行习惯，园内道路可分主要导游路、次要导游路、便道（小径）、园务管理、接待等专用园路。主要园路或专用园路要能通行消防车，便于运送动物、饲料等。

4. 动物园的主体建筑应该设置在面向主要出入口的开阔地段上，或者在主景区的主要景观点上，也可设在全园的制高点以及某种形式的轴线上。笼舍布置宜力求自然，可采用分散与集中相结合，导游与观览相结合，如当人们游步在上海动物园天鹅湖沿岸时，既可赏湖面景色，又可观赏沿途鸳鸯、游禽。动静结合，如鸣禽可布置在水边树林中，创造鸟语花香、一框一景的诗情画意。

服务休息设施要有良好的景观环境，有的动物园将主要服务设施布置在中部，与动物展览区有便捷的联系。公厕、服务点等可结合在主要动物笼舍建筑内或在附近，有利游客使用和观瞻。

5. 动物园四周应有坚固的围墙、隔离沟和林墙，并要有方便的出入口及专用的出入口，以防动物逃出园外，保证安全疏散等。

三、展览区设计

（一）功能分区

宣传教育、科学研究部分是全园科普科研活动中心，主要由动物科普馆组成，一般布置在出入口地段，使其交通方便，有足够的活动场地。

动物展览部分由各种动物笼舍组成，用地面积最大。动物展览部分一般分为3～4区，即鱼类（水族馆、金鱼廊等）、两栖爬虫类、鸟类（游禽、涉禽、走禽、鸣禽、猛禽等）、哺乳类（食肉类、食草类和灵长类）。各区所占的用地比例一般为：无脊稚动物+鱼类+两栖爬虫类：1/5～1/4；鸟类：1/5～1/4；哺乳类：1/2～3/5。

服务休息部分包括休息亭廊、接待室、饭馆、服务点等。这部分不能过分集中，应较均匀地分布于全园，便于游人使用。

经营管理部分包括饲料站、兽疗所、检疫站、行政办公室等，宜设在隐蔽偏僻处，并有绿地隔离，但要与动物展览区、动物科普馆等有便捷的联系，设专用出入口，以便运输与对外联系。

（二） 展览顺序

动物园规划除考虑以上分区外，起决定性作用的是动物展览顺序问题。我国大多数动物园都突出动物的进化顺序，即由低等动物到高等动物，由无脊椎动物→鱼类→两栖类→爬行类→鸟类→哺乳类。在此顺序下，结合动物的生态习性、地理分布、游人爱好、地方珍贵动物、建筑艺术等，作局部调整。在规划布局中还要利用有利的地形安排笼舍，以利动物饲养和展览，形成由数个动物笼舍组结合而成的既有联系又有绿地隔离的动物展览区。

（三） 观赏路线设计

游线规划应充分考虑游客的游赏心理和游赏感受，以能达到游客观赏的目的。所以全园的游线组织应避免单一的展览陈列方式，可以室内外展馆相互穿插笼舍、展馆的排布也应遵循游客的游赏心理，观览、休憩的空间相互间隔，避免游园过程中产生疲劳感。

四、 绿地设计

（一） 绿地的作用与内容

自然式动物园绿地的特点是仿造各种动物的自然生态环境，包括植物、气候、土壤、地形等。所以绿地布置首先要解决异地动物生态环境的创造或模拟，其次要配合总体布局，把各种不同环境组织在同一园内，适当地联系过渡，形成完整统一的群体。绿地布置的主要内容有: 动物园分区与地段绿地，园路场地绿地，动物笼舍绿地，卫生防护林带、饲料场、苗圃等（见图4-9）。

图4-9 上海动物园平面图

（二） 绿地形式、植物材料的选择及注意事项

可运用中国传统的“园中有园”的布局方式，如将动物园同组或同区地段视为内容相同的“小园”，在各“小园”之间以过渡性的绿带、树群、水面、山

丘等隔离。其次也可采用专类园的方式，如展览大熊猫的地段可布置高山竹岭，栽植多品种竹丛，既反映熊猫的生活环境，又可观赏休息。大象、长颈鹿产于热带，可构成棕搁园、芭蕉园、椰林的景色。

同时可以采用四季园的方式，将植物依生长季节区分为春夏秋冬各类，并视动物产地温带、热带、寒带而相应配置、叠山理水，以体现该种动物的气候环境。亦可在同一地段种植四季花果，供观赏和饲料之用，如猴山种植以桃为主的花果树较为相宜。植物材料可选择该动物生活环境品种，其中有些必定是动物饲料的树木花草，这对观赏和经济都有好处，另外也要考虑园林的诗情画意，如孔雀与牡丹、狮虎与松柏、相思鸟与相思树、爬行动物与龟贝树等。

五、配套设施设计

（一）动物安全

笼舍环境的绿地要强调背景的衬托作用，尤其是对于具有特殊观赏肤色的动物，如梅花鹿、斑马、东北虎等，同时还要防止动物对树木的破坏。对于游人参观，要注意遮荫及观赏视线问题，一般可在安全栏内外种植乔木或搭花架棚。

生物标准规划设计标准必须基于生物和动物种群的心理需要、活动的增加、社会的需要以及温度的要求，还要考虑动物的能力和身体的尺度。

动物安全系统包括室内和室外的动物栅栏、牢笼、门、观察资料和日常管理系统。为管理人员的安全和动物福利不断变化的标准要求更综合的材料、设备和设计。

动物生命维持系统包括物种必要条件和药物治疗系统、观察资料、驯化和检疫隔离。空气的过滤、加热、制冷和通风也需要专门的设计和设备。

（二）基础设施设计

1. 教育解说系统

包括教育的解说和与展示解说相关的信息。这些因素包括整理室内视线和解说图表，照明设备观察窗口和游客交流界面。展览的所有成分应紧密地结合在一起，形成一个媒体，以便观众了解自然史信息。图文、模型等展览及类似的教育形式能帮助游客从中获取更多的信息，应把宣传材料设计成展馆的一部分，并在展馆中设置电教室等，这些能为导游在展馆中讲解提供方便条件。

2. 后勤饲养系统

现代动物园不能仅仅满足动物的生存问题，而忽略动物的心理健康。进食是动物日常行为的主要活动项目，通常占据了动物日常清醒状态下近一半的时间，所以动物饲养的丰富性是最佳的解决方式。通过食物投放方式的改变，取食趣味性的增加等方法提供给动物们更多可改善生活质量的活动方式。

六、服务设施设计

动物园的商业及服务设施，应根据游线组织进行分布。不仅要考虑游客的需求，而且还要注重动物园的特点，考虑动物园功能上的需要。动物园的商业服务设施一般包括:向导信息中心、餐饮休憩场所、纪念品购物商店、厕所、垃圾环保点等。

第五节 植物园

植物园的含义和对它的解释也随着植物科学的发展与人类需求的变更发生了各种不同的变化。因此现代意义上的植物园定义为：搜集和栽培大量国内外植物，进行植物研究和引种驯化，并供观赏、示范、游憩及开展科普活动的城市专类公园（见4-11）。

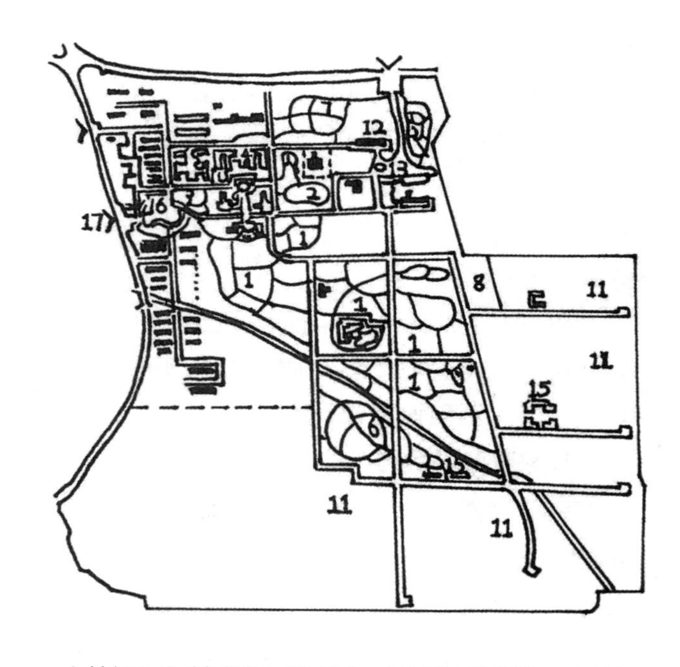

1. 树木园；2. 宿根花卉园（含球根）；3. 牡丹园（含芍药）；4. 月季园；5. 药用植物园；6. 野生果树园；7. 环保植物区；8. 濒危植物区；9. 水生植物区；10. 月季园；11. 实验区；12. 实验楼；13. 国家植物标本馆；14. 热带、亚热带植物展览温室；15. 繁殖温室、冷室；16. 种子标本库（不开放）；17. 主要入口

图4-11 北京植物园平面图

一、植物园的分类

（一）按业务范围分

1. 科研为主的植物园

世界上发达国家已经建立了许多研究深度与广度很大、设备相当充足与完善的研究所与实验园地，在科研的同时还搞好园貌、开放展览。

2. 科普为主的植物园

以科普为中心工作的植物园在总数中占比例较高，植物展出的规定是挂名牌，它本身的作用就是使游人认识植物，含有普及植物学的效果。

3.为专业服务的植物园

这类植物园是指展出的植物侧重于某一专业的需要，如药用植物、竹藤类植物、森林植物、观赏植物等。

4. 属于专项搜集的植物园

从事专项搜集的植物园很多，也有少数植物只进行一次性搜集。

（二）按植物园不同归属分

1. 科学研究机构办的植物园
2. 高等院校办的植物园
3. 国家公立的植物园
4. 私人捐助或募集基金会承办的植物园
5. 用过去皇家的土地和资金办的植物园

二、植物园规划设计

（一）植物园的位置选择

选址指选好植物园与城市相关的位置及有适宜的自然条件的地点。植物园的位置选择应满足以下要求:

1.侧重于科学研究的植物园，一般从属于科研机构，服务对象是科学工作者。它的位置可以选在交通方便的远郊区。

2. 侧重于科学研究的植物园，多属于市一级的园林机构，服务对象是城市居民，中小学生等，就必须选在交通方便的近郊区。

3. 如果是研究某些特殊生态要求的植物园，如热带植物园、高山植物园、沙生植物园等，就必须选相应的特殊地点才便于研究，同时注意一定要交通方便。

4. 附属于大专院校的植物园，最好在校园内辟地为园或与校园融为一体，可方便师生教学。也有许多大学附设的植物园是在校园以外另觅地点建园。

（二）植物生长的自然条件

选择可供植物生长的自然条件，包括以下几个方面:

1. 土壤

植物园内的植物绝大部分是引种的外来植物，所以要求的土壤条件比较高，如土层深厚、土质疏松肥沃、排水良好、中性、无病虫害等，这是对一般植物而言。一些特殊的如沙生、旱生、盐生、沼泽生的植物，则需要特殊的土壤。

2. 地形

植物最适于种在平地上，背风向阳的地形在北方十分重要。不过因植物的来源不同要求也不同，即使仿自然景观的人工建造也不能都在平如球场的地面土进行，所以稍有起伏的地形也是许可的，原有一些缓坡也不必加工平整，适当保留更显自然。通常要选择开阔一些、平坦一些、土层厚的河谷或冲积平原为宜。

3. 地貌

地貌是自然地形上面附加的植物及其他固定性物体，也就是地表的外貌。一个自然植物群落的形成，不仅是时间、空间的积累，而且还有植物群落结构与植物群落生态及乔、灌、草及上中下层的植物能量转化等的复杂关系的形成。

4. 水源

水源是灌溉用的水资源是否能满足植物园的需要。植物应中的苗圃、温室、实验地、办公与生活区等经常消耗大量的水资源，活植物中的水生植物、沼泽植物、湿生植物等均需经常生活在水中或低湿地带，靠水来维持，所以植物园需要有充足的水源（见图4-11）。

5. 气候

气候是植物园所在地，因纬度与海拔高度而引起的各种气象变化的综合特点。对于植物园来说，它所在地的气候应当相近于迁地植物原产地的气候。因为引种到植物园内的植物，如果能成活、生长、繁殖，并发现它们的利用价值，还要走出植物园供广大群众去利用，所以被推广的地区应该是与植物园或原产地的气候有相似之处才能成功。植物对所在环境的气温最具敏感性，迁地保护的植物如果限于露地栽培，环境中气温是人力最难以保证的条件。植物园可以创造条件既引种又驯化，但是植物园本身所在地的气温要有一定的代表性，才能向外推

图4-11 植物与水源

广。其次是湿度问题，北方春季干旱，植物在缺水与低温的双重威胁下，比湿润下的低温更容易死亡。所以每月降水量与空气相对湿度也应该有所保证，这对迁地保护或引种后的推广十分重要。

三、植物园的功能分区

植物园主要分为两大部分，即以科普为主，结合科研与生产的展览区和以科研为主，结合生产的苗圃实验区。

（一）科普展览区

目的在于把植物世界客观的自然规律，以及人类利用植物、改造植物的知识陈列和展览出来，供人们参观与学习。主要内容如下：

1. 植物进化系统展览区

该区是按照植物进化系统分目、分科布置，反映出植物由低级到高级的进化过程。使参观者不仅能得到植物进化系统的概念，而且对植物的分类、各科属特征也有个概括了解。但往往在系统上相近的植物，其对生态环境、生活因子要求不一定相近。在生态习性上能组成一个群落的植物，在分类系统上又不一定相近。所以在植物配置上只能做到大体上符合分类系统的要求。即在反映植物分类系统的前提下，结合生态习性要求，景观艺术效果，进行布置。这样既有科学性又切合客观实际，容易形成较优美的公园景观风貌。

2. 经济植物展览区

经过栽培实验的确有用的经济植物，才栽入本区展览，为农业、医药、林业以及园林结合生产提供参考资料，并加以推广。一般按照用途分区布置，如药用植物、纤维植物、油料植物、淀粉植物、橡胶植物、含糖植物等，并以绿篱或园路为界。

3. 抗性植物展览区

植物能吸收氟化氢、二氧化硫、二氧化氮、溴气、氯等有害气体，但是其抗有毒物质的强弱、吸收有毒气体的能力大小，常因树种而不同。必须进行研究、试验、培育，把对大气污染物质有较强抗性和吸收能力的树种挑选出来，按其抗毒的类型、强弱分组移植本区进行展览，为绿地选择抗性树种提供可靠的科学依据。

4. 水生植物区

根据植物有水生、湿生、沼泽生等不同特点，喜静水或动水的不同要求，在不同深浅的水体里，或山石溪涧之中，布置成独具一格的水景景观，既可普及水生植物方面的知识，又可为游人提供良好的休息环境。

图4-12 树木区

但是水体表面不能全然为植物所封闭，否则水面的倒影和明暗变化等都会被植物所掩盖，影响景观效果，所以经常要用人工措施来控制其蔓延。

5. 岩石植物区

岩石植物区，又称“岩石园”，多设在地形起伏的山坡地上，利用自然裸露岩石造成岩石园，配以色彩丰富的岩石植物和高山植物进行展出，也可适量修建一些体形轻巧活泼的休息建筑，构成园内景观空间。

6. 树木区

用于展览本地区和引进国内外一些在当地能陆地生长的主要乔灌木树种。一般占地面积较大，用地的地形、小气候条件、土壤类型厚度都要求丰富些，以适应各种类型植物的生态要求。植物的布置，按地理分布栽植，借以了解世界木本植物分布的大体轮廓。按分类系统布置，便于了解植物的科属特性和进化线索（见图4-12）。

7. 专类区

把一些具有一定特色、栽培历史悠久、品种变化丰富、具有广泛用途和很高观赏价值的植物，辟为专区集中栽植，如山茶、杜鹃、月季、玫瑰、牡丹、芍药、荷花、棕榈、槭树等任一种都可形成专类园。也可以有几种植物根据生态习性要求、观赏效果等加以综合配置，能够形成更好的景观艺术效果。

8. 示范区

植物园与城市居民的关系非常密切，设立有关的示范区，让普通市民均可获得园林景观方面的启发。例如家庭花园示范，绿篱示范，花坛、花境示范，草坪示范等。

9. 温室区

温室是展出不能在本地区陆地越冬，必须有温室设备才能正常生长发育的植物。为了适应体形较大的植物生长和游人观赏的需要，温室的高度和宽度，都远远超过一般繁殖温室。体形庞大，外观雄伟，是植物园中的重要建筑。温室面积大小，依展览内容多少、品种体形大小，以及园址所在的地理位置等因素而定，譬如，北方天气寒冷，进温室的品种必然多于南方，所以温室面积就要比南方大一些。

（二）苗圃及试验区

苗圃及试验区是专供科学研究和结合生产试验用地，为了避免干扰，减少人为破坏，一般不对外开放，仅供专业人员使用，主要部分如下：

1. 温室区

主要用于引种驯化、杂交育种、植物繁殖、储藏不能越冬的植物以及其他科学实验。

2. 苗圃区

植物园的苗圃包括实验苗圃、繁殖苗圃、移植苗圃、原始材料圃等。苗圃用地要求地势平坦、土壤深厚、水源充足、排灌方便，地点应靠近实验室、研究室、温室等。用地要集中，还要有一些附属设施如荫棚、种子、球根贮藏室，土壤肥料制作室，工具房等。

四、植物园的设计

（一）明确建园目的、性质与任务

确定植物园的分区与用地面积，一般展览区用地面积较大，可占全园总面积的40%～60%，苗圃及实验试用地占25%～35%，其他用地占25%～35%。

（二）根据功能选址

展览区是面向群众开放的，宜选用地形富于变化、交通联系方便、游人易于到达的地方，另一种偏重科研或游人量较小的展览区，宜布置在稍远的地点。苗圃实验区，是进行科研和生产的场所，不向群众开放，应与展览区隔离。但是要与城市交通线有方便联系，并设有专用出入口。

（三）确定建筑数量及位置

植物园建筑有展览建筑、科学研究建筑以及服务性建筑三类：

1. 展览建筑

包括展览温室、大型植物博物馆、展览荫棚、科普宣传廊等。　　展览温室和植物博物馆是植物园的主要建筑，游人比较集中，应位于重要的展览区内，靠近主要入口或次要入口，常构成全园的构图中心。科普宣传专廊应根据需要，分散布置在各区内。

2. 科学研究用建筑

包括图书资料室、标本室、试验室、工作间、气象站等。苗圃的附属建筑还有繁殖温室、繁殖荫棚、车库等，布置在苗圃试验区内。

3. 服务性建筑

包括植物园办公室、接待室、茶室、小卖部、食堂、休息厅廊、花架、厕所、停车场等，这类建筑的布局与公园情况类似。

（四）植物园的排灌工程

植物园的植物品种丰富，要求生长健壮良好，养护条件要求较高，因此在总体规划的同时，必须做出排灌系统规划，保证旱可浇、涝可排。一般利用地势起伏的自然坡度或暗沟，将雨水排入附近的水体中为主，但是在距离水体较远或者排水不畅的地段，必须铺设雨水沟管，辅助排水。

第六节　城镇公园的发展特点

现代城镇绿地系统的规划建设，宏观上包括城镇公园、城镇绿地和风景名胜区三个方面。其中，公园作为城市的基础设施之一，在城市绿地系统中占有重要的地位，无论在国内或国外，城市公园的数量与质量，可以反映当地绿地系统建设的水平成为展示当地社会生活与精神文明风貌的重要标志之一。

从20世纪60年代起，我国开始探索适合中国国情的现代公园规划设计理论。20世纪70年代后，我国公园绿地建设的理论研究有较大进展，从过去仅注意公园内部功能分区的合理性而逐步转向注重发扬中国园林绿地的传统特色，强调公园艺术表现形式的主体是山水创作、植物景观和园林建筑三者的有机统一。在实践中，我国的公园绿地结合功能要求，运用形式规律表现景观点、景观带、景观区之间的结构布局和相互关系，创作设计出一批具有中国特色的现代城市公园。我国现代公园在继承传统的基础上又逐步有所创新，努力实现现代社会生活内容与民族化景观艺术形式的统一。

对绿地山水创作而言，中国自然山水园的艺术传统得到了发扬。绝大多数新建公园都采取自然山水园的形式，构景主体是山水，因山就水布置亭榭堂屋、花草树木，使之相互协调地构成符合自然的游憩生活境域。对植物景观而言，对植物材料的运用，如同对山水的设计手法一样，首先通过对植物形态和生态习性的认识所激发的审美情趣来表现植物的个性化特征，注意种植时位置、地形、环境的结合。运用西方植物造景手法，将大面积缓坡草坪、专类花园、几何图案式绿篱等，充分运用到现代城镇公园绿地之中。

对建筑而言，要力求把建筑与自然融为一体，注意建筑类型与山水环境之间的有机统一，并主要采取了民族形式的造型。在空间构图、比例尺度和结构工艺上，也引用了现代建筑的艺术设计手法、材料和施工技术，出现了大批神似于传统形式的现代园林建筑。此外，现代城市公园设计中充分体现了对文化意境的营造。多数公园景观点、景观区，根据设计构思和观赏效果的统一来命名，主要园林建筑也常配有诗词楹联或匾额题字等，增添了城市园林绿地景观的诗情画意。

中国各地的现代公园在长期的发展中逐步形成了一些独特的地方风格。例如：广州公园的地方风格主要表现在：植物景观设计上强调热烈，形成四季花海；园林建筑上布局自由曲折，造型舒朗轻盈；山水结构上注重水景的自然式布局；擅长运用塑石工艺和“园中园”形式等。哈尔滨公园的地方风格主要表现在：多采取有轴线的规整形式平面布局；大量运用雕塑和五色草花坛作为公园绿地的景观点；以夏季野游为主的游憩生活内容和冬季利用冰雕雪塑造景等。我国现代公园的这些地方风格，既是由于地域性自然条件和社会经济发展的不同而诱发形成的，也是公园绿地景观设计与公园游憩活动内容和园林艺术相互交融的结晶。

生态文明正在向我们走来，可持续发展是当今世界的主旋律。城市绿地系统的不断完善，形成了良好的生态环境及绿色环保意识。绿地生态系统与人工环境的有机融合、协调发展，是城镇绿地系统建设发展走向生态环境与人工环境有机融合和谐发展的必然趋势。

第五章 城镇带状公园与道路绿地景观设计

运用公园的形式来改善城镇生态环境、丰富景观，是一项十分有效的措施。然而由于公园在城市中呈现的是斑块状的独立分布，尤其是人能够凭感官直接感受到的影响一般只限于其周边地带。因此，若希望提升整个城市的生态环境质量，就需要以城市整体布局作为考虑的对象。带状公园是现代城镇中具有特色的景观构成要素，承担着城镇生态廊道的职能，对改善城镇绿地生态环境具有重要作用；对其进行的系统的规划设计，可以进一步提升城镇的整体生态环境、丰富城镇景观。网状分布的公园为城镇居民亲近和接触绿色的开放空间提供了便利条件，而道路沿线的绿地景观对于更有效地组织城市交通也会产生良好的效果。

城镇绿地系统主要以合理分布的各类公园作为重点绿地，再依据城市的特点设置带状绿地、环状绿带或楔形绿地，用道路绿地串接公园和公共绿地，使之成为覆盖整个城市的绿地生态网络。带状公园与绿地就是指各类呈带状分布的城市绿化带，包括城市中一般的道路绿地、林荫景观道以及滨河、滨水的带状游憩园等。由此作进一步的扩展，则可将穿越城市的公路、铁路、高速干道的绿地向城郊，甚至更远的区域延伸；城镇周围的防护林带及其以外的道路景观也可被纳入带状绿地的范畴（见图5-1）。

图5-1 城镇带状公园

第一节　带状公园景观设计

带状公园一方面可以为生物物种的迁徙和取食提供保障地，为物种之间的相互交流和疏散提供有利条件；另外，这种线性空间鼓励人们交流、步行、骑自行车、慢跑等活动，这些活动有益于提高人们的生活品质和身心健康。它可以用来连接城市中彼此孤立的自然板块，从而构筑城镇绿色生态网络系统，缓和动植物栖息地的丧失和割裂，优化城镇的自然生态景观格局。大多数的城镇带状公园的宽度相对较窄，视线的通透性较好，因此许多人都认为这种环境比广阔幽深的公园更加安全开阔。带状公园与广场绿地等集中型开敞空间相比，具有较长的边界，给人们提供了更多的接近绿色空间的机会，因此能更好地满足人们日益增长的休闲游憩的需要。

一、带状公园的分类

按照城镇带状公园的构成条件和功能侧重点的不同，可分为生态保护型、休闲游憩型、历史文化型三种。

（一）生态保护型

在生态保护具有重要意义的带状绿地，以保护城市生态环境，提高城市环境质量，恢复和保护生物多样性为主要目的（见图5-2）。典型代表形式主要有两种：一种是沿着城市河流、小溪而建立，包括水体、河滩、湿地、植被等形成的绿色廊道，成为动植物的理想栖息地。另一种是结合城市外围交通干线而设立的绿化带。这种绿化带多位于城市边缘或城市各城区之间，从数百米到几十公里不等，这种绿化带在提高生物多样性、防止城区无节制蔓延、控

图5-2 北京奥林匹克森林公园

制城镇形态、改善生态环境、提高城镇抵御自然灾害的能力等方面发挥着重要的作用。

（二）休闲游憩型

以供人们开展休闲游憩活动为主要目的。典型代表主要有三种：一种是结合各类特色游览步道、散步道路、自行车道、利用废弃地建立的休闲绿地。另一种是道路两侧设置的游憩型带状绿地。还有一种是国外许多城市中用来连接公园与公园之间的公园路。这种绿化带宽度相对较窄，为形成赏心悦目的景观效果，通常采用高大的乔木和低矮的灌木、草花地相结合的种植方式，其生物多样性保护和为野生生物提供栖息地的功能，较生态保护型带状公园弱一些。

（三）历史文化型

以开展旅游观光、文化教育为主要目的。典型代表包括：结合具有悠久文化历史的城墙、环城河而建立的景观观光游憩带；结合城市历史文化街区形成的景观带等。这种带状公园在丰富城市景观、传承城市文脉等方面发挥着重要作用，同时还能带来可观的经济效益。

这些分类有助于我们更好地了解城镇带状公园绿地，为进一步的规划设计和建设提供依据。现实中存在的多是综合型的城镇带状公园，即上述多种构成条件的交叉混合、多种功能的综合运用的公园。

二、带状公园的主要功能

城镇带状公园是城镇绿地系统的重要组成部分，其主要功能包括生态功能、社会功能和经济功能。

（一）生态功能

带状公园是城镇绿地系统中颇具特色的景观构成要素，承担着城镇生态廊道的职能。廊道的基本功能包括：

1. 栖所功能

为许多物种提供多样性的栖息地、滨河型带状公园在这方面的作用尤其突出，它可以在一个相对较小的区域内容纳丰富的水生、陆生等多类物种，为生物物种栖息生活提供所需的资源。

2. 通道功能

城镇带状公园绿地作为一种廊道，吸引人及动物进入的导入功能及提高安全性等，为植物、动物及人类的活动提供通道，对于生物流、物质流、能量流均具有重要作用。同时加强了栖息地斑块之间的连通性，扩大了许多物种的可能生活范围。对于野生动物而言，为它们日常及季节性的流动需求提供了条件。

3. 阻隔过滤功能

若城镇带状公园绿地的生态环境状况或尺度大小对某类动物不适应就会对该物种起到阻隔作用。在河流环境中，滨河型带状公园绿地对河流过量的营养物及沉淀物进行吸收与过滤。同时特定的带状公园绿地也对人与野生动物起到过滤作用。如河流、刺灌林等就会对物种起到较大的阻隔作用。

总之，从城镇绿地系统规划来讲，带状公园绿地可以起到提高物种多样性、促进养分的储存与循环、为野生动物繁衍传播提供良好的生态环境等作用。此外，城镇带状公园中的绿地植被还能控制水土流失、涵养水分、净化空气、降低噪声等。通过绿地植物的遮阳及蒸发散热能降低城市的“热岛效应”，尤其当城镇带状公园绿地的方向与城镇的夏季主导风向一致时，其调节城镇小气候，改善环境的作用尤为明显。

（二）社会功能

1. 提供休闲游憩场所

城镇带状公园的线性带状、高连接性、良好的可达性使之成为广大市民休闲游憩的理想场所。同时，人们在休闲娱乐中增进彼此交流，增强了人际交往，从而有助于改善邻里关系，满足人们的社会需求、被尊重的需求和自我实现的需求。

2. 增强城镇景观美感

城镇带状公园往往是沿着小溪、河流两岸而建，能优化城镇景观格局，增强丰富景观美感。人们通过良好的视觉感受进一步强化城镇意向，解读、感知城镇。

3. 保护历史文化资源

有些带状公园结合具有悠久文化历史的城墙、城河、城镇历史文化街区而建，往往具有重要的历史文化价值。城镇带状公园可以将许多风景名胜、历史遗址连接起来，使之免受机动交通及城市开发的干扰，这对于传承城镇的历史文脉起到重要的作用。

4. 提供教育机会

带状公园给人们提供了认识自然、体验自然的良好机会，同时使人们对于人与自然的共生关系也会理解得更加深刻。

（三）经济功能

1. 防灾、减灾功能

带状公园具有大面积的公共开放空间，不仅是广大城镇居民休闲游憩的活动场所，而且还在城镇的防火、防灾、避难等方面起着重要作用。它可以作为地震发生时的避难地、火灾时的隔火带。

2. 绿地产业化带来的经济效益

通过在城镇带状公园中融入适量经济林，或者将绿地建设和游憩设施建设相结合的绿地产业化方式，适量开发一些以生态为主题的休闲游憩项目，将带来不可低估的经济效益。

3. 提升城镇土地价值

城镇带状公园除能带来直接“绿色收入”外，还能提升周围土地价值，改善城市投资环境，从而提升城市的竞争力。

三、 带状公园绿地的设计要点

带状公园是现代城镇景观构成要素之一，对改变城镇生态环境具有重要的作用，承担着城镇生态廊道的职能，经过规划设计可以丰富城市的整体生态环境和提升城市景观效果。

1.在设计中可根据带状公园的宽窄分布不均匀的特点构筑城市绿色生态网络、优化城市的自然生态环境。

2. 带状公园种植设计要求与街道上的种植设计相联系，且有一定宽度和游憩设施的带状绿地。乔灌木的分割，应便于行人具有良好的通透视线。

3. 在组织空间、园路场地设计时，利用地形地貌合理地选择乔灌木植物、水体等形成错落有致的自然的植物搭配设计，有利于形成安全开阔的城市公园绿地景观空间。

第二节　林荫道与步行街景观设计

林荫道、步行街是城镇绿地休闲景观空间的形式之一。在现代城镇中，街道大多已为各种机动车辆所占用。虽然车辆的增加提高了社会整体的工作效率，方便了人们的出行，但同时也带来了污染与安全隐患。就城镇总体而言，街道上的行人并非全都为了追求效率而希望快捷，还有相当的一部分人只是为散步休闲、逛街购物而出行。随着闲暇时间的增加，非工作出行人数的比重还在日益提高，而车辆排放的废气和产生的噪声会给行人造成身心的影响，伴随着车行速度的不断提高还会出现越来越多的交通隐患，所以人车混杂对于城市的有序发展产生了较大的制约。林荫道的设置可以减少或局部消除由于车辆造成的污染，合理组织城镇交通，保障行人的安全，丰富城镇景观，在一些建筑密集、绿地稀少的地段还能起到小游园的作用（见图5-3）。

图5-3 林荫道

一、林荫道

（一）林荫道的形式

按林荫道与相邻道路的关系划分，大体有三种形式。

1. 将林荫道设置在整个道路轴线的中央，两侧是行车道

由于当中的林荫道起到了分隔绿地带的作用，所以能有效地组织交通，以保证行车的安全。但要进入林荫路必须穿越车行道，这就会影响行车速度，也不利于行人的安全。因此这样的布置形式仅适用于以步行为主或车辆稀少的街道，在交通繁忙的主干道上不宜采用。

2. 把林荫道布置在行车道的一侧

这种形式可以部分改善行人不便的状况，但也存在缺乏对称感的问题，所以在有庄重、对称要求的城市轴线干道上不适宜使用，通常用于道路一侧行人数比较多的地段。

3. 在行车道的两侧对称布置两条林荫道

这种形式能给人以整齐、雄伟的感觉，同时也可以方便行人的使用。而宽阔的林荫道还可以减少因机动车而产生的废气、噪声、扬尘等的污染，但也有占用土地较多的缺陷。所以选用时需要从行人利用的实际情况出发，而非追求形式。

（二）林荫道的设计

林荫道的最小宽度不应小于8m，其中包括一条宽3m的人行步道，两侧可安放休息椅凳；步道旁还需在旁边布置一条宽2.5m的绿地种植带，以便栽种一行乔木和一行灌木，形式较为简单，但基本能满足与相邻的车道相互隔离的要求（见图5-4）。

当林荫道用地面积较宽裕时，可以采用两条人行步道和三条绿地带的组合形式。中间一条绿带布置花坛、花境、灌木、绿篱，也可以种植乔木。两条步道分置于花坛的两侧，其外缘安放休息座椅。步道之外是分隔绿带，为保持林荫道内

部的宁静和卫生，与车行道相邻的绿带内至少应种植两列乔木以及灌木、绿篱，以使车辆的影响降到最低的程度。如果林荫道的一侧为临街建筑，则应栽种较矮小的树丛或树群，这既可以避免建筑为树木遮挡，又能够增加林荫道景观的层次感。采用这样的布置形式，林荫道的总宽度应在20m左右，甚至更宽。

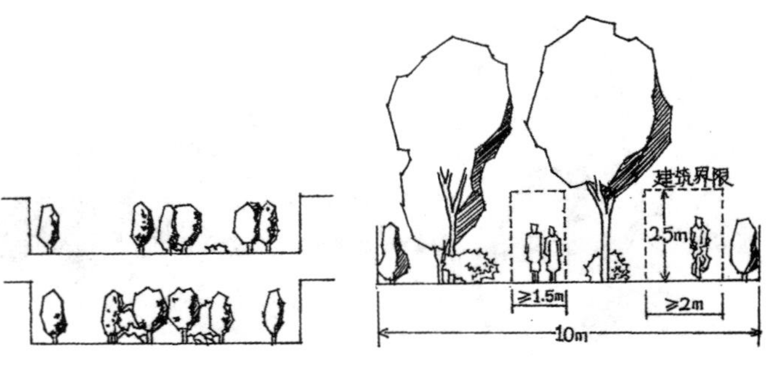

图5-4 林荫道设计示意图

如果林荫道的用地宽度在40m以上，则可以进行游园式布置。形式可选择规则式，也可采用自然式，需要具有一定的景观艺术赏性的要求。其中除了应设置两条以上的游憩步道和花坛、喷泉、雕像等要素外，还可以布置一些亭、廊、花架以及服务性小品，以便更大程度地满足休憩、游览观赏的需求。

二、步行街

步行街也是减少或局部消除由车辆造成的污染，还步行者以安全与舒适的方法之一。长期以来的实践证明，这样的措施较为有效地缓解机动车的废气、噪声污染问题以及人车争道的问题，在为市民提供更多的游憩、休闲空间，在优化城市环境、美化城市景观方面具有积极的作用。在商业设置步行街则有利于促进销售，而历史文化地段的步行街还可以有效地对历史风貌进行必要的保护。

在城镇中的位置分布和空间形式上，步行街与林荫道存在着一定的差异，但在改善城镇环境、创造宜人空间方面两者是相似的，都是本着“以人为本”的原则，用景观空间形象的设计来创造和改善环境、保障安全，为人们提供满足精神需求的优美景观空间。

（一）商业步行街

我国目前最为常见的是商业步行街。在城市中心或商业、文化较为集中的路段禁止车辆进入，可以消除因机动车而带来的噪声和废气污染，根除人车混杂的现象，消解人们对发生交通隐患的担心，使行人的活动更为自由和放松。正是步行街所具有的安全性和舒适感，可以凝聚人气，对于促进商业活动有积极的作用。

（二）历史街区

有些城镇为保护某些街区的历史文化风貌，将交通限制的范围扩大到一定区域，成为步行专用区，随着城市的发展，方便出行通常是人们普遍关心的问题之一。我国许多城市，包括具有相当历史的古城，解决交通的主要方法就是拆除沿街建筑以拓宽道路，其结果势必改变甚至破坏了原有的城市结构和风貌。如果改用禁止车辆进入，可以在一定程度上缓解人车混杂的矛盾，同时也能避免损害城市的原有格局，以达到保护历史环境的目的。当然与步行专用区相配套的是在其周边需要有方便、快捷的现代交通体系。

（三）居住区步行街

在城市居民活动频繁的居住区也可以设置步行街。居住区需有一个整洁、宁静、安全的环境，而禁止机动车辆的通行就能使之得到最大程度的保证。然而在居住区设置步行街除了舒适、安全的目的之外还要考虑便利性和利用率的问题，所以当机动车流量不是太大时，就要考虑是否完全或分时段禁止车辆通行。

三、步行街的设计

步行街是由普通街道转化而来，因此在形式上它与普通街道具有相当多的联系，只是当其完全禁止所有车辆通行之后，原来的车行道就转变成为供行人步行、休息的空间，于是其间可以设置更多装饰类小品和休憩类小品，使之呈现出安全、舒适、美观的景观特色。

步行街的利用形式基本可以分为两种。一种是只对部分车辆实行限制，允许公交车辆通行，或是平时作为普通街道，在假期中作为步行街，被称为过渡性步行街或不完全步行街。这种步行街仍然沿用普通街道的布置方式，但为了创造一个良好的休闲环境，应提供更多便于行人的休息设施。另一种是完全禁绝一切车辆的进入，称完全式步行街。由于消除了车辆的影响，可使人的活动更为自由和放松，而原先留做车道的位置可以进行装饰类与休憩类小品的布置，用花坛、喷泉、水池、椅凳、雕塑等要素予以装点，为街道增添优美和舒适的景观环境。

步行街需要更多地显现街道两侧的建筑形象，尤其是设置在商业、文化中心区域的步行街还要将各种店面的橱窗展示在游客及行人的面前，所以绿地中希望尽可能少用或不用遮蔽种植，但需要注意步行街的规划设计中忽视植物景观的倾向。目前我国不少城市的商业区步行街的改造中往往过多地运用硬质材料，而花木类软质材料使用偏少，其结果虽令街景得到了改观，但硬质材料造型使人们感到冷漠和缺乏亲切感，尤其是盛夏时节，无处躲避的骄阳让人望而却步。

步行街不仅要满足各种人群的出行、散步、游憩、休闲，而且还应对商业活动有促进作用，所以能让人们延长逗留时间应是设计的出发点。为此，增加软质景观的运用，利用乔木的遮荫作用，可以创造一种不受季节和气候影响的宜人环境。充分的灯光照明可以为夜间的活动提供方便，而借助灯光还可以突出建筑、雕塑、喷泉、花木以及各种小品的艺术景观效果形象，所以对灯光的精心设计也是提高步行街品质的重要方面。步行街上的各种设施，包括装饰类小品、服务类小品以及铺装材料、山石植物等等都要从人的行为模式及心理需求出发，经过周密规划和精心设计，使之从材料的选择到造型、风格、尺度、比例、色彩等方面的运用都能达到尽可能的完美，使人倍感亲切。

四、林荫道与步行街的绿地景观设计

林荫道和步行街中所使用的植物大体上与一般街道绿地要求相似。近年来随着社会经济的发展，人们对美化城市的需求日益提高，普通街道也逐渐从单纯的绿地向着结合绿地进一步强调美化景观的方面转化，所以用植物进行造景也变得越来越普遍。加强植物造景，让林荫道和步行街建设得更为优美宜人就成了植物运用的新要求。

林荫道和步行街的花木选择与普通街道一样，应首先考虑植物的适应性。当地的植物品种占有较大的比重，为丰富景观的需要，经过驯化的外来新品种也应适量运用。对于作为隔离绿带的植物配植可以运用生态学的方法进行，也就是模拟自然界的植被共生关系，设计出适宜于不同植物良好生长的人工植物群落，用以改善特定范围内的生态环境。作为城市景观的组成部分，林荫道和步行街还有相当比重的景观植栽，需要根据用地的规模、周边环境关系以及人们的审美心理予以精心地设计。一般在用地较为狭窄时，以布置规则式花坛、花境比较适宜，使用生命力强且花期较长的草本花卉或耐修剪的花灌木，可以将林荫道或步行街内装点得花团锦簇。如果用地宽裕，则可考虑自然风景式布置，利用不同形态、不同花期、不同花色的乔木、灌木、草本植物自由搭配，使人们产生乐在其中的愉悦感觉。在设计时不仅要把握各种植物的相互关系，使其建成之后给人以自然、优美的感受，还需要考虑各种植物在四季更迭中的季相变化乃至数年或更长的生长之后的景观效果。

第三节　滨水绿地景观设计

一、滨水绿地景观的作用

人类的生存和繁衍都离不开水，所以自古以来许多乡村、城镇往往都是近水而建，依托江河之利而兴盛、发达。由于人与水的依存关系，各类水体的存在能够使人产生愉悦，同时也可激起以往的历史记忆。恢

复原有水体，给岸线予以必要的绿地装饰，将其有机地组织到城市休闲空间之中，不仅可为城市景观增色，而且还会给城市居民提供一处亲近水、接触水的休闲游憩场所。沿城市水体岸线进行绿化，除了与城市其他地段的绿地建设具有相同的功能外，还形成了自身的绿地景观特色。

（一）环境作用

流动的空气经由水面往往会使能量蓄积，因而在大型水体如湖泊、海洋的近旁，巨大的风力对人们的生活产生影响。在我国，受太平洋副热带季风的影响，每年的夏、秋两季东南沿海经常会遭到台风的袭击。所以如能在临近湖泊、大海之类大型水体的地带，种植一定宽度的绿带，可以大大降低风速，减轻因大风而带来的破坏。而花草树木庞大的根系可以吸收和阻挡地下污水，从而也可以降低城市污水直接流入水体而造成的水质污染，产生涵养水源的有效作用。

（二）景观作用

在观景和游憩方面，因为水的存在，其多样的形态就使景观设计发生了很大的变化，从而丰富了城市景观的风貌，同时也给居民提供了更为舒适的生活和工作环境。滨水地带的固有景观构成有水体、岸线、堤坝、桥梁等水工构筑物以及植被、鱼、鸟等自然生态。经过规划设计还可以将人工植被、园林小品、园路、相邻的建筑景观、远方的山林景观、甚至晨昏、四季、阴暗雨雪、车船人流等都组织到滨水绿地景观规划设计之中（见图5-5）。

图5-5 滨水绿地构图

二、滨水绿地景观的类型

（一）滨海绿地景观

在一些临海城市中，海岸线常常延伸到城市的中心地带，由于海岸线的沙滩、礁石和海浪都具有相当的景观价值，所以滨海地带往往被辟为带状的城市公园。此类绿地宽度较大，除了一般的景观绿地、游憩散步道路之外，有时还设置一些与水有关的运动设施，如海滨浴场、游船码头、划艇俱乐部等。此类滨海绿地在大连、青岛、厦门等城市中运用较为普遍（见图5-6）。

图5-6 厦门鼓浪屿滨水绿地

（二）滨湖绿地景观

我国有许多城市临湖而建，最为人们熟悉的滨湖城市是浙红的杭州。此类城市位于湖泊的一侧，甚至将整个湖泊或湖泊的一部分围入城市之中，因而城区拥有较长的岸线。虽然滨湖绿地有时也可以达到与滨海绿地相当的规模，但由于湖泊的景致较大，而更为柔媚，因此绿地的规划设计也应有所区别。

（三）滨江绿地景观

大江大河的沿岸通常是城市发展的理想之地，江河的交通、运输便利常使人们很容易地想到将沿河地段建设港口、码头以及运输需求的工厂企业。随着城市的发展，为提高城市的生态环境质量把紧邻市中心的沿河地段辟为休闲游憩绿地。因江河的景观变化不大，所以此类绿地往往更应关注与相邻街道、建筑的协调。类似的滨江绿地可以在上海、天津、广州等城市中见到。

（四）滨河绿地景观

东南沿海地区河湖纵横，过去许多中小城镇大多由位于河道的交汇点的集市逐步发展而来，于是城内常有一条或几条河流贯穿而过，形成市河。随着城市的发展，有些城市为拓宽道路而将临河建筑拆除，河边用林荫绿带予以点缀。而在城市扩张过程中，河边也需用绿地景观进行装饰。由于此类河道宽度有限，其绿地尺度需要精确地把握使用。

三、滨水绿地景观的设计

从形式上看，设置于江、河、湖泊沿岸的滨水绿地在形式上与普通的游憩林荫道并无太多的差异，但因为有了水体作为其中重要的景观构成要素，所以在设计中应根据城市的自然、经济、文化等特征，最大程度上突出水体，让人们在亲近水的过程中在感到舒心和愉悦，体验到城镇景观的特色。

（一）滨水绿地景观的定位

城镇的形成都有其特定的历史文脉，在发展进程中受自然环境、民族地域、文化、风俗习惯的影响而呈现出各自不同的景观特色。水体与城镇相邻，尽管作为自然的存在，似乎只是城市的一个特殊区域。

然而因其对于居民的生活、生产以至于经济活动、文化活动都曾产生过重大的作用，因此在社会的演变过程中扮演着极为重要的角色。如在江南水乡城镇中的河港水道可以激起当地居民对过去生活用水景致的回忆；近城的大江大河不仅让人看见现代临水工业、交通的状况，而且还能体会到自古以来交通运输的演变；城市的滨海、滨湖地带往往给人以从渔村小港到大中城市的历史变迁的感慨。正是由于不同城市水体所蕴含历史的美好记忆而难以忘怀，所以滨水绿地的规划设计应对城市的过去以及在该城市的发展过程中，水体曾起的作用予以广泛而充分的调查，以便找到准确的定位，将以往的历史文脉在新的城市建设中得以延续发展。

（二）滨水绿地景观与游人的活动

城市的公园绿地景观能为当地的居民提供休憩活动的场所，滨水绿地景观除了具有与其他绿地相类似的绿地景观空间之外，因有相邻水体的存在，可使游人的活动以及所形成的景观得以丰富和拓展，因而滨水绿地景观的规划设计中需要对有可能展开的相关的活动予以考虑，使人们不仅在进入绿地时感觉到赏心悦目，而且有机会满足亲近水体、接触水体的人性化的需求。

1. 水中景观及相应活动

因为有与绿地相邻水体的存在，不仅水体固有的景观能够融入绿地之中，还可考虑相应的水上活动，使之成为滨水绿地中的特殊景观。可参与性的有游泳、划船、冲浪；观赏性的龙舟竞渡、彩船巡游；公共交通性的像渡船、水上巴士等水上活动。具体选择何种活动要根据水体的形态、水量的多少以及水中情况而定。在绿地的岸线附近应设置与之相关的设施，如更衣室、码头、栈桥、水边观景席等公共设施。

2. 近水景观及相应活动

城镇用地情况较为紧张的滨水绿地，或小型水体之侧的滨水绿地，其近水的岸线一侧通常被做成亲水的游憩步道、观景带，供人散步。如果水体是规模较大的湖泊、大海，岸线一侧往往保留相当宽度的滩涂，利用不同的滩涂形貌可以设计诸如捡拾贝类、野炊露营、沙滩排球、日光浴等的活动场所，兴建与之相关的配套设施，从而形成一种滨水景观场景。

3. 临水景观及相应活动

在水体岸线到绿地内侧红线的范围内，目前一般被设计成游园的形式。虽然依据不同的布置，可区分为规则式、自然式或混合式等多种类型，但游人在其中的主要活动都可以纳入静态利用的范畴。因滨水绿地有良好绿地以及水体的存在，空气会变得格外的清新，只要绿地面积允许，还能设置更多的参与性活动，除了现在已为人们逐渐重视的健身广场外，还可考虑各种小型的露天运动，如迷你高尔夫、双人或多人自行车场地等活动，这将使滨水绿地形式更为多样、景观特色更为突显。

（三）滨水绿地景观的设计

1. 水体与绿地

“水”与“绿”往往有着密切的依存关系，良好的水环境有利于滨水绿地中各种植物的生长；茂盛的植被也会因地下水得到净化而改善水体的水质。在景观方面，“水”与“绿”具有强烈的一体感，共同组成互为补充的滨水绿地景观特定形象。

滨水的绿地可通过植物的种类、形态来展现滨水风貌。树种的选择方面应考虑当地的环境条件，以使植被与水体的风格统一，并突出其地方特色，植物栽培方法上应根据城市轮廓及绿地本身的要求予以配置，因地制宜地运用植物造景来装点绿地的重点区段，用开阔布置来使绿地空间产生变化，以高低错落形成带状天际线的起伏。

2. 水景与街景

在滨水绿地景观设计中，对一些可以安排水上活动的水体或有船只通行的河道，除了要考虑绿带内观赏水景的需要外，还需考虑在水中领略岸上绿带风光和建筑景观的要求，所以不可中断街景与水

图5-7 水景与街景的联系

面景色间的联系。沿道路一侧应该用乔木与灌木的组合以形成绿色的隔离屏障，但过于封闭的绿带有时会切断水面与街景的联系。通常用整形绿篱加以围合的绿地将绿地隔离带控制在50～80cm,使之既起到一定的防护作用，又使水体、绿地和街道建筑能够在视线上相互贯通，融为一体。采用自然风景林、花灌木树群布置的绿地则由于花木的高低起伏、前后错落能形成通透视线的间隙，从而达到从水面到临街建筑间的自然过渡（见图5-7）。

3. 水生物的作用

自然的滨水地带生长着各种水生植物，生活着许多鱼鸟动物，形成了原生物种群。治理水源，可使鱼鸟动物回归，但滨水绿地景观的营建往往忽略自然状态的植被体系。保护水体固有的生态群落，适当地予以恢复，可以让滨水绿地呈现出自然的野趣，从而打破过于程式化格局，形成良好的植物群落及形成生物多样性（见图5-8）。

（四）游览交通路网设计

完整的滨水景观空间应包括水体、绿地以及相邻的滨水建筑所构成的景观区域，在变化丰富的空间中观景或交通线路比一般的城市带状绿地呈现出丰富多样化的景观效果。

1. 水上交通

只要水体条件允许，利用水体开辟游览线路不失为好的方式。坐船游览不仅解除了在长长的绿地中漫步的劳顿，而且因远离了绿地，视距发生改变，可以更全面地观赏水面及绿地背后的城市景观；身处船中又使人与水的距离更近，

图5-8 滨水绿地游憩步行道

满足了亲近水体、接触水体的要求；而行进在水中的舟船也可以装饰水面，使水体更具活力。设置水上交通需要考虑船只的停靠点，不仅要使之成为绿地游览线路的衔接处，而且还应成为景观空间的结合部，因此对于码头、集散广场、附属建筑和构筑物都要进行精心的设计。

2. 游憩步行道

如果将滨水绿地设置为供人休闲散步的游憩林荫道，其中至少要将一条人行步道沿岸线布置。为了让人感受到水面的开阔或能够亲近和接触水体，临近水边的道路应尽可能将路面降低。临水一侧的步道应与堤岸顶相一致，为避免植物根系的生长破坏堤岸，水边不宜搞种植。如果水位的高差变化不大，堤岸可做成阶级型或护坡型，以使其显得自然。尤其是土筑堤岸，其自然的特征更为明显。但若水位的变化较大，护坡会使游憩步道在枯水期远离水面，所以应改为驳岸型。对于大型水体，需要用石料驳砌，具体采用整形驳岸还是自然叠石驳岸则可以依据具体的情况予以选择。

绿化带内若设有两条或两条以上的人行步道，则可以根据位置予以不同的设计，使之呈现其特色。内侧的步道可以布置自然式的乔、灌木，以形成生动活泼的建筑前景。树荫之下可设置造型各异的休息座椅。绿化带内的适宜位置布置各类凉亭、花架、山石、喷泉、景墙、栏杆、灯柱等，与花木做有机的结合，使之成为富有景观艺术特色的休憩场所。

3. 自行车道

滨水绿地具有一定宽度，且长度较长时，可在绿地内设置自行车道，但要与游憩步道分开设置。在绿地中布置自行车道，一般应安排在靠近机动车道的一侧，但如果步行道采用高位时则可将自行车道靠岸线布置。按照景观设计的要求，自行车的行进道路上尽量取直，避免出现过小的弯道。路面需要平坦，且有一定的宽度。在绿地的入口处或间隔带一定距离应设置自行车的停车场地，并在其周边种植绿篱，以保证与绿地环境的协调统一。

第四节　道路绿地景观设计

道路绿地景观规划设计是城镇绿地系统的重要组成部分，它以网状和线状形式，将整个城镇绿地系统连成一个整体。道路绿地具有改善城市生态环境、组织交通、美化环境三大功能。道路绿地以其丰富的植物景观、多样的绿地形式和多变的季相色彩丰富着城市空间和景观效果。

一、道路绿地的设计原则

城市区域内的道路可以分为高速公路、城市快速干道、城市主干道、次干道、支路、居住区内部道路等。城市道路规划设计应统筹考虑道路功能性质、人行车行要求、景观空间构成、立地条件、市政公用及其他设施关系，并要遵循以下原则：

（一）道路绿地与交通组织相协调

道路绿地设计要符合行车视线要求和行车净空要求。在道路交叉口视距三角形范围内和弯道处的树木不能影响驾驶员视线通透；在弯道外侧的树木沿边缘整齐连续栽植可预告道路线形变化，诱导行车视线；弯道内侧则要注意留出足够的视距。各种道路在一定宽度和高度范围内必须留出车辆运行空间。同时要利用道路绿地的隔离、屏障、通透、范围等功能设计绿地。

（二）发挥防护功能作用

改善道路及其附近的地域小气候生态条件，降温遮荫、防尘减噪、防风防火、防灾防震是道路绿地特有的生态防护功能，是城市其他硬质材料无法替代的。规划设计时可采用遮荫式、遮挡式、阻隔式手法，采用密林式、疏林式、地被式、群落式以及行道树式等栽植形式。

（三）体现道路绿地景观特色

道路绿地景观是城市道路绿化的重要功能之一。城市主干道绿地景观设计要求各具特色和风格，许多城市希望做到“一路一景”“一路一特色”等。道路绿地景观规划设计还要重视道路两侧用地，如道路红线内位于两侧的绿化带，道路红线外建筑退后红线留出的绿地。如，深圳市规定在道路普遍绿化的基础上，在城市主次干道两侧红线以外至建筑红线之间各留出30～50m宽的绿地建设道路花园带，使深圳市的道路花园景观带在国内城市中独具特色。

（四）树木与市政公用设施统筹安排

道路绿地中的树木与市政公用设施的相互位置，应按有关规定统筹考虑，精心安排。布置市政公用设施应给树木留有足够的生长空间，新栽树木应避开市政公用设施。各种树木生长需要有一定的地上、地下生存空间，以保障树木的正常发育、保持健康树姿，担负起道路绿地应发挥的作用。

（五）道路绿地树种选择要适合当地条件

街道上的树木的生长条件较差——狭小的树坑，劣质的土壤，缺乏水分、空气和肥料的土壤等。首先是适地适树，要根据本地区气候、土壤等环境条件选择适宜在该地生长的树木，以利于树木的正常发育和抵御自然灾害，要选择抗污染、耐修剪、树冠完整、树荫浓密的树种，保持较稳定的绿地景观。另外，道路

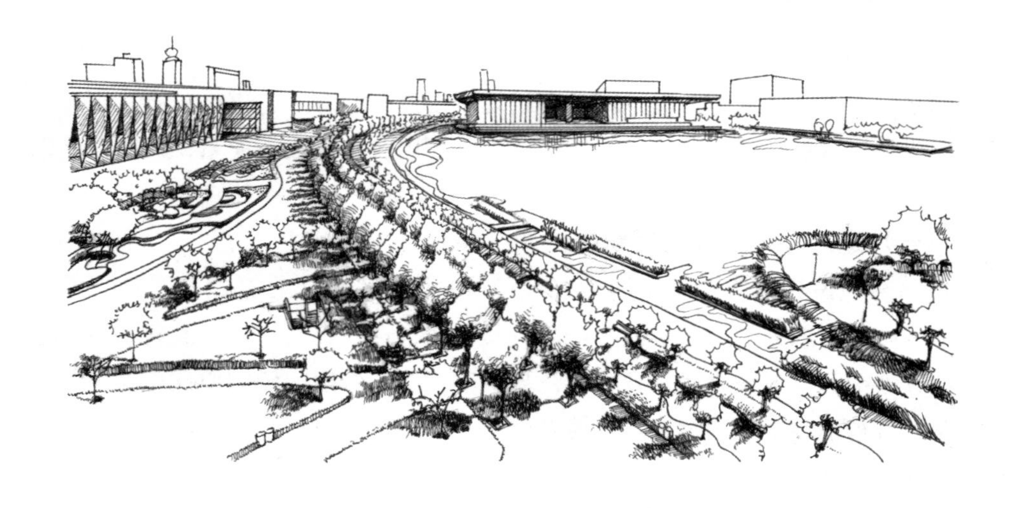

图5-9 天津文化中心绿地

绿地植物应以乔木为主，乔木、灌木和地被植物相结合，提倡进行人工植物群落配置，形成多层次道路绿地景观效果。

（六）道路绿地设计应考虑近期和远期效果相结合

道路树木从栽植到形成较好景观效果，一般需要多年时间，道路绿地规划设计要有长远观点，栽植树木不宜经常更换、移植。近期与远期要有计划地安排，使其既能尽快发挥功能作用，又能在近期、中期、远期都保持较好的景观效果（见图5-9）。

二、道路绿地的功能

树木花草具有可观赏性，从人的审美要求出发，进行规划设计，调整植物配置，将道路绿地从单一承担消除污染的物理功能向使人赏心悦目的心理功能转化，变单纯的行道向具有道路景观功能转化。从造型艺术角度看，建筑、道路乃至道路上的各种附属设施通常呈现出人工的点、线、面、体特征，属硬质景观。使用绿地、借助树木的自然特质，可以柔化人工点、线、面、体的生硬，从而映衬建筑，使城市景观效果更为生动美观。树木的一定体量具有遮蔽作用，使之趋于整洁美观而达到整体统一。利用各种植物的可观赏性还会使道路本身成为景观。选择不同的花木进行相应的设计，不仅能使道路更为美观，还可以令不同的路段形成各自的特色。如果将道路、道旁的专用绿地与整个城镇的绿地系统进行统一的规划，能使城镇的整体风貌在和谐统一之中产生丰富多彩的城镇景观特色。

许多植物不仅姿形美观，花色动人，而且其枝叶花果还具有相当的经济价值，利用城镇所在地不同的自然条件以及道路在城镇中所占有的较大的面积比重，选择适应当地生长，并有地方特色的树木与花草，不单能营造一种别致的城镇风情，还可以产生一定的经济效益。如新疆吐鲁番用葡萄棚架装点道路；江南城市以香樟、银杏栽种于道路的两旁。这些做法既美化了城市街道，丰富了城镇景观，又充分展现出当地的地域风情（见图5-10）。

图5-10 道路绿化带

三、道路绿地景观的规划设计

（一）基本内容

道路绿地主要是指道路红线之内的行道树、分隔绿地带、交通岛以及在范围内的游憩林荫道等。考虑到道路绿地的整体性，还可以将位于道路两旁或一侧的街边绿地、滨河绿带以及游憩景观带等纳入道路绿地的范围，形成整体统一的城镇绿地生态系统，道路绿地规划应以提高道路的通行能力、并保证安全为前提，所以利用各种绿地形式，对道路空间进行必要的分隔是规划考虑的首要问题。随着人们生活水平的提高，便利、舒适与美观日益成为人们的基本需求之一，道路绿地的景观要求也逐渐上升，因此在规划中还需要引入社会的审美观念、人的行为分析以及环境心理研究等方面的内容，使道路绿地景观成为城镇宜人环境的组成部分。

（二）条件分析

进行道路绿地规划，熟悉相关的政策法规。理解和分析城市规划法、道路设计规范，掌握道路工程以及道路景观设计方面的理论，对于提高城镇绿地景观具有重要意义。城市道路系统在规划时应该对道路的位置、交通、现状等情况加以分析，根据主次关系，提出规划的构想及目标，制订方案，预测实施后的效果。

城镇道路是一种呈网络状结构的体系，由主干道、次干道以及支路小巷交织而成。对于以行车为主的道路，应优先考虑分隔绿带和交通岛的合理布置。为防止车辆排出的废气，扬起的尘土和发出的噪声对道路两侧的居民和行人产生不良影响，在车道和人行道之间设置一定宽度的种植带也是非常必要的。在商业或文化设施集中的繁华街区，由于人口密度较高，过多的车辆容易发生意外，所以在条件允许的情况下最好将其设计为步行街，并进行良好的绿地景观设计，让行人获得一处安全、整洁、幽雅的活动和休息场所。居住区附近的道路绿地规划设计，需要具有优美、宁静、舒适的生活气氛，因此除了道路两旁种植有巨大树冠的高大乔木外，还需布置适量的花坛，形成近似于游憩林荫道的形式，也可考虑与居住区内的绿地、小游园相互贯通。

（三）景观设计

道路绿地规划无论从整个城镇的用地，还是以城镇绿地系统来说，道路绿地都占有相当的比重，其规划设计，可能直接影响到整个城镇的功能和景观。所以，道路绿地的规划设计通常需要从功能作用、生态环境、景观效果等方面首先考虑。道路绿地规划设计在层次上从属于城镇总体规划重要组成部分，以城镇的地理位置、环境条件、经济文化性质、道路的使用功能为出发点进行定位，从而使道路绿地从整体上体现出自己的特色。对于具体的路段性质的差异也会形成不同的设计要求，在同一座城镇之中，与城镇特征相适应的秩序应该成为城镇道路绿地的主调，在整体统一的前提下，寻求不同道路绿地规划设计的个性和变化，这不仅可以丰富城镇的景观，而且还有利于突出道路的可识别性。

四、道路绿地的断面形式

道路绿地的断面布置形式取决于道路横断面的构成，我国目前采用的道路断面以一块板、两块板和二块板等形式为多，与之相对应的道路绿地的断面形式也形成了一板二带、二板三带、三板四带、四板五带等多种类型（见图5-11）。

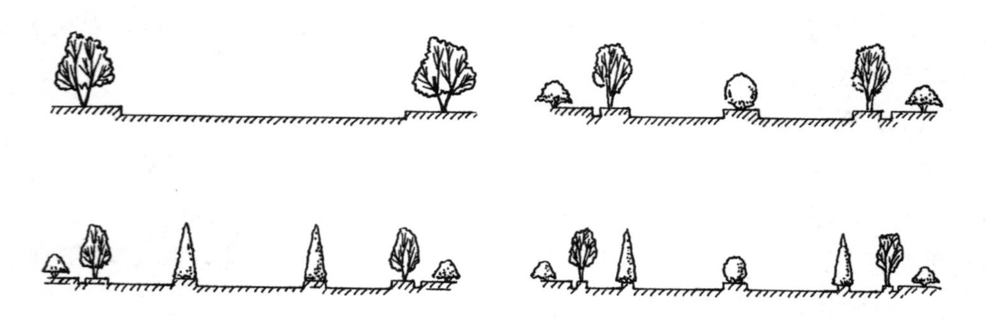

图5-11 道路绿地的断面形式

（一）一板二带式

在我国许多城市中最为常见的道路绿地形式为一板二带式布置。当中是车行道，路旁人行道上栽种高大的行道树。在人行道较宽或行人较少的路段，行道树下也可设置狭长的花坛，以种植适量的低矮花灌木。这种布置的特点是简单整齐、管理方便、用地经济。但为树冠所限，当车行道过宽时就会影响遮荫效果，同时也无法解决机动车与非机动车行驶混杂的何题。由于仅使用了单一的乔木，显得较为单调，所以通常被用于车辆较少的街道或中小城市。

（二）二板三带式

当行驶的机动车较多时，需要用绿地带在路中予以分隔，形成单向行驶的两股车道，其路旁的绿地设计与上述一板二带相似，因而就形成二板三带式的格局。采用二板三带式布置，中间有了分隔绿带，可以消除相向行驶的车流间的干扰。为使驾驶员能观察到相向车道的情况，分隔绿带中不宜种植乔木，一般用草坪以及不高于70cm的灌木进行组合，这既有利于视野的开阔，又可以避免夜晚行车时前灯的照射眩目。利用不同灌木的叶色花形，分隔绿带能够设计出各种装饰性图案，增添提升道路景观效果。其下可埋设各种管线，这对于方便铺设、检修都较有利。此类布置主要用于机动车流较大、非机动车流量不多的地带。

（三）三板四带式

为解决机动车与非机动车行驶混杂的问题，可用两条绿地分隔带将道路分为三块，中间作为机动车行驶的快车道，两侧为非机动车的慢车道，加上人行道上的绿地，呈现出三板四带的形式。快、慢车道间的绿地带既可以使用灌木、草坪的组合，也可以间植高大乔木，从而丰富了景观的变化。尤其是在四条绿地带上都种植了高大乔木后，道路的遮荫效果较为理想，在夏季行人和各种车辆的驾驶者都能感觉到凉爽和舒适。这种断面布置形式适用于非机动车流量较大的路段。

（四）四板五带式

在三板四带的基础上，再用一条绿地带将快车道分为上下行，就成为四板五带式布置。它可避免相向行驶车辆的相互干扰，有利于提高车速、保障安全，但道路占用的面积也随之增加。所以在用地较为紧张的城市中不宜采用。

（五）其他形式

除了上述的几种道路绿地断面布置外，还有像上海肇嘉滨路在两路之间布置林荫游憩路、苏州干将路两街夹一河以及滨河设置临水绿地和道路的，形式上似乎较为特殊，但实际上也是上述几种基本形式的变体或扩大的结果。此外，不同地理位置的城镇对道路绿地的要求也不相同。南方夏日气候炎热，遮荫是必须考虑的重要因素；而北方冬季气温较低，争取更多的光照也将成为道路绿地的侧重点，因此道路绿地设计的形式也应根据地域的特点而有所变化。

五、道路绿地的种植设计

（一）种植的类型

单纯的种植或许仅仅只是一株或一丛植物而已，无论从物理功能还是心理功能上说都并无具体的意义，但如果与周边的要素形成联系，就能产生诸如遮蔽种植、隔声种植、防眩种植或景观种植等效用。

1. 遮蔽种植

遮蔽种植是利用植物的一定体积，阻挡视线、光线以及尘埃、废气。就路旁建筑中居住、工作的人群而言，树木的遮蔽作用可以使他们免受道路行车的干扰；对路上的行人及驾车者来说，巨大的树冠不仅能遮挡夏日的阳光，给人带来清凉，而且还可将不希望让人看到的建筑或构筑物隐于花木之后，以起到遮蔽、掩映的作用。

2. 隔声种植

隔声种植是长期生活于噪声的环境中会对人的身心造成严重的伤害，车辆行驶随着速度的提高噪声也会成倍增加，因此在车道的两旁合理配植高矮不同的树木，能达到吸收声波降低噪声为目的的种植。

3. 防眩种植

防眩种植是驾驶员在快速行车时，精神处于高度紧张状态，如果此时受到意外的干扰，就会出现危险。城镇之中建筑上的窗户玻璃、玻璃幕墙常常会产生无规则的反光，而车辆本身除了车身玻璃、金属外壳会形成光线的反射外，还有灯光的照射，这些偶然的因素往往会给人以突然的干扰，引起错误的反应而造成行车危险。因而可以用绿地种植来遮挡这些有害光线。

4. 观赏种植

观赏种植是树木的姿色形态对人具有相当的吸引力，人们面对花木能够产生愉悦和快感。利用人的情趣、喜好，依据其审美心理，将不同的花木按一定的规律布置，就会产生赏心悦月的景观效果。

（二）行道树种植

行道树是道路绿地中运用最为普遍的一种形式，对于遮蔽视线、消除污染具有相当重要的作用，所以几乎在所有的道路两旁都能见到其身影。行道树及其种植形式有树池式、带状式、景观式、组群式几种。

1. 树池式种植

在行人较多或人行道狭窄的地段经常采用树池式行道树的种植。树池内的泥土略低，以便使雨水流入，同时也避免了树池内污水流出，污染路面。必要时可以在树池上敷设留有一定孔洞的树池保护盖则更为理想。由于树池面积有限，会影响水分及养分的供给，从而会导致树木生长不良。同时树与树之间增加的铺装不仅需要提高造价，而且利用效率也并不太高。所以在条件允许的情况下尽可能改用种植带式。

2. 带状式种植

带状式种植一般是在人行道的外侧保留一条不加铺装的种植带。为便于行人通行，在人行横道处以及人流较多的建筑入口处应予中断，或者以一定距离予以断开。

3. 景观式种植

人行道的纵向轴线上布置种植带，将人行道分为两半。内侧供附近居民和出入商店的顾客使用;外侧则为过往的行人及上下车的乘客服务。种植带内除选用高大乔木作为行道树外，其间还可栽种草皮、花卉、灌木、绿篱等。当种植带达到一定宽度时，可以设计成景观林荫小径。

4. 组群式种植

组群式种植带的最小宽度不应小于1.5m，可在遮阳乔木之间布置绿篱或花灌木，这对提高防护效果及增强景观作用都十分有益。当宽度在2.5m左右时，种植带内除了种植一排行道树外，还能栽种两行绿篱，或在沿车行道一侧布置绿篱，另一侧使用草坪、花卉。当种植带达到5m宽时，其间可以交错种植两排乔木，对丰富城市景观风貌具有很大作用。

（三）行道树的选择

相对于自然环境，行道树的生存条件并不理想，通风不良，土壤较差，供水、供肥都难以保证，长年承受汽车尾气、城市烟尘的污染，加上地下管线对植物根系的影响等，都会有害于树木的生长发育。所以选择对环境要求适应性强、生长力旺盛的树种就显得十分重要。

1. 树种的选择首先应考虑它的适应性。当地的适生树种经历了长时间的适应过程，产生了较强的耐受各种不利环境的能力。抗虫害力强，成活率高，而且苗木来源较广，应当作首选树种。

2.考虑到景观效果，行道树需要主干挺直，树姿端正，形体优美，冠大荫浓。落叶树以春季萌芽早、秋天落叶迟、叶色具有季相变化为佳。

3. 浅根树种容易为风刮倒，会对行人或车辆造成意外伤害，在易遭受强风袭击的城市不宜选用；而萌发力强、根系特别发达的树种，树种下部小枝易伤及行人或根系隆起破坏路面而不宜选用。此外，还应避免在与行人接触的地方选择带刺的植物。

4. 行道树为保持其畅通，需要对树木进行修剪。为避免树木的枝叶影响道路上部的架空线路，也要经常整枝剪叶。所以选用作为行道树的树种需要具有较强的耐修剪性，修剪之后能快速愈合，不影响其生长。

（四）行道树的主干高度

行道树主干高度需要根据种植的功能要求、交通状况和树木本身的分枝角度来确定，从卫生防护、消除污染的方面讲，树冠越大分枝越低，对保护和改善环境的作用就越显著，但分枝过低对于行人及车辆的通行就会带来妨碍。一般来说，分枝在3m以上就不会对行人产生影响；而考虑到公交车辆以及普通货车的行驶，树木横枝的高度就不能低于3.5m；考虑到各种车辆会沿边行驶，公交汽车要靠站停顿，所以行道树在车道一侧的主干高度至少应在3.5m以上。此外树木分枝角度也会影响行道树的主干高度，如钻天杨，因其横枝角度很小，即使种植在交通繁忙的路段，适当降低主干高度，也不会阻碍交通；乔灌木种植与各种工程设施的间距（见表5-1）。以下表中所列仅可作为种植设计时的参考，具体运用还是应根据实际情况予以确定。

表5-1　乔木和灌木的株距标准（m）

树木种类		种植株距			
		游步道行列树	树篱	行距	观赏防护林
乔木	阳性树种	4～8			3～6
	阴性树种	4～8	1～2		2～5
	树　丛	0.5以上		0.5以上	0.5
灌木	高大灌木		0.5～1.0	0.5～0.7	0.5～1.5
	中高灌木		0.4～0.6	0.4～0.6	0.5～1.0
	矮小灌木		0.25～0.35	0.25～0.3	0.5～1.0

六、交叉口、分隔带和街旁绿地的设计

（一）交叉口的绿地设计

城镇道路的交叉口是车辆、行人集中交汇的地方，车流量大、干扰严重，容易发生事故。为改善道路交叉口人、车混杂的状况，需要采取一定的措施，其中合理布置交叉口的绿地就是最有效的措施之一。

交叉口绿地由道路转角处的行道树、交通绿岛以及一些装饰性绿地组成。为保证行车安全，交叉口的绿地布置不能遮挡司机的视线，要让驾车者能及时看

清其他车辆的行驶情况以及交通管制信号，所以在视距三角区内不应有阻碍视线的遮挡物。但道路拐角处的行道树，如果主干高度大于2m，胸径在40cm以内，株距超过6m，即使有个别凸人视距三角区也可允许，透过树干的间隙司机仍可以观察到周围的路况。若要布置绿篱或其他装饰性绿地，则植株的高度要控制在70cm以下。位于交叉口中心的交通绿岛具有组织交通、约束车道、限制车速和装饰道路的作用，依据不同的功能又可以分为中心岛、方向岛和安全岛等（见图5-12）。

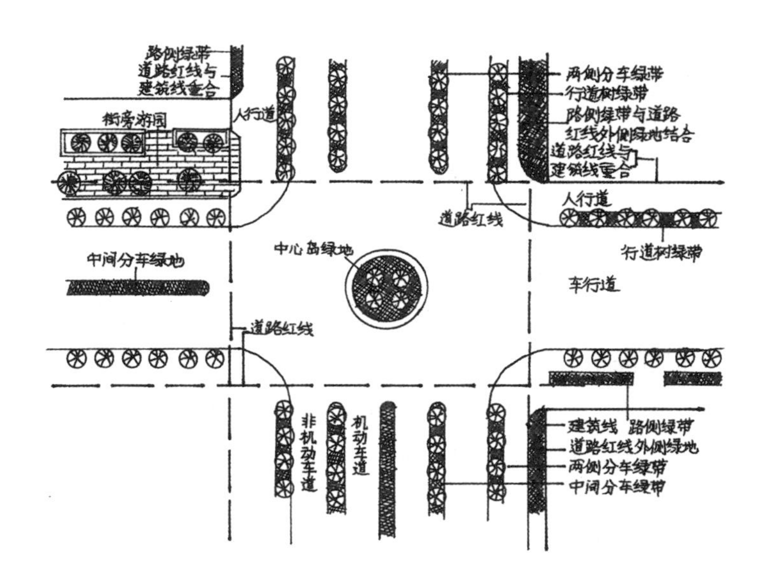

图5-12 道路绿地名称与位置示意图

中心岛主要用以组织环行交通，进入交叉路口的车辆一律作逆时针绕岛行驶，可以免去交通警和红绿灯。一般中心岛以嵌花草皮花坛为主，或以常绿灌木组成简洁明快的绣像花坛，中心部位可以设立雕塑或种植体型优美、观赏价值较高的乔灌木，如北方常用雪松、银杏，南方有用香樟、榕树等等，用以突出景观的主体。

方向岛主要是指引车辆的行进方向，约束车道，使车辆转弯慢行，保证安全。绿地以草坪为主，面积稍大时可选用尖塔形或圆锥形的常绿乔木，种植于指向主要干道的角端，而在朝向次要道路的角端栽种圆球状树冠的树木以示区别。

安全岛是为行人横穿马路时避让车辆而设，如果行车道过宽，应在人行横道的中间设置安全岛，以便行人过街时短暂的停留，以保障安全。安全岛的绿地主要使用草坪。

居住区内，道路以步行为主，兼有少量的车辆，道路的交叉口有时也会布置中心岛，但其功能更多地在于限制车速和进行装饰。所以应往意它们的装饰性，可结合居民的游憩，做成小游园。中心部位可布置花坛、水池、喷泉等装饰性强的小品，其周边设置铺装道路，供散步用，外缘安设坐椅、花架，配植遮荫乔木，使之成为具有安静、舒适、卫生的休息环境。为了不受外界的干扰，中心岛的外缘沿边密植整形绿篱及大乔木。采用自然式布置，可种植不同风格的观赏树丛、树群、花卉、草坪，或配以峰石、水体，以体现出自然、生动丰富的景观效果。

（二）分隔带的绿地

设置分隔带的目的是为了将人流与车流分开，将机动车与非机动车分开，以提高车速，保证安全。

分隔带的宽度与道路的总宽度有关。高速公路以及有景观要求的城市道路上的分隔带可以宽达20m以上，一般也需要4～5m。市区主要交通干道可适当降低，但最小宽度应不小于1.5m。分隔带以种植草坪和低矮灌木为主，不宜过多地栽种乔木，尤其是快速干道上，司机在高速行车中，两旁的乔木飞速后掠会产生眩目，而入秋后落叶满地，也会使车轮打滑，容易发生事故。城市道路的分隔带允许种植乔木，但间距应根据车速情况予以考虑，通常以能够看清分隔带另一侧的车辆、行人的情况为度。其间布置草坪、灌木、花卉、绿篱，高度控制在70cm以下，以免遮挡驾驶员的视线。为便于行人穿越马路，分隔带需要适当分段。除了高速公路分隔带有特殊的规定外，一般在城市道路中以75～100m为一段较为合适。此外分隔带的中断处还应尽量与人行横道、大型公共建筑以及居住小区等的出入口相对应，以方便行人的使用。

（三）街旁绿地

街旁绿地主要是临街建筑与道路红线之间的绿化带，其设置对于保护环境、美化城市街景具有重要的作用。为使路上的行人获得犹如置身于幽雅、美观、清净、舒适的园林环境的感觉，街旁绿地应该是开敞的。对于沿街的公共建筑、适当辟出一定的绿地面积不仅可给行人、车辆留出缓冲的空间，而且还能起到烘托和装饰建筑景观的作用，所以近年来许多城市对临街建筑的兴建或改建，都提出了留有绿地的要求。而像上海等老城市在有些街道无法以新增街旁绿地来美化街景景观的情况下，采取“破墙透绿”的做法，用透空的铁篱替代厚实的砖墙，将原本被围于墙内的花木植被经整治后引入街道，使之连为一体，收到了良好的景观效果。

由于建筑性质的不同，其出入口形式和位置会有较大的差异，地下管线的分布、退入红线的距离也不一致，所以街旁绿地的形式与布置也有一定的区别，但须注意相邻绿地之间应保持协调，与道路的其他绿地也应整体统一。可用作街旁绿地的地方往往也是地下管线埋设较为集中的位置，考虑到管线施工，尽可能少用乔木，应注意相互间的距离。通常情况下在较狭窄的街旁绿地上，应以草坪为主，四周可用花期较长的宿根花卉或常绿观叶植物，如马蔺等予以镶边;内用低矮花灌木，外侧围以书带草、葱兰等多年生草本植物。较宽的街旁绿地则在布置草坪、绿篱、草本花卉之外，可适当点缀一些花色艳丽的花木，如石榴、碧桃、樱花、海棠等等。在不妨碍行人及顾客的地方设置适量的花坛、喷泉、水池等，则可为商店增添自然和亲切感，丰富建筑空间层次感，又有利于城市街道景观呈现出丰富而富有变化的美感。

第五节　立交桥、高速干道绿地景观设计

一、公路的绿地景观设计

城镇公路绿地与街道绿地有着共同之处，但也有其特殊点；公路距居民区较远，常常穿过农田、山林，没有城市复杂的地上地下管网和建筑物的影响，树木的人为损伤也较少。

公路绿地是根据公路的等级、路面的宽度决定绿地带的宽度及树木的种植位置。路面不超过9m时，不宜在路肩上植树，要植在边沟以外，距外缘0.5m处为宜。路面在9m以上时，可在路肩上植树，距边沟内缘不小于0.5m，以免树木的根系破坏路基。公路交叉口处应留出足够的视距在遇到桥梁、涵洞等构筑物，5m内不得种树。公路路线上，可于2～3km换一树种，这样可使公路绿地不过于单调，增加公路上的景观变化，也利于行车安全。同时也可防止病虫害蔓延。另外，公路绿地树种选择要注意乔、灌木树种相结合，常绿树种与落叶树种相结合，速生树种与慢长树种相结合，并以乡土树种为主。

公路绿地应尽可能与农田防护林、护渠护堤林和郊区的卫生防护林相结合一起设计，做到一林多用，少占耕地。公路线长、面广，结合生产的潜力很大，可利用树木更新得到大量的木材，可采收枝条如紫槐、柳条等，可收获果树及木本油料、香料植物产品如核桃、乌桕、柿、花椒、枣等。

二、立交桥绿地景观的设计

如今我国一些大的城市都建起了立交桥，由于车辆行驶转弯半径的要求，每处立交桥需要有一定而积的绿地，这种绿地应根据实际情况进行规划设计。

立交桥绿地布置应服从交通功能要求，使司机有足够的安全视距。出入口应有指示性的种植，使司机可以清晰地看清出入口。在弯道外侧，可种植成行的乔木诱导司机的行车方向，同时使司机有一种安全的感觉。在主、次干道汇合处，不宜种植遮挡视线的树木。立交桥绿地可以草坪和花灌木组成的植物图案

为主，形成明快、爽朗的景观环境，调节司机和乘客的视觉和心情。在草坪中心点缀三五成丛的观赏价值较高的常绿林或落叶林，也可得到很好的景观效果。

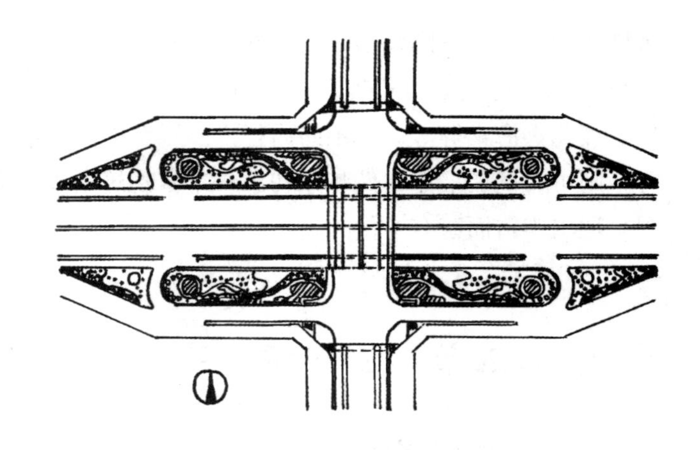

图5-13 北京安华立交桥绿化平面图

立交桥如果位于城市中心地区，则应特别重视其装饰效果，以大面积的草坪地被为底景，草坪上常以整形的乔木做规则式种植形成背景，并用黄杨、小檗、女贞、宿根花卉等形成图案效果，做到流畅明快，既引导交通，又可起到装饰的效果。不宜在此类绿地中设置过于引人注目的华丽花坛和复杂的构筑物造型，以免分散司机的行程安全（见图5-13）。

三、高速路绿地景观的设计

随着国民经济的发展，城市化进程的加快，高速路的建设在我国正逐步形成网络。高速路路面平整，车速快，对绿地设计有着特殊的要求。高速路分为高速公路和城市快速干道。前者的设计时速为80～120km，后者为60～80km。以下的阐述以高速公路为主，城市快速干道可参照之。

（一）设计原则

1.高速公路绿地设计要充分考虑高速公路的行车特点，以“安全、实用、美观”为宗旨。以“绿地、美化、生态”为目标，防护林要做到防护效果好，同时便于管理。注意整体节奏，树立大绿地、大环境的理念，在保证防护要求的同时，创造丰富的林带景观。

2. 满足行车安全要求，保障司机视线畅通，同时对司机和乘客的视觉起到调节作用。高速公路分车带应采用整形结构，通过简单重复形成节奏韵律，并要控制适当高度，以遮挡对面车灯光，保证良好的行车视线。

3. 为丰富景观的变化，道路两侧的防护林树种也应适当加以变化，在同一段防护林带里配置不同的林种，使之高低、枝干、颜色、造型等都有所变化，以丰富绿色景观。在具有竖向起伏的路段，为保证绿地景观的连续，在起伏变化处两侧防护林最好是同一树种，以达到协调统一。

（二）高速公路两侧绿地规划设计

1. 干道两侧的绿地规划设计考虑到沿线景观变化对驾驶员心理上的作用，过于单调容易产生疲劳，所以在修建道路时要尽可能保护原有自然景观，并在道路两侧适宜点缀风景林群、树丛、宿根花卉群，以增加景观的变化，增强驾驶员的安全感、舒适感。

2. 通过绿地种植来预示线形的变化，引导驾驶人员安全操作。提高快速交通的安全，这种诱导表现在平面上的曲线转弯方向、纵断面上的线形变化等，种植时要注意连续性。突出线形变化。

3. 当汽车进入隧道时明暗急剧变化，视觉瞬间不能适应，看不清前方，一般在隧道入口处栽植高大树木，以使侧方光线形成明暗的参差阴影，隧道亮度逐渐变化，以增加适应时间，减少事故发生的可能性。在道路外侧用一定厚度的花灌木形成绿带，减轻减少车辆的意外损伤，但这种灌木带的设计一定要以不影响司机的视线为前提。

4.高速公路中央分隔绿带宽度应为1.5m以上，宽者可达5～10m，分隔绿带的种植设计应以防眩灌木为主，严禁种植乔木，以免树干映入司机视线，产生目眩感觉，发生交通事故。宜采用低矮、修剪整齐的常绿灌木、花灌木种植，但要注意有足够的群体数量和整体感。车道两侧不应种植大量落花落果的植物，以防打滑或落果击伤车辆。

第六章 居住区绿地景观规划设计

第一节 居住区绿地的功能作用

城镇化的快速发展给人们的居住生活环境带来了巨大变化的同时，也给城市带来了包括空气污染、噪声污染、生态失衡等问题。通过绿地规划设计，发挥居住区绿地在物质功能、游憩功能以及综合功能等方面的作用，满足居民对居住区的物质、生态、审美、交往等方面的需求。居住区绿地规划设计作为城市绿地系统的重要组成部分，使绿地规划充分发挥综合效能，以满足居民工作、生活、交往等各方面的需要。

居住区绿地对改善居住环境和城市生态环境具有重要作用。居住区绿地是以改善居住区内小气候，创造安全、卫生、舒适、优美的生活环境为目的而设置的、以种植植物为主的用地。从我国城市用地平衡来看，居住用地占城市总用地的比例很大，一般占城市用地的35%～50%；而绿地又占居住用地的35%以上。从量化的层面上说明居住区绿地是城市绿地系统中的重要组成部分，其建设是城市生态环境建设的重要一环。随着我国国民经济的发展，人民物质、文化生活水平的不断提高，特别是进入信息时代，人们的工作、生活方式均有所转变，对居住环境的要求越来越高，对居住区绿地的规划设计也提出了更高的要求。从使用上看，居住区绿地是居民使用最多，对居民的日常生活、健康状况和精神面貌具有很大的影响。因此优美舒适的绿地景观环境，能为人们创造丰富多彩、富有情趣的生活乐趣，提高居民的生活环境质量。

一、生态保护作用

绿地植物是居住区绿地系统中最基本的生态要素，对居民的身心健康起着重要作用。植物通过枝叶间的摩擦和对外部环境的吸滞反射、折射、阻隔等一系列的物理作用以及植物特有的光合作用等，对居住区环境起到改善与保护作用。主要表现在以下几方面：

1. 居住区绿地能遮阳、降温、增湿和导风等，从而起到调节气温、改善小气候、促进空气交换形成微风等作用。当居住区的绿地覆盖率达到30%时，可为居住区居民提供一个清爽怡人的生活环境。

2. 居住区绿地能吸滞灰尘、吸收有害气体和进行光合作用产生氧气，从而净化空气，提高环境质量。当居住区的绿地覆盖率达到30%时，空气中的二氧化硫可下降90%，总悬浮颗粒下降60%，负离子增加，可为居民创造清洁卫生的居住环境。

3. 居住区绿地能防风、防火、隔声，保护居住区内的生态环境。

二、景观美化作用

在居住区绿地中运用植物的形状、色彩和拟人特征，因地制宜配置设计，形成优美的植物景观，再点缀适当的山石、水体、小品、铺地等，形成良好的户外生态绿地环境，让居民得到美的视觉感受，愉悦心情，促进身心健康。居住区绿地的美化作用通过完善、统一、强调、标志、软化、聚焦和联想等作用，使居住区绿地环境完美统一，形成良好的居住环境。

在规划居住区绿地景观时，应贯彻生态绿地景观网络的理念，以植物造景为主，使居住区与它的外部绿地景观连接成网络，居住区内集中绿地，宅前屋后绿地、阳台绿地、道路绿地、特色绿地，使绿色植物系统融合在一起，形成居住区内绿地景观空间的多元性和生态环境的网络化。居住区外应设置级域性绿地，成为居住区内外绿地的过渡和延生，同时共同构建生态绿地景观网络，美化、净化居住区环境。以不同的植物配置构成的景观空间给人以美的享受。

三、空间组织作用

（一）利用植物创造空间

居住区的室外空间是居民活动最频繁的交往场所，居民对公共空间的要求既要有私密性、半私密性的个人、家庭和小集体活动空间，又要有社会性的交往空间。绿地植物是一种“软”物质，可以通过种植草坪、地被植物来营造开敞空间；通过绿篱、树篱、树墙、垂直绿地、花篱、花架等营造围合空间或半开敞空间；通过乔木的枝叶、棚架营造郁闭空间，应用植物以

图6-1 植物空间构成示意

及植物与建筑的围合，营造出变化不同的空间环境和景观效果，以满足居民生活的需要（见图6-1）。

（二）提供居民户外活动场所

居民的业余时间部分是在居住区内度过的。居住区绿地最接近居民，人们在紧张的工作和学习之余喜欢到绿地松弛一下，以消除疲劳、陶冶情操、丰富生活。绿地的设计，可为居民提供各年龄阶段需要的活动场所，包括儿童游戏、运动、健身锻炼、散步、休息、游览、文化、娱乐、交往等（见图6-2）。

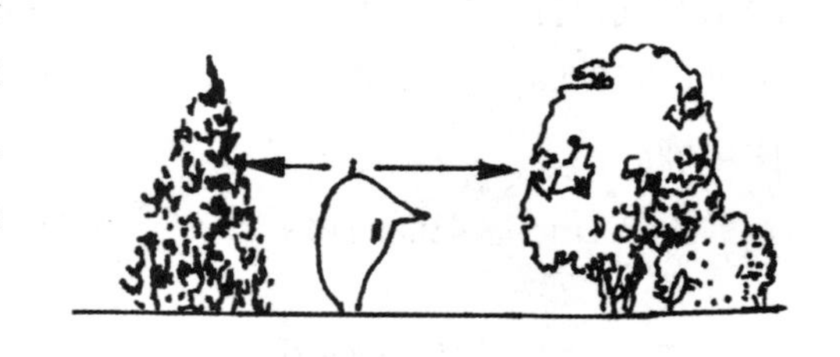

图6-2 夏季构成封闭空间，视线内向

（三）空间序列的组织

居住区中的建筑和绿地在布局、大小，形状、景观及内涵上既统一又有变化，通过合理空间组织，形成一个完整的景观和生态环境空间。居住区绿地可通过交往空间的设计，为人们提供交往、改善人际关系的场所（见图6-3）。另外，居住区绿地具有防震、防火、防御放射性污染、防空等作用。树木具有耐火、防火及阻挡火灾的作用。

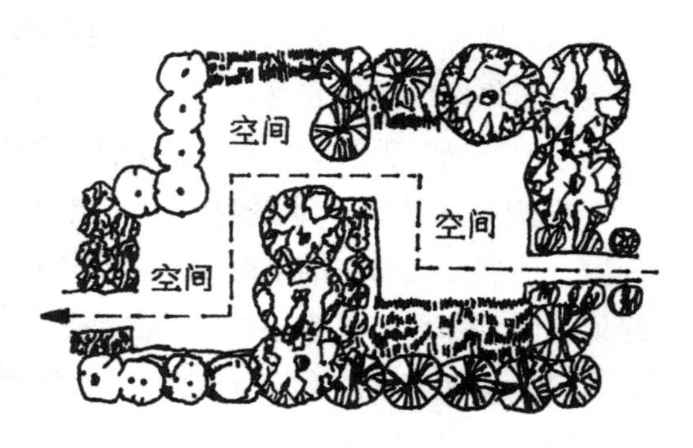

图6-3 草坪和地被限定地平面

第二节 居住区绿地的组成与指标

一、居住区绿地组成

居住区内的绿地，按其功能、性质和规模，可划分为居住区公园绿地、宅旁绿地、道路绿地和配套公建所属绿地。

（一）居住区公园绿地

居住区的公园绿地指满足规定的日照要求、适于安排游憩活动设施、供居民共享的游憩绿地。可分为居住区级公园和小区游园。由于小区游园在设置时往往位置适中，靠近小区主要道路，适宜各年龄组的居民使用，从而集中反映了小区绿地质量水平，景观效果明显。所以，有很多小区又以集中绿地、中心绿地、中心花园等形式出现，以增强绿地景观环境的效果。

（二）宅旁绿地

宅旁绿地是最基本的绿地类型，多指在行列式建筑前后两排住宅之间的绿地，其大小和宽度决定于楼间距，一般包括宅前、宅后以及建筑物本身的绿地，只供四周居民使用。它是居住区内总面积最大、居民最经常使用的一种绿地。有时将宅旁绿地集中使用，可形成组团中心绿地，这也是一种受居民欢迎的形式。

（三）道路绿地

居住区道路绿地是居住区内道路红线以内的绿地，具有遮荫、防护、丰富道路景观等功能，根据道路的分级、地形、交通情况等进行布局设计。

（四）公建所属绿地

居住区内各类配套公共建筑和公共设施四周的绿地称为配套公建所属绿地，如俱乐部、展览馆、电影院、图书馆、商店等周围的绿地，还有其他块状观赏绿地等。其绿地布置要满足公共建筑和公共设施的功能要求，并考虑与周围环境的协调关系。

二、居住区绿地指标

居住区绿地的定额指标是由相关规范制定的用地来衡量居住区绿地质量、水平和效果的计量标准。我国现行的《城市居住区规划设计规范》（GB 50180-93）中采用了绿地率和人均绿地面积两个指标。

（一）绿地率

居住区绿地率是居住这内公园绿地、宅旁绿地、配套公建所属绿地、道路绿地的总和（包括环境水体）占居住区总用地面积的比率（30%）。它是目前规范中采用的用以衡量居住区绿地水平的重要指标。

（二）人均绿地面积（㎡/人）

人均绿地面积是指居住区内每个居民所占有的绿地面积，它等于居住区绿地的总面积除以居住区内居住的人口总数。

（三）人均公园绿地面积（㎡/人）

人均公园绿地面积是指居住区内每人所占有的公园绿地面积。公园绿地包括公园、小游园、组团绿地、广场花坛等。

$$居住区人均公园绿地面积（㎡/人）=\frac{居住区公园绿地面积（㎡）}{居住区总人口（人）}$$

（四）人均非公园绿地面积（m²/人）

人均非公园绿地面积是指居住区内每人所占有的包括宅旁绿地、配套公建所属绿地、河边绿地，以及设在居住这内的苗圃、花圃、果园等在内的非日常生活使用的绿地，按每人所占平方米表示。

$$\text{居住区人均非公园绿地面积（m}^2\text{/人）}=\frac{\text{居住区各种绿地总面积（m}^2\text{）}-\text{居住区公园绿地面积}}{\text{居住区总人口（人）}}$$

（五）绿地覆盖率

绿地覆盖率是指居住区用地上种植的全部乔、灌木的垂直投影面积及花卉、草皮等地被植物的覆盖面积，以占居住区总面积的百分比表示。覆盖面积只计算一层，不重复计算。

$$\text{绿地覆盖率}=\frac{\text{全部乔灌木的垂直投影面积及地被植物的覆盖面积（m}^2\text{）}}{\text{总用地面积（m}^2\text{）}}\times 100\%$$

（六）绿量

绿量亦称“绿地三维量”，是指绿地中所有植物茎叶所占据的空间体积。由于绿地中植物的光合作用都是通过植物的叶子进行的，叶面积对光合作用量及植物净化空气的作用有直接影响。从理论上讲，以叶面积为主要计量依据的绿量，是衡量绿地生态效益的较为全面的指标。从实践上讲，通过增加居住区的绿地面积、调整植物的种植结构、利用屋顶绿地、垂直绿地和阳台绿地等措施，可增加单位绿地面积的绿量。

第三节　居住区绿地景观规划设计

在居住区规划阶段，居住区绿地景观规划设计是与居住区建筑、道路、管线综合规划，同步进行、相互协调、统筹兼顾的工作。运用居住区中的山石水体、地形地貌、植物、道路、建筑及社会风土人情等基本要素和规划设计，以人为本，科学、艺术性地进行空间层次划分、住宅组团组合、景观系列设计、地方特色体现等，充分发挥绿地综合功能，为居民创造优美、舒适、安全、卫生的生活居住环境。

一、绿地景观规划的原则

（一）整体性

居住区绿地系统规划的整体性主要包含两个方面：一是居住区的绿地与城市绿地系统相结合，使居住区内的绿地与城镇绿地相协调；另一方面，居住区内的绿地要从居住区规划的总体要求出发，处理好与空间环境的关系，处理好绿地的层次与组织结构的关系。

（二）系统性

系统性是指居住区内的绿地系统是一个完整的体系。它一般通过集中与分散，重点与一般，点、线、面相结合的原则来实现。

集中与分散：集中——公园绿地；分散——宅旁、宅间绿地。

重点与一般：重点——对住宅区内的公园绿地，从内容形式，进行重点设计，形成绿地系统的“亮点”和居民的游憩中心；一般——对住宅区内的宅旁、宅间绿地及道路绿地采取一般性的设计手法。

点、线、面相结合：对住宅区内的点——公园绿地、线——道路绿地、滨河绿、面——宅旁宅间绿地、配套公建所属绿地配合设置，形成完整统一的绿地景观系统性。

（三）可达性

居住区的公园绿地，各项绿地无论是集中设置还是分散设置，都必须具有使用功能，选址于居民日常出行能经常经过并可顺利到达的地方。为了方便居民，增强对居民的吸引力，便于他们随时自由地使用，公园绿地必须开敞，以提高公园绿地的使用率。

二、绿地景观规划设计的要点

（一）统一规划，均匀分布

居住区绿地规划应在居住区总体规划阶段与其他专业规划设计同步进行，统一规划，相互协调，使居住区内的建筑、道路、管线和绿地等在用地、使用功能与景观效果各方面相互协调，发挥各自的最佳功能作用。在居住区内绿地的布置应充分考虑人的使用因素、绿地的服务半径，做到绿地在居住区内相对均匀分布，使绿地指标、功能得到平衡，居民使用方便。

（二）因地制宜，巧组空间

要充分利用原有自然条件，因地制宜，充分利用地形、原有树木、建筑，以节约用地和投资。尽量利用劣地、坡地、洼地及水面作为绿地用地，并且要特别对古树名木加以保护和利用。植物是营造自然、生态环境的主要材料，居住区绿地景观应以植物为主，并利用植物组织分隔空间。利用植物的色彩、形态、季相变化与植物相互组合形成群落，形成各具特色的绿色空间。还可利用植物的拟人品格营造居住区的植物景观和人文景观。

（三）分级绿地，协调统一

居住区绿地建设应以宅旁绿地为基础，以小区公园为中心，以道路绿地为网络，使小区绿地形成系统，与城区绿地系统相协调统一。①居住区内各组团绿地既要保持格调的统一，又要在立意构思、布局设计、植物选择等方面做到多样化，在统一中追求变化。②居住区绿地的设计要重视生态与环境效应，如通风、光照、庇荫、减低噪声、减少西晒，改善环境卫生与小气候等。③运用垂直绿地，屋顶、天台绿地、阳台、墙面绿地等多种绿地方式，增强绿地景观效果，美化居住环境。

第四节　居住区绿地景观设计

一、公园景观的设计

根据居住区不同的规划组织结构类型，中心绿地通常包括居住区公园（居住区级）、小游园（小区级）。各级中心绿地的设置内容及要求（见表6-1）。

表6-1 居住区游园平面布置形式

形式	布 置 方 式	特点
规则式	采用几何图形布置方式，有明显的轴线，园中道路、广场、绿地、建筑小品等组成对称、有规则的几何图案	整齐、庄重、但形式较呆板，不够活泼
自由式	布置灵活，采用曲折迂回的道路，可结合自然条件，如冲沟、池塘、山岳、坡地等进行布置，绿化种植也采用自然式	自由、活泼，易创造出自然而别致的环境
混合式	规则式与自然式结合，可根据地形或功能的特点，灵活布局，既能与四周建筑相协调，又能兼顾其空间艺术效果	可在整体上产生韵律感和节奏感

居住区公园与城市公园相比，居住区公园在内容设置、景观营造方面有相似之处，而在服务对象、游人游览时间及主题创造等方面都有一定的差异。

相似：居住区公园的面积一般比较大，设施比较齐全，内容比较丰富，有一定的地形、水体；有功能分区、景区划分，除了花草树木以外，有一定比例的建筑、活动场地、园林小品、活动设施。

差异：游人主要是本居住民区的居民，游园时比较集中，多在一早一晚，特别是夏季的晚上为游园高峰，因此应加强照明设施、灯具造型、夜香植物的布置，使之形成居住区公园的景观特色。

（一）居住区公园设计的要点

1. 满足功能要求

应根据居民活动的需求布置休息、文化娱乐、体育锻炼、儿童游戏及人际交往等各种活动的场地与设施。

2. 满足风景、人文审美的要求

以景取胜，应注意环境意境的创作设计，利用地形、水体、植物搭配及人工构筑物塑造景观，形成具有魅力的艺术特色。

3. 满足游览的需要

公园空间的构建与园路规划应结合环境组景，园路既要符合交通的功能需求，又是观赏景观的线路。

4. 满足生态上的需要

多种植树木花草，运用植物的特性，改善居住区的自然景观环境和调节小气候。

（二）居住区公园功能分区与物质构成要素（见表6-2）。

表6-2 居住区功能分区与物质构成要素

功能分区	物 质 要 素
休息、漫步、游览区	休息场地、散步道、凳椅、廊、亭、榭、老人活动室、展览室、草坪、花架、花境、花坛、树木、水面等
游乐区	电动游戏设施、文娱活动室、凳椅、树木、草地等
运动健身区	运动场地及设施、练身场地、凳椅、树木、草地等
儿童游戏区	儿童乐园及游戏器具、凳椅、树木、花草等
服务网点	茶室、餐厅、售货亭、公共厕所、凳椅、花草等
管理区	管理用房、公园大门、暖房、花圃等

二、小游园的设计

小游园面积相对较小，功能亦较简单，均匀分布在居住区各组群之中。为方便居民使用，减小服务半径，常规划在居住区中心地段，亦可在小区一侧沿街布置以形成防护隔离带，美化丰富街景，方便居民及游人休闲，同时可减少噪声及尘土对居民的影响。当小游园贯穿小区时，居民前往的路程大为缩短，如绿色长廊一样形成一条景观带，使整个小区的风貌更为丰富。小游园的面积大小要适宜，小游园可以在居住区中分散设置，其服务半径一般在400～500m为宜（见图6-4）。

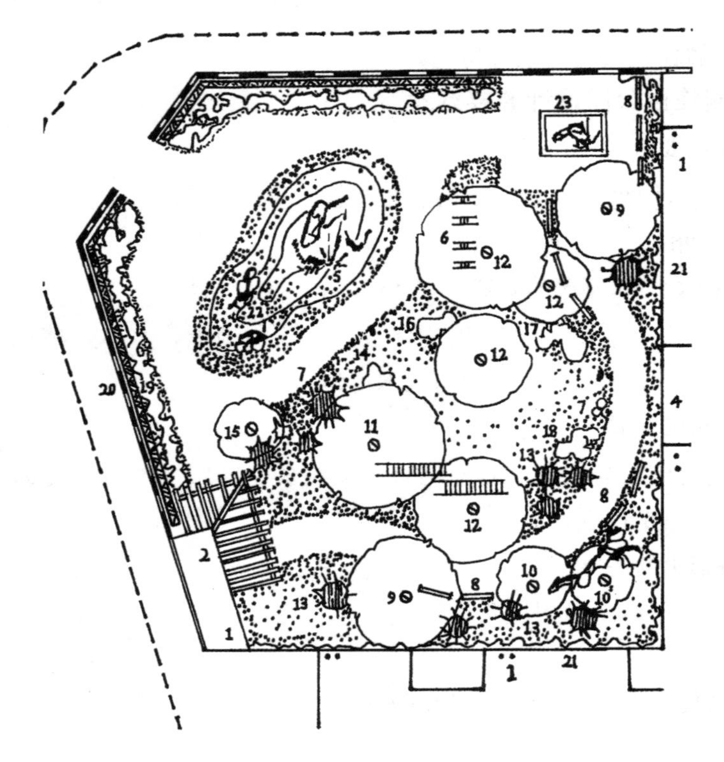

1. 住宅楼； 2. 管理室； 3. 葡萄棚架； 4. 宣传栏； 5. 滑梯； 6. 码头跷跷板； 7. 灯杆； 8. 坐凳； 9. 加杨；
10. 毛白杨； 11. 椿树； 12. 刺槐； 13. 松柏； 14. 丁香； 15. 榆叶梅； 16. 海棠； 17. 珍珠梅； 18. 石榴花；
19. 月季； 20. 侧柏绿篱； 21. 爬墙虎； 22. 山石小品； 23. 盆栽铁树

图6-4 上海市桂林路小游园平面图

（一）小游园设计要点

1. 配合总体

小游园设计应与小区总体规划密切配合，综合考虑，全面安排，使小游园有机地与周围城市绿地衔接。

2. 位置适当

应尽量方便附近地区的居民使用，并注意充分利用原有的绿地基础，尽可能与小区公共活动中心结合起来布置，形成一个完整的居民生活活动中心。

3. 规模合理

小游园的用地规模根据其功能要求来确定，在国家规定的定额指标上，采用集中与分散相结合的方式，使小游园面积占小区全部绿地面积的一半左右为宜。

4. 布局合理

应根据居民不同年龄特点划分活动场地和确定活动内容，场地之间既要有分隔，又要求紧凑，将功能相近的活动布置在一起。

5. 利用地形

尽量利用和保留原有的自然地形及原有植物。

（二）小游园平而布置形式

小游园平面布置形式原则上分为规则式、自由式和混合式。按绿地对居民使用的功能分类，其布置形式可分为开放式、半开放式与封闭式。

三、住宅组团绿地设计

组团绿地供本组团居民集体使用，为组团内居民提供室外活动、邻里交往、儿童游戏、老人聚集等场所。用地规模为40～200㎡，服务半径为100～250㎡，居民步行几分钟即可到达。组团绿地离居民居住环境较近，便于使用，居民在茶余饭后即来此活动，因此游人量比较大，而且游人中有一半左右是老人和儿童，所以组团绿地的规划设计要精心安排不同年龄层次居民的活动范围和活动内容，提供舒适的休息和娱乐环境（见图6-5）。

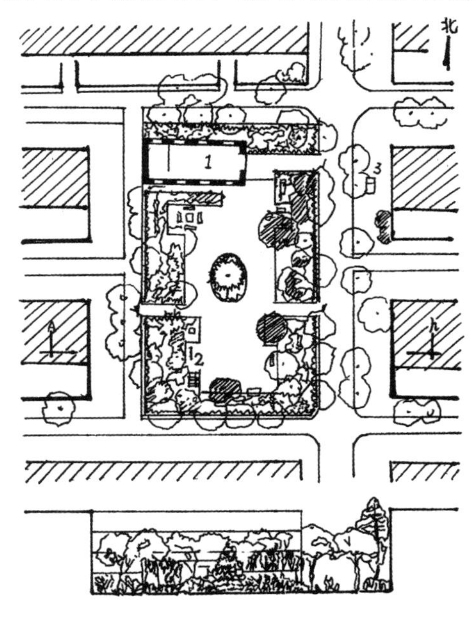

图6-5 住宅组团绿地设计

根据组团规模、大小、形式、特征布置绿地空间，种植不同的花草树木，可强化组团特点。绿地中通过硬质地面、具有特色的儿童游戏设施、花坛、花架、坐凳、一小型水景的设计，使不同组团具有各自的景观特色。通过溪流水径、缓坡草坪、林荫大道、灌木花丛、乔木混交林的种植设计，为居民提供了可观赏可享用的绿色景观环境。组团绿地不宜建过多园林建筑小品，应该以花草树木为主，适当设置桌、椅、简易儿童游戏设施等，以使组团绿地适应居住区绿地功能的生态环境需求，此为设计出发点。

小区的文化内涵是丰富小区的特色、增强居住区活力的重要因素之一。因此在组团绿地设计时要充分融合文化因素，形成特色。如昆明西华小区位于大观河东岸，距以大观楼长联闻名的大观公园仅0.5km之遥。长联中所描绘的“三春杨柳”“九夏芙蓉”“二行北雁”即为这一地区的自然风光。小区设计时保留了这些美景的精髓，将三个组团命名为“春怡里”“夏蓉里”和“秋韵里”。“春怡里”突出春景，建筑风格吸收纳西族井干式民居特色，主色调为白色；“夏蓉里”突出夏的活力；“秋韵里”反映秋天的韵味。各组团均选用云南地方植物突出主题，在小品设计中，运用了地方色彩突出的石林山石、在院落绿地、组团绿地、主入口绿地巧妙布置，形成独有的地方景观文化意境。

（一）住宅组团绿地的设计

1. 开放式

居民可以自由地进人绿地内休息活动，实用性较强，是组团绿地中采用较多的形式。如常州青潭小区的“梅园”“兰园”“竹园”“菊园”四个组闭绿地均采用开放式。

2. 半开放式

绿地以绿篱或栏杆与周围有分隔，但留有若干出入口，居民可出人于内，绿地中活动场地设置较少，一般常设在紧临城市干道，以使之与干道绿地结合在一起，丰富街景效果。

3. 封闭式

绿地被绿篱、栏杆所隔离，其中主要以草坪、模纹花坛为主，不设活动场地，具有一定的观赏性，但居民不可入内活动和游憩，所以使用效果较差，居民不希望过多采用这种形式。

组团绿地的布置还要注意以下两个方面：①出入口的位置、道路、广场的布置要与绿地周围的道路系统及人流方向结合起来考虑；②绿地内要有足够的铺装地面，以方便居民休息活动，也有利于绿地的清洁卫生。一般绿地覆盖率在50%以上，游人活动面积率为50%～60%。为了有较高的覆盖率，并保证活动场地的面积，可采用铺装地面留穴种乔木的方法。

（二）宅旁绿地的设计

宅旁绿地处于住宅的四周及庭院内，大致可分为分散式和集中式两类。分散式一般布置在每栋建筑的前后，适用于行列式的建筑布局；集中式则尽量将有限的绿地集中使用，形成组团绿地，适用于庭院式或自由式的建筑布局。大部分小区都是尽量将二者结合使用（见表6-3）。

表6-3 居住区绿地规划设计

绿地的位置	基本图示	绿地的位置	基本图示
周边式住宅组团中间		住宅组团的侧	
行列式住宅的山墙之间		住宅组团之间	
扩大的住宅间距之间		临街布置	
自由式住宅组团的中间		沿河带状布置	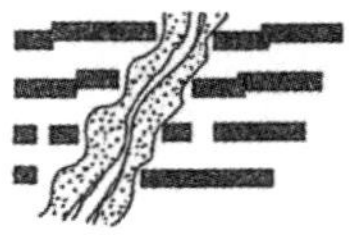

1. 宅旁绿地的特点

用地面积较小，在行列式住宅区宅旁绿地往往是细碎的长条形；位置处于住宅的四周及庭院内，离住户最近，空间的私密性与领域性强；是室外空间向室内空间过渡的区域，与室内空间在通风、采光景观环境等方面有密切的关系；是住户使用频率最高、心理认为最安全的区域；影响绿地建设的地下管线和环境要素较多（见图6-6）。

2. 宅旁绿地的功能

满足以家庭为中心的日常生活活动的空间需要；提供邻居交往的空间；建筑物与种植形式有机组合，解决室内外空间的过渡与衔接；具有一定标志性作用。

图6-6 宅旁绿地

3. 分散式宅旁绿地的设计要点

宅旁绿地是住宅区绿地的最基本单元是居民进出必经之地。北方有些居住区首层带私家阳台花园，变成了私人领域。南方近年来建设的居住区，首层建筑往往是架空层。把架空层与宅旁绿地充分结合，合理组织与过渡，为居民提供休息赏景、幼儿玩耍、成人运动、老人康体的活动空间。宅旁绿地是居民夏季乘凉、冬季晒太阳的重要活动空间。

四、道路绿地景观设计

居住区道路绿地设计是居住区绿地系统中的组成部分，也是居住区“点、线、面”绿地系统中“线”的部分，对整个居住区的绿地起到连接、导向、分割、围合等作用。通过道路绿地连接居住区公园绿地、宅旁绿地、专用绿地等；使各级绿地形成一个整体网络系统。居住区道路绿地具有疏导气流、改善小气候、减少交通噪声、遮荫、保护路面、美化街景、增加居住区绿地面积，提高绿地覆盖率、丰富美化街景的作用。

根据居住区的规模大小和功能要求，居住区道路可分为三级或四级，道路绿地要与各级道路的功能相结合。

（一）第一级道路绿地景观的设计

居住区级道路为居住区的主要道路，是联系居住区内外的通道，车流量较大，车行道宽度一般需9m左右，如通行公共交通时，宽10～14m，红线宽度不小于20m。绿地设计时，由于居住区级道路的路面宽度相对较宽，行车速度比其他等级的道路快，行人多，必须重视交叉口及转弯处的安全三角形问题，在此三角形内不能选用体型高大的树木，只能用不超过0.7m高的灌木、花卉与草坪等。

主干道路面宽阔，选用体态高大、树冠宽阔的乔木，可使干道绿树成荫，形成美丽的道路绿地景观。行道树的主干高度取决于道路的性质与车行道的距离和树种的分枝角度，距车行道近的可定为3m以上，距车行道远、分枝角度小的则不宜低于2m。

在居住区总体规划时，应在道路与居住建筑之间留出一定宽度的绿地，作为绿地隔离带，进行防尘和减噪。绿地设计要依据声波的传播与风向等因素。在设计道路绿地时，如果声源位于居住区的上风方向，种植设计应由低向高，以草坪、灌木、乔木形成多层次复合结构的带状绿地；如果声源位于居住伏的下风方向，种植设计应由高向低。据实测表明，在道路与建筑之间栽植一条5～7m宽的林带，以常绿乔木、灌木配置在垂直距离内可降低8～10dD(A)的噪声。

（二）第二级道路绿地景观的设计

居住小区道路是联系居住区各组成部分的道路，一般车行路宽6～8m，是组织和联系小区各种绿地的纽带，对居住小区的绿地景观有很大作用。这里以人行为主，也常是居民散步之地，树木配置要丰富多样，应根据居住建筑的布置、道路走向以及所处位置、周围环境等加以考虑。在树种选择上，可以多选小乔木及开花灌木，特别是一些开花繁密的树种、叶色变化的树种，如合欢、樱花、五角枫、乌桕、栾树等。每条路可选择不同的树种、不同断面的种植形式，使每条路的种植具有特点。在一条路上以一两种花木为主体。如北京古城居住区的古城路，以小叶杨作为行道树，以丁香为间栽树种。春季丁香盛开，一路丁香一路香，紫白相间一树彩，为古城增景添彩。

（三）第三级道路绿地景观的设计

居住区组团级道路一般以通行搬家或急救车辆、自行车和人行为主，绿地与建筑的关系较为密切，一般路宽4～5m,绿地多采用花灌木。

（四）第四级道路绿地景观的设计

宅前小路是通向各住户或各单元入口的道路，宽2.5m以上供人行为主。高层住宅路应稍宽，以保证清沽车、救护车等顺利通行。绿地布置要适当退后路缘0.5～1m。

居住区内必须布置消防通道，容消防车顺利通达每座建筑。高层建筑要求四面皆可通达，一般要求通道的净空宽高在4m以上，低层建筑为主的地区的消防车配置较低，通道宽度可缩小到3.5m。

居住民道路连接着居民区小游园、宅旁绿地，与居民生活关系十分密切。道路绿地景观设计时，有的步行路与交叉口可适当放宽，并与休息活动场地结合，形成绿地的完整统一景观点。在植物配置方式与植物材料选择、搭配上应突出特色，以不同的行道树、花灌木、绿篱、地被、草坪组合不同的绿色景观，加强识别性。居住区道路与景观是相辅相成的关系。随着道路沿线的空间收放，绿地设计应形成观赏动感，小区内每一个转折点都创造不同的景观，使居民出行过程中赏心悦目。经过每个景观点的设计，人们在小区从南到北、从东到西都能有连续不断的绿地景观变化。

五、植物配置与景观设计

在居住区绿地中，植物既是景观组成要素，又是改善生态环境的重要组成部分。植物的体量、形态、色彩、质感等特性多姿多彩，为营造居住区丰富的绿地景观创造了条件。

（一）植物配置的原则

植物配置是将园林植物进行有机的组合，以满足不同功能和景观设计要求，创造丰富的绿地景观。合理的植物配置既要考虑植物的生态环境条件，又要考虑其观赏特性，既要考虑植物自身美感，又要考虑植物之间的组合之美和植物与环境的意境美。合理地选择树种及配置将充分发挥植物的特性，为居住区绿地景观增色。

居住区植物配置应遵循以下基本原则：

1.乔灌结合，常绿植物和落叶植物、速生树种和慢生树种相结合，适当地配置和点缀花卉草坪。在树种的搭配上，既要满足生物学特性，又要考虑绿地景观效果，创造出安静和优美的环境。

2.居住区绿地一般面积不大，地块细碎，人流密度大，所以植物种类不宜太多，更不能配置雷同，要达到多样统一，在儿童活动场地，要通过少量不同树种的变化，便于儿童记忆辨认场地和道路。

3. 在基调统一的基础上，树种力求变化，创造出优美的林冠线和林缘线，美化丰富建筑群体（见图6-7）。

4. 在栽植上，除行列栽植外，一般要避免等距离栽植，可采用孤植、对植、丛植等，适当运用对景、框景等造园手法。装饰性绿地和开放性绿地相结合，创造出丰富的绿地景观。

图6-7 居住区植物配置

5. 在种植设计中，充分利用植物的观赏特性，进行色彩的组合与协调，通过植物叶、花、果实、枝条和树干等显示的色彩，以季相变化为依据来布置植物，形成不同季节的景观艺术效果。

（二）树种选择

居住区道路绿地树种选择要注重以下要求：

1. 冠辐大，枝叶密。

2. 深根性，由于深根性植物根系生长力强，可向较深的土层伸展，不会因为经常践踏造成表面根系破坏而影响正常生长。

3.耐修剪，要求有一定高度的分枝点(一般3m左右)，消防通道要保证4m高的净空，并具有整齐美观的形态。

4.落果少，无飞毛，无毒、无刺、无刺激性，无落果或飞毛、无污染居民衣物，尤其污染空气环境。

5. 发芽早落叶晚，可增加绿色周期。其他绿地的树种应注意选择乡土树种，结合速生植物，保证种植的成活率和及早成景。

第七章　风景名胜区、森林公园规划设计

第一节 风景名胜区

风景名胜区，指风景名胜资源集中、环境优美、具有一定规模和游览条件，可供人们游览欣赏、休憩娱乐或进行科学文化活动的地域。我国地大物博，从寒温带的黑龙江到赤道附近的南海诸岛，从白雪皑皑的世界屋脊到水系密布的东海之滨，自然景观变化万千，有高山雪域景观，有草原牧场景观，有激流峡谷景观，有海洋沙滩景观，也有优美的乡村田野景观……正是由于这些因素，中国兼备宏伟壮丽的大尺度景观与丰富多彩的小尺度景观以及丰富的自然风景资源。中国历史悠久，文化璀璨，人文景观丰富。在许多优美的自然风景空间中融入了许多优秀的人文景观，包含许多建筑、风物、历史遗迹等文化痕迹，构成了自然风景和历史文化景观的融合，形成一道独具特色的景观资源。美国的国家公园、德国的自然公园，大体相当于我国的风景名胜区。

一、风景名胜区的功能

风景名胜区一般具有独特的地质地貌构造，优良的自然环境，优秀的历史文化积淀，具有游憩、审美、教育、科研、国土形象、生态保护、历史文化保护、带动区域发展等功能。风景资源能引起审美与欣赏活动，可以作为风景游览对象和风景开发利用的事物与因素的总称。风景资源是构成自然景观环境的基本要素，是风景区产生环境效益、社会效益、经济效益的物质基础。对提升保护城市的景观生态环境和可持续发展具有重要的战略意义。根据现代的社会需求和定位特征，可以将风景名胜区的功能概括为以下五个方面:

1. 生态功能：风景名胜区具有保护自然资源、改善生态环境、防害减灾、造福社会的生态防护功能。

2. 游憩功能：风景名胜区有提供游憩地、陶冶身心、促进人与自然和谐发展

的游憩健身功能。

3. 景观功能：风景名胜区有树立国家和地区形象、美化大地景观、创造健康优美的生存空间的景观形象功能。

4. 科教功能：风景名胜区有展现历代科技文化、纪念先人、增强德智育人的寓教于游的功能。

5.经济功能：风景名胜区有一、二、三产业的潜能，有推动旅游产业经济，带动地区经济全面发展的功能（见图7-1）。

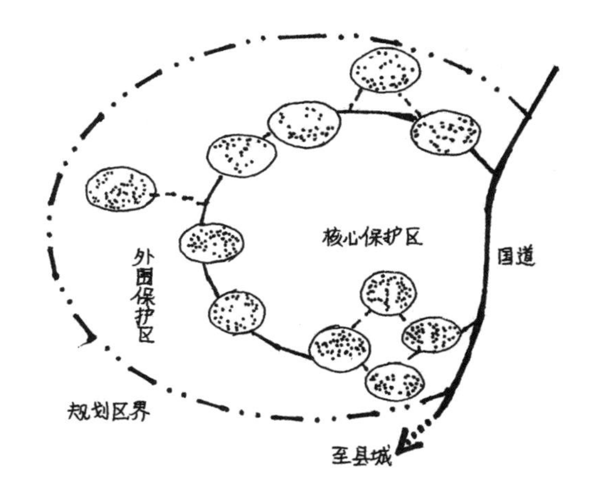

图7-1 某风景名胜区布局结构

二、风景名胜区的分类

风景名胜区的分类方法，实际应用比较多的是按照等级、规模、景观、结构、布局等特征划分，也可以按照设施和管理特征划分。

（一）按等级特征分类

主要是按照风景名胜区的观赏、文化、科学价值及其环境质量、规模大小、游览条件等，划分为三级：

1.市、县级风景名胜区：由市、县级人民政府审定公布，并报省级主管邻门备案。

2.省级风景名胜区：由省、自治区、直辖市人民政府审定公布，并报国务院备案。

3. 国家重点风景名胜区。由省、自治区直辖市人民政府提出风景资源调查和评价报告，报国务院审定公布。

（二）按用地规模分类

主要是按照风景名胜区的规划范围和用地规模的大小，划分为四类：

1. 小型风景名胜区：用地范围在20k㎡以下。

2. 中型风景名胜区：用地范围在20～100k㎡。

3. 大型风景名胜区：用地范围在100～500k㎡。

4.特大型风景名胜区：用地范围在500k㎡以上。此类风景名胜区多具有风景名胜区域的特征。

（三）按景观特征分类

按照风景名胜区的典型景观的属性特征，划分为十类：

1. 山岳型风景区： 以高、中、低山和各种山景为主体景观的风景区。如五岳和各种名山风景区。

2. 峡谷型风景区： 以各种峡谷风光为主体景观的风景区。如长江三峡、三江并流等风景区。

3. 岩洞型风景区： 以各种岩溶洞穴或熔岩洞景为主体景观的风景区。如贵州龙宫、木溪水洞等风景区。

4. 江河型风景区： 以各种红、河、溪、瀑等动态水景为主体景观的风景区。如楠溪江、黄果树、黄河壶口瀑布等风景区。

5. 湖泊型风景区： 以各种湖泊水库等水体水景为主体景观的风景区。如贵州红枫湖、青海湖等风景区。

6. 海滨型风景区： 以各种海滨海岛等海景为主体景观的风景区。如嵊泗列岛、三亚海滨等风景区。

7. 森林型风景区： 以各种森林及其生物景观为主体景观的风景区。如西双版纳、蜀南竹海、百里杜鹃等风景区。

8. 草原型风景区： 以各种草原草地沙漠风光及其生物景观为主体景观的风景区。如太阳岛、扎兰屯等风景区。

9. 史迹型风景区： 以历代园林景观、建筑和史迹景观为主体景观的风景区。如避暑山庄外八庙、八达岭、十三陵、中山陵等风景区。

10.综合型风景区： 以各种自然和人文景观资源融合成综合性景观为其景观特点的风景区。如丽江、大理等风景名胜区。

（四）按结构特征分类

依据风景名胜区的内容配置所形成的功能结构特征划分为三种基本类型：

1.单一型风景名胜区： 内容和功能比较简单，主要是由风景游览欣赏对象组成一个单一的风景游赏系统。

2.复合型风景名胜区： 内容和功能比较丰富，不仅有风景游赏对象，而且还有相应的旅行游览接待服务设施组成的旅游设施系统。很多中小型风景名胜区就属于复合型风景名胜区。

3.综合型风景名胜区： 内容和功能比较复杂，不仅有风景游赏对象、相应的旅行游览接待服务设施，而且还有相当规模的居民生产和社会管理内容组成的居民社会系统。如很多大中型风景名胜区就属于综合型风景名胜区。

（五）按功能设施特征分类

1. 观光型风景名胜区：有限度地配备必要的旅行、游览、饮食、购物等为观览欣赏服务的设施。如大多数城市郊区风景名胜区。

2.游憩型风景名胜区：配备有较多的康体、浴场、高尔夫球等游憩娱乐设施，有一定的住宿床位。如三亚海滨风景区。

3.休假型风景名胜区：配备有较多的休养、疗养、避寒暑、度假、保健等设施，有相应规模的住宿床位。如北戴河风景区。

4.民俗型风景名胜区：保存有相当的乡土民居、遗迹遗风、劳作、节庆庙会、宗教礼仪等社会民俗民风特点与设施。如沪沽湖风景区。

5.生态型风景名胜区：配备有必要的保护检测、观察试验等科学教育设施，严格限制行、游、食、宿、购、娱、健等设施。如黄龙、九寨沟风景区。

6.综合型风景名胜区：各项功能设施较多，可以定性、定量、定地段综合配置。如大多数风景名胜区均有此类特征（见表7-1）。

表7-1 风景资源分类简表

大　类	中类	小　　类
自然风景资源	天景	日月星光；红霞蜃景；风雨阴晴；气候景象；自然声像；云雾景观；冰雪霜露；其他天景
	地景	大尺度山地；山景；奇峰；峡谷；洞府；石林石景；沙景沙漠；火山熔岩；蚀余景观；洲岛屿礁；海岸景观；地质珍迹；其他地景
	水景	泉景；溪涧；江河；湖泊；潭地；瀑布跌水；沼泽滩涂；海湾海域；冰雪冰川；其他水景
	生景	森林；草地草原；古树名木；珍稀生物；植物生态群落；动物群栖息地；物候季相景观；其他生物景观
人文风景资源	园景	历史名园；现代公园；植物园；动物园；庭宅花园；专类游园；陵园墓园；其他园景
	建筑	风景建筑；居民宗祠；文娱建筑；商业服务建筑；宫殿衙署；宗教建筑；纪念建筑；工交建筑；工程构筑物；其他建筑
	胜迹	遗址遗迹；摩崖题刻；石窟；雕塑；纪念地；科技工程；游娱文体场地；其他胜迹
	风物	节假庆典；民族民俗；宗教礼仪；神化传说；民间工艺；地方人物；地方物产；其他风物等

第二节 风景名胜区规划设计

风景名胜区规划布局，是一个战略统筹过程，要求在适当的位置，全面系统地规划对象的各组成要素、组成部分功能，使其共同发挥应有的作用，创造最优美的整体环境。风景区规划布局是各组成要素的分区、结构、地域的整体的生态规律，影响着风景区有序发展及外围环境的协调关系。

一、风景名胜区规划的原则

（一）风景名胜区规划布局的基本原则

风景名胜区历经数千年发展，独具历史文化特色和丰富的自然资源，是我国风景名胜区事业良好发展的基本条件。同时，我国经济高速增长，需求扩展，需协调人与自然的发展关系;此外，社会文化生活方式不断发展，海内外交流频繁，有关文化继承和创新的研究日益深入。这些基本国情都是我国风景名胜区规划与发展的决定性因素。

风景名胜区规划是整个风景名胜区保护、建设、管理、发展的基本依据和手段，是在一定空间和时间范围内对各种规划要素的系统分析和统筹安排。这种综合与协调职能，涉及所在地的资源、环境、历史、现状、经济社会发展态势等广泛领域，要求深入调查研究，把握主要矛盾和对策，充分考虑风景、社会、经济三方面的综合效益，因地制宜地突出本风景名胜区的特色。

风景名胜区规划布局基本原则:

1. 依据风景资源特征、环境条件、历史文化、现状特点以及国民经济和社会发展趋势，统筹兼顾，综合安排。

2. 严格保护自然环境与文化遗产，保护原有景观特征和地方特色，维护生物多样性和生态环境良性循环，防止污染和其他公害，充实科学教育审美特征，加强地被和植物景观培育。

3. 充分发挥风景资源的综合潜力，展现风景游览欣赏主体，配置必要的服务设施与措施，改善风景名胜区运营管理机能，防止人工化、城市化、商业化倾向，促使风景名胜区有度、有序、有节律的可持续发展。

4. 合理平衡风景环境、社会、经济三方面的综合效益，平衡风景名胜区自身健康发展与社会需求之间的关系，创造风景优美、设施方便、社会文明、生态环境良好、自然景观和游赏魅力独特、人与自然协调发展的风景游憩环境区域。

5. 保障遵从游览规则的游人安全系统。

（二）风景名胜区规划与其他相关规划的关系

风景名胜区用地规模差异很大，面积跨度也很大。因此，常与国土规划、区域规划、城市总体规划、土地利用规划等密切相关。在风景资源定性，用地规模和人口规模定量，在旅游设施的定性、定质方面，在经营管理方面，都相互影响，因此，风景名胜区规划必须与上述规划相协调。

二、风景名胜区的基础资料与现状分析

（一）基础资料

编制风景名胜区规划应当具备相关的自然与资源、人文与经济、旅游设施与基础工程、土地利用、建设与环境等方面的历史与现状基础资料，是科学、合理制定风景名胜区规划的基本保证。由于风景名胜区的规模和条件等差异性较大，地域性特点明显，因而，基础资料的覆盖面、简繁程度、可比性的选择十分重要。基础资料的收集包括：文字资料、图纸资料和声像资料等。

（二）现状分析

风景名胜区规划要实现因地制宜地突出本风景名胜区的特点，现状分析是首要的环节。由于每个风景名胜区的自然环境很少雷同，社会生活需求和技术经济条件常有变化，因而在基础资料收集和现状分析的过程中，应当充分重视并提取出可以构成本风景名胜区特点与景观个性的要素。进而分析论证诸要素在风景名胜区规划和发展中的作用和地位。

风景名胜区现状分析的主要内容包括：①自然和历史人文特点；②各种资源的类型、特征、分布及其多重性分析；③资源开发利用的方向、潜力、条件和利弊；④土地利用结构、布局和矛盾的分析；⑤风景名胜区的生态、环境、社会与区域因素等。

（三）风景资源评价

1. 风景资源评价的内容

风景资源评价的基本内容包括：风景资源调查、风景资源筛选和分类、风景资源的评分与分级、风景资源的评价和结论四部分。

2. 风景资源评价的原则

由于风景资源类型和特点的多样性，为保证评价的客观和真实性，应遵循以下原则：一是风景资源的评价必须在真实资料的基础上，现场踏勘和资料分析相结合，实事求是地进行；其次是风景资源的评价采取定量和定性相结合的方法，综合评价风景资源的特征；第三是根据风景资源的类别及其组合特点，应选择适当的评价单元和评价指标，对独特或濒危的风景资源，宜作单独评价。

3. 风景资源分类评价

需要建立科学的风景资源分类系统。风景资源分类的具体原则：一是性状分类原则，强调区分风景资源的性质和状态；其次是指标控制原则，特征指标一致的风景资源可以归结为同一类型；再次是包容性原则，即类型之间有明显的排他性，少数情况有从属关系;最后是约定俗成原则，对于已成习俗的传统分类类型予以保留。

4. 具体的风景资源分级标准原则

①风景资源评价分级为特级、一级、二级、三级、四级五个级别；②根据风景资源评价单元的特征及其不同层次的评价指标和吸引力范围，评出风景资源分级；③特级风景资源具有珍贵、独特和世界遗产价值与意义，有世界奇迹般的吸引力；④一级风景资源具有名贵、罕见、国家重点保护价值和国家代表性作用，在国内外闻名且有国际吸引力；⑤二级风景资源具有重要、特殊、省级重点保护价值和地方代表性作用，在省内外闻名且有省际吸引力；⑥三级风景资源具有一定价值和游览路线辅助作用，有市、县级保护价值和相关地区的吸引力；⑦四级风景资源具有一定价值和构景作用，有本风景名胜区和当地的吸引力。

三、风景名胜区的范围、性质和发展目标

（一）风景名胜区的范围

确定风景名胜区规划的范围，在人均资源日趋紧缺和资源利用多重性的形势下，显得十分迫切和需要。由于规划确定的风景名胜区范围，是风景名胜区管理机构的管辖范围，因此在划定规划范围时，应遵循以下原则：

1. 风景资源特征及其生态环境的完整性

对风景资源特征、风景资源价值、生态环境等，应保障其完整性和可持续发展性，不能因划定边界而影响其特征、价值和生态环境。

2. 历史文化和社会的连续性

在一些历史悠久和社会因素丰富的风景名胜区划界中，要维护其历史特征，保持其社会延续性，使历史社会文化遗产及其环境得以保护利用。

3. 地域单元的相对独立性

在对待地域单元矛盾时，强调其相对独立性，无论自然区、人文区、行政区等何种地域单元形式，在划界时要考虑其相对独立性及其带来的主要形态关系。

4. 保护、利用、管理的必要性与可行性

在对风景名胜区保护、利用和管理的必要性时，分析所在地的环境因素对风景资源保护的需求、经济条件对开发利用的影响、社会背景对风景名胜区管理

的要求，以便综合考虑风景名胜区与其社会辐射范围的供求关系，提出风景名胜区保护、利用和管理的必要范围。

（二）风景名胜区的性质

确定风景名胜区的性质是规划阶段的重要原则。风景名胜区的性质，必须依据风景名胜区的典型景观特征、游览欣赏特点、资源类型、区位因素，以及发展对策和功能选择确定。如泰山风景名胜区的性质为：五岳之首，景观雄伟，历史悠久，文化丰富，形象崇高，是中华民族历史上精神文化的缩影，是国家级重点风景名胜区，是具有科学、美学和历史文化价值的世界遗产；武夷山风景名胜区的性质为：以丹霞地貌为特色，自然山水为主景，历史文化名山为内涵，观光和休闲相结合的国家重点风景名胜区。

（三）风景名胜区的发展目标

依据风景名胜区的性质和社会需求，提出适合本风景名胜区的自我健全目标和社会作用，具体包括以下方面的内容：①贯彻严格保护、统一管理、合理开发、持续发展的原则；②充分考虑历史、当代、未来三个阶段的关系，科学预测风景名胜区发展的各种需求；③因地制宜地处理人与自然的和谐关系；④使资源保护和综合利用、功能安排和项目配置、人口规模和建设目标等各项主要目标，与国家和地区的社会经济技术发展水平、趋势及步调相适应。如九寨沟风景名胜区的发展目标为：通过对九寨沟自然环境的科学、严格的保护培育，游赏路线的合理安排，游览设施的合理建设，居民的合理调控，达到保护、开发利用、管理三个环节的良性循环。力争把九寨沟创建成为风景质量、保护水平、管理水平、游赏组织及游览设施水平均达到一流水准的世界著名的自然风景胜地。

四、风景名胜区的分区与布局

（一）风景名胜区的分区

风景名胜区的规划分区，是为了使众多的规划对象有适当的区划关系，以便针对规划对象的属性和特征分区，进行合理的规划和设计，实施恰当的建设强度和管理制度。在规划分区时，突出各个分区的特点，控制各个分区的规模，并提出相应的规划措施。还要解决各个分区的间隔、过渡与联络关系，同时维护原有的自然单元、人文单元等的相对完整性。在各具意义的规划分区中，一般以景观区划分和功能区划分为主。

在规划景观区和游赏特征时，要进行景区划分；在确定保护培育特征时，要进行保护区划分；在确定调节控制功能时，要进行功能分区。

图7-2 北京植物园风景区

（二）风景名胜区的布局

风景名胜区的规划布局，是为了在规划界限内，将规划构思和规划对象通过不同的规划设计和形式，全面系统地安排在适当的位置，使规划对象的各个组成要素、各个组成部分均能发挥其应有作用，创造最佳环境条件，使风景名胜区成为有机组合整体（见图7-2）。在规划布局方案选择中，常采用的布局形式有：集中型（块状）、线形（带状）、组团状（集团）、链珠形（串状）、放射形（枝状）、星座形（散点）等。

五、风景名胜区的容量和生态原则

（一）风景名胜区的游人容量

在旅游业快速发展的地区，游人容量已经成为风景名胜区规划设计与管理中的一个矛盾，因此风景名胜区规划必须进行游人容量分析、预测和规划。

容量布局是为一定的主题服务的，既可以使游人相对集中或分散，以创造良好的环境氛围，也可以使游人的活动时间适当延长或缩短。容量布局的基本目的是使游人合理、适当地分布在风景名胜区内，使游人各得其所，使风景尽展风采。

游人容量一般由以下三方面的因素所确定：风景名胜区生态允许标准；游览心理标准；功能技术标准。

1. 风景名胜区生态允许标准。

2. 游人容量指标。有一次性游人容量、日游人容量和年游人容量三个层次。

3. 游人容量指标计算

线路法: 以每个游人所占平均道路面积计算, 5～10㎡/人。

面积法：以每个游人所占平均游览面积计算。其中，主要景点：50～100㎡人(景点面积)；一般景点：100～400㎡/人(景点面积)；浴场海域：5～10㎡/人（海拔0～2m以内）。

卡口法：实测卡口处单位时间内通过的合理游人数量，以“人次/单位时间”计算。

（二）风景名胜区规划的生态原则

风景名胜区规划的生态原则:

1. 制止对自然环境的人为消极作用, 控制和降低人为负荷, 应分析人的数量、活动方式与停留时间，分析设施的类型、规模、标准，分析用地的开发强度，提出限制性规定和控制性指标。

2. 保持和维护原有生物种群、结构及其功能特征，保护典型而有示范性的自然综合体。

3. 提高自然环境的复苏能力，提高氧、水、生物量的再生能力与速度，提高其生态系统或自然环境对人为负荷的稳定性和承载力。

第三节 风景名胜区景观规划设计

一、景观规划设计

风景名胜区中都有代表本风景名胜区主体特征的景观。为了使这些景观能够长久存在，持续发展，在风景名胜区规划中要编制典型景观规划。如泰山云海、篷莱海市蜃楼等，都需要按照其显现规律的景观特征进行规划设计。

（一）规划原则

风景名胜区的典型景观规划，是历经世代的自然造化和人工修造形成的。因此，典型景观规划设计的原则是保护典型景观及环境，挖掘和利用景观特征与价值，发挥其应有作用，组织适宜的游赏项目与活动。

（二）竖向规划

竖向地形是其他景观的基础，也是最为常见的丰富多彩的景观骨架。为了保护和展示地形特点，保护自然景观，在竖向规划中应遵循的主要原则有：①维护原有地貌特征和环境，保护地质珍迹、岩石与基岩、土层与植被、山体与水体，防止水土流失、土壤退化和污染环境；②合理利用地形要素，随形就势组织景观，避免大范围地改变地形地貌，把未利用的废弃地、洪泛地纳入山水治理范围加以利用；③对重点建设地段实行在保护中开发、在开发中保护的方法，统筹安排地形利用、工程补救、水系修复、表土恢复、地被更新等技术措施；协调与其他规划的关系，为景观规划、基础工程规划和水体水系规划创造条件（见图7-3）。

图7-3 竖向规划

（三）植物景观

除特殊风景名胜区外，植物景观始终是风景名胜区的主要景观。在植物景观规划和设计中，应突出体现地域特色，维护原生种群和区系，保护古树名木和现有大树，培育地带性树种和特有植物群落。因地制宜地恢复、提高植被覆盖率，以适当扩大林地面积，发挥植物的多种功能优势，创造良好的风景名胜区的生态环境。同时，应制定植物覆盖率、植物结构、主要树种等控制性指标。

（四）建筑景观

建筑景观规划设计应遵循下列原则：①维护一切有价值的原有建筑及环境，保护文物类建筑，保护有特点的民居、村寨、乡土建筑和村寨；②风景名胜区的各类新建筑，要服从风景环境的整体需求，创造出人工与自然和谐的建筑景观；③建筑布局与基地处理因地制宜，尽量减少对地形与环境的损伤；④建筑的风格和特点、性质和功能，位置和高度等，要有明确的分区和分级控制。

（五）雕塑景观

雕塑景观在风景名胜区中有重要的点题作用和科学文化价值，有时成为主要景观。摩崖造像、石窟造像、殿堂塑像、露天雕塑等各种装饰美化、徽号标志性雕塑，普遍存在于古今风景名胜区中，以其生动的风景素材作用吸引着广大游客，成为“人类奇迹”和“世界之最”。

（六）溶洞景观

溶洞风景是能引起景观反应的溶洞物象和空间环境。溶洞景观包括特有的洞体构成和洞腔空间，特有的石景形象，特有的水景、光象和气象，特有的生物景象和人文景象。岩溶洞景可以是风景名胜区的主要景观或者重要组成部分，也可以是一种独立的风景名胜区类型。

二、游览观赏规划设计

风景游览欣赏对象是风景名胜区存在的基础，其属性、数量、质量、时间、空间等因素决定游览欣赏规划是各类各级风景名胜区规划中的主体内容。

（一）景观特征分析与展示

景观特征分析与景象展示构思，是运用审美手段对景物、景象、景观环境实施具体的鉴赏和理性分析，在遵循景观多样性和突出自然美的前提下，探讨与之相适应的人为展示措施和具体的设计方法。包括对景物素材的属性分析，对景物组合的审美或艺术形式分析，对景观特征的意境分析，对景象构思的多方案分析，对展示方法和观赏点的分析。

（二）游赏项目组织

在风景名胜区中，往往先有良好的风景环境，然后才引发多种多样的游览欣赏活动项目和相应的功能技术设施。因此游赏项目组织是因景而产生，风景资源越丰富，游赏项目就越多。风景资源的特点、用地条件、社会生活需求、功能技术条件和地域文化观念都是影响游赏项目的因素。遵循保持景观特色，符合相关法规和要求，选择与其协调适宜的游览活动项目。

（三）游览线路设计

在游览线路设计中，不同的景观特征要有与之相适应的游览欣赏方式。依据游人结构、游人体力和游览兴趣规律等因素，精心组织主要游览线路和各种专项游览线路，运用突出景观高潮和主题区段的艺术感染力，形成一个由起点——高潮——结景组成的游览空间序列。

三、旅游设施规划设计

在风景名胜区的旅游设施规划中，基于对风景资源保护的原则，从游人和设施现状分析入手，分析客源市场，选择和确定游人发展规模，配备相应的服务设施。

（一）游人现状分析

游人现状分析，包括游人的规模、结构、递增率、时间和空间分布，不同性质的风景名胜区，因其特征、功能和级别的差异，以及消费状况等，主要掌握风景名胜区内游人的情况和变化态势，为游人发展规模的确定提供内在依据，是风景名胜区发展对策和规划布局调控的重要因素。

（二）设施现状分析

设施现状分析，掌握风景名胜区内设施规模、类别、等级等状况，找出供需矛盾与环境的关系，为设施增减和更新提供依据。

（三）设施配备

游览观光服务设施是风景名胜区旅行游览接待服务设施的总称，可以分为以下八个类型：旅行、游览、饮食、住宿、购物、娱乐、保健和其他。依据风景名胜区、景区和景点的性质和功能，游人的规模和结构以及用地、淡水、环境等条件，配备相应种类、级别、规模的设施项目。

（四）旅游基地的选择

在旅游基地选择时，一般原则：①具有一定的用地规模，既接近游览对象，又有可靠的隔离距离，符合风景保护的规定；②避开优美的风景地段，减少对环境的影响，保障游人的安全；③具备相应的水电、能源、环保、抗灾等基础工程条件，可以依托现有的游览设施和城镇设施。

四、基础设施规划

由于风景名胜区的地理位置和环境条件十分丰富，所涉及的基础工程项目也非常复杂，包括各种形式的交通运输、道路桥梁、邮电通信、给排水、电力热力、燃气燃料、太阳能、风能、沼气、潮汐能、水利、防洪防火、环保环卫、防震减灾、人防军事和地下工程等，所以，要参照各自的国家和行业技术规范和标准进行规划。

（一）基础设施规划的原则

基础设施规划的原则：①符合风景名胜区保护、利用和管理的要求；②与风景名胜区的特征、功能、级别和分区相适应，不能损害风景资源和环境；③确定合理的配套发展目标和布局，并进行协调规划；④对需要安排的各项工程设施的选址和布局提出控制性建设要求；⑤对于大型工程建设项目，要提交生态环境影响评价报告和景观影响评价报告。

（二）基础设施规划的内容

风景名胜区基础设施规划包括以下主要内容：交通规划、道路规划、邮电通信、给水排水、供电能源、环境保护、安全保证等。

五、风景名胜区规划的规划成果和要求

在风景名胜区规划中，规划成果包括规划文本、规划说明、基础资料、规划图纸四部分。风景名胜区规划文本是风景名胜区规划成果的条文化表述，要简明扼要，以法规条文方式直接叙述规划内容的规定性要求，以便相应的人民政府审查批准后，作为法规权威，严肃实施和执行。

规划说明书包括现状分析、论证规划意图和目标，解释和说明规划内容。

规划图纸一般在标准地形图下绘制，包括以下内容：

1. 现状图，比例1:5 000～1:50000；
2. 风景资源评价与现状分析图，比例1:5000～1:50000；
3. 规划设计总图，比例1:5000～1:50000；
4. 地理位置和区域图，比例1:25000～1:200000；
5. 风景游赏规划图，比例1:5000～1:50000；
6. 旅游设施配套规划图，比例1:5000～1:50000；
7. 居民社会调控规划图，比例1:5000～1:50000；
8. 风景保护培育规划图，比例1:10000～1:100000；
9. 道路交通规划图，比例1:10000～1:100000；
10. 基础工程规划图，比例1:10000～1:100000；
11. 土地利用协调规划图，比例1:10000～1:100000；
12. 近期发展规划图，比例1:10000～1:100000。

第四节　森林公园

森林公园通常选择风景优美、面积较大的郊区林地改造而成；也可选择虽远离城市但交通便捷、森林资源丰富、景观质量较高的天然林，在科学保护、适度开发的前提下建立森林公园；在城市边缘建立森林公园，因面积大、森林的群落与结构相对复杂、郁闭度高、调节市区气候、改善城市绿地生态环境更为显著，还可组织居民开展游憩活动，促进旅游文化产业发展，提高人们对自然的理解和认识、进行科普教育等。

我国地域辽阔，地形地貌复杂，不同的气候地貌和水资源组合条件，孕育了极为丰富的森林生态景观系统和动植物资源类型。在森林公园的总体规划阶段，为了明确开发方向、选准优势开发项目和重点保护优势

图7-4 森林公园

旅游资源，应该对公园的旅游资源和环境条件等进行系统深入的研究与评价，理清公园的所属类型，找出它在同一区域内的众多森林公园中最具特色之处（见图7-4）。

一、森林公园的分类

森林公园的分类，按景观特色、地貌形态、主要旅游功能、旅游半径、经营规模、管理级别等进行不同的划分。

（一）按景观特色分类

1.森林风景型森林公园

以其绚丽优美的森林风景取胜，山水风景一般，没有或少有文物古迹。如陕西朱雀、天华山、红河谷，黑龙江牡丹峰、乌龙，云南西双版纳等森林公园。

2.山水风景型森林公园

以奇山秀水为主的自然风光诱人，森林风景和人文景物一般。如湖南张家界、浙江千岛湖、广西桂林、重庆小三峡等森林公园。

3.人文景物型森林公园

以其古老独特的人文景物闻名于世，森林风景和山水风景一般。如陕西延安、楼观台、五华宫、天台山，山东泰山，山西五台山、云岗，浙江天童、普陀山等森林公园。

4. 综合景观型森林公园

景观类型多样，森林风景、自然风光和人文景物都比较突出，旅游吸引力强。如陕西太白、终南山，河南嵩山，辽宁本溪、大孤山，江苏虞山等森林公园。

（二）按地貌形态分类

1. 山岳型森林公园

以奇峰怪石等山体景观为主的森林公园，如湖南张家界、山东泰山、安徽黄山国家森林公园等。

2. 江湖行森林公园

以江河、湖泊等水体景观为主的森林公园，如浙江千岛湖、河南南湾国家森林公园等。

3. 海岸——岛屿型森林公园

以海岸、岛屿风光为主的森林公园，如山东鲁东南海滨、福建平潭海岛、河北秦皇岛海滨国家森林公园等。

4. 沙漠型森林公园

以沙地、沙漠景观为主的森林公园，如甘肃阳关沙漠、陕西定边沙地国家森林公园等。

5. 火山型森林公园

以火山遗迹为主的森林公园，如黑龙江火山口、内蒙古阿尔山国家森林公园等。

6. 冰川型森林公园

以冰川景观为特色的森林公园，如四川海螺沟国家森林公园等。

7. 洞穴型森林公园

以溶洞或岩洞型景观为特色的森林公园，如江西灵岩洞、浙江双龙洞国家森林公园等。

8. 草原型森林公园

以草原景观为主的森林公园，如河北木兰围场、内蒙古黄岗梁国家森林公园等。

9. 瀑布型森林公园

以瀑布风光为特色的森林公园，如福建旗山国家森林公园等。

10. 温泉型森林公园

以温泉为特色的森林公园，如广西龙胜温泉、海南蓝洋温泉国家森林公园等。

（三）按主要旅游功能分类

1. 游览观光型森林公园

以风光游览、景物观赏为主要功能的森林公园，全国绝大多数森林公园属此类型。

2. 休闲度假型森林公园

地处城郊、海滨、湖库附近，以休闲娱乐、消夏避暑、周末度假为主要功能的森林公园，如陕西朱雀、终南山，河北海滨，福建福州等森林公园。

3. 游憩娱乐型森林公园

地处城市市区、环城或近郊，以郊野游憩、娱乐健身为主要功能的森林公园，如江西枫树山、陕西延安、黑龙江牡丹峰等森林公园。

4. 疗养保健型森林公园

以温泉、海滨疗养和森林保健为主要功能的森林公园，如陕西太白、楼观台，山东刘公岛、威海海滨等森林公园。

5. 探险狩猎型森林公园

以探险寻秘、森林狩猎为主要功能的森林公园，如黑龙江乌龙、伊春五营，内蒙古察尔森等森林公园。

6. 科普教育新森林公园

以科学考察、教学实习、科普旅游为主要功能的森林公园，如北京鹫峰，黑龙江帽儿山，广西良凤江，山东药乡，湖北九峰山，浙江午潮山，陕西太白、楼观台、天华山、玉华宫等森林公园。

（四）按旅游半径分类

1. 城市型森林公园

位于大中城市市区或城周的森林公园，如陕西延安、江西枫树山、上海共青公园、江苏徐州环城等森林公园。

2. 近郊型森林公园

位于大中城市近郊区，距市中心多在20km以内的森林公园，如内蒙古红山(距赤峰市31km)、江苏上方山（距苏州市4km)、河北海滨（距秦皇市101km）、黑龙江牡丹峰（距牡丹江市15km）等森林公园。

3. 郊野型森林公园

位于大中城市远郊县（区），距市区多在20～50km的森林公园，如陕西终南山、沣峪、太兴山、黄巢堡、天台山，北京百望山，河南开封，湖北九峰山等森林公园。

4. 山野型森林公园

地处深山老林，远离大中城市，以野、幽、秀、奇为特色的森林公园，如陕西紫柏山、华山，山东泰山，安徽黄山，山西五台山，河南嵩山，湖北神农架，云南西双版纳等地处名山大川和原始森林、次生林区的森林公园。

（五）按经营规模分类

1. 特大型森林公园

经营面积超过600km²的森林公园，如浙江千岛湖(面积948km²)等森林公园。

2. 大型森林公园

经营面积200～600km²的森林公园，黑龙江乌龙（面积280km²）等森林公园。

3. 中型森林公园

经营面积60～200km²的森林公园，河南嵩山，安徽黄山，吉林净月潭，黑龙江牡丹峰，辽宁本溪，内蒙古察尔森。

4. 小型森林公园

经营面积2～60km²的森林公园，如陕西延安，湖南张家界，浙江普陀山。我国东部沿海和南方各省森林公园大多属此类型。

（六）按管理级别分类

1. 国家级森林公园

森林景观特别优美，人文景物比较集中，观赏、科学、文化价值高，地理位置特殊，具有一定的区域代表性，旅游服务设施齐全，有较高的知名度，并经国家林业局批准的为国家级森林公园。

2. 省级森林公园

森林景观优美，人文景物相对集中。观赏、科学、文化价值较高，在本行政区域内具有代表性，具备必要的旅游服务设施，有一定的知名度，并经省级林业行政主管部门批准的为省级森林公园。

3. 市、县级森林公园

森林景观有特色，景点景物有一定的观赏、科学、文化价值，在当地有一定的知名度，并经市、县级林业行政主管部门批准的为市、县级森林公园。

二、森林公园规划程序

（一）申请立项

对林区风景资源条件、旅游市场条件、自然环境条件、服务设施条件、基础设施条件等进行调查和评价，调查成果经专家评审；由管理部门，提出建立森林公园的可行性报告，报上级部门批准；可行性报告批准后，管理部门可委托科研、设计单位进行可行性研究，可行性研究成果应经专家评审。

1. 自然资源调查

①自然地理：森林公园的位置、面积、所属山系、水系及地貌；地质形成期及年代；区域内特殊地貌及形成原因；古地貌遗址；山体类型；平均坡度；最陡坡度等。

②气候资源： 温度、光照、湿度、降水、风、特殊天气气候现象。

③植被资源：植被种类、区系特点、垂直分布、森林植被类型和分布特点；观赏植物种类、范围、观赏季节及观赏特性；古树名木。

④野生动物资源：动物种类、栖息环境、活动规律等。

⑤环境质量：大气环境质量、地表水质量。

2. 景观资源调查

①森林景观：景观的特征、规模；具有较高观赏价值的林木分区、观赏特征及季节等。

②地貌景观：悬崖、奇峰、怪石、陡壁、雪山 、溶洞等。

③水文景观：海、湖泊、河流、瀑布、溪流、泉水等。

④天象景观：云海、日出、日落、雾、雾凇、佛光等。

⑤人文景观：名胜古迹、民间传说、宗教文化、革命纪念地、民俗风情等。

3. 基础设施调查

①交通：外部交通条件、内部交通条件。

②通信：种类、拥有量、便捷程度。

③供电：现有供电系统、用电量、用电高峰时期。

④给排水：现有给排水系统、用水量、用水高峰时间。

⑤旅游接待设施。现有床位数、利用率、档次、服务人员素质、餐饮条件。

4. 市场调查

旅游市场调查是通过市场调查了解公园的客源条件，以确定合理的旅游规模和容量。主要调查内容有：

①公园旅游吸引特征的调查。

②公园周围居民的人数与构成，不同阶层可能游园的次数。

③公园周围城乡流动人口数量及可能有缘的比率。

④附近公园及性质相近的森林公园开放以后历年游人数量与人员结构、发展趋势。

⑤国内外旅游发展趋势、旅游者心理需求。

⑥国内外游客在附近公园旅游的费用。

⑦旅游阻抗因素调查。诸如妨碍公园建设和开展旅游活动的因素，如地震等级、流行病、污染及社会有害因素等。

⑧社会经济调查。把公园置身于社会经济环境之中，了解公园建设对相互的影响，从而确定公园规划的方针与原则。社会经济调查包括技术经济政策和技术经济指标调查。

（二）规划设计

由管理部门根据可行性研究成果和资金、技术情况向规划设计单位下达总体规划设计任务书。总体设计一般分两步进行，首先编制规划大纲并组织专家评审，然后根据评审意见进行修改，形成总体设计的说明书和附件。

总体设计审定和批准：一般属于国家级森林公园的总体设计由国家林业局审批；省级森林公园由省林业厅审批，报国家林业局备案；地方森林公园由当地人民政府审批，报省林业厅备案。

详细设计及实施：根据总体规划项目，由设计或施工单位就单个项目进行详细设计并施工。修改、增减项目应征得原设计单位同意，由原审批单位审批后方可设计施工。在设计和施工阶段，应及时向规划、审批部门进行信息反馈，以便及时对规划中的不合理成分进行修改。

（三）建成后的管理及综合效益评定

评估公园经济效益有两个基本方法：总费用评估法和成本核算法。总费用评估法是根据旅游者的人数和平均每一游客在旅游行为中发生的费用，计算公园的效益。成本核算法是计算公园各项收入与支出，从而核算年纯收入和利润的方法。

第五节　森林公园规划设计

一、森林公园规划的准则

（一）规划依据

1. 《森林公园总体设计规范》。
2. 森林公园建设立项报告。
3. 森林公园风景资源调查成果。
4. 森林公园建设可行性研究报告。

5. 公园所在地中、远期发展规划，包括环境发展、城镇建设、交通运输、邮政、通信、供电供水和其他特殊发展规划。

6. 部、省关于森林公园总体规划的规定、规程、规范和标准。

7. 当地关于材料预算价格、人工费用及利税的文件和资料。

8. 其他相关资料。

（二）规划原则

1. 可持续发展原则

森林公园规划设计中，必须重视生态环境的研究和保护。以保护为主，开发、建设与保护相结合。

2. 主题原则

森林公园总体规划要突出以森林为主体的原则。自然、淡雅、简朴、野趣是森林公园的生命所在，因此在森林公园的开发中，对森林的培育与建筑景观点的建设要有鲜明的侧重。

3. 个性原则

建设有特色的森林公园，关键是要利用好本地区资源，发挥资源的优势，在充分保护好现有资源的基础上，从景观的共性中找出个性，加以渲染、烘托，从而达到主题鲜明、主景突出。开发森林旅游更应该以自然为本，因地制宜地用好现有的资源，讲究乡土气息，追求自然野趣，突出重点，把握特色。加强特色建设，增强森林公园的活力，有助于森林公园持续稳定地发展。

4. 经济原则

森林公园总体规划的经济原则，主要体现在因地制宜、量力而行、因材实施。

二、森林公园的环境容量

对于森林公园而言，确定其环境容量的根本目的，在于确定森林公园的合理游憩承载力，即一定时期和条件下，森林公园的最佳环境容量，能对风景资源提供最佳保护，并同时使尽量多的游人得到最大的满足。在确定最佳环境容量时，必须综合比较自然环境容量（生态环境容量、自然资源容量）、人工环境容量（空间环境容量、设施容量）、社会环境容量（人文环境容量、经济资源容量、心理环境容量、管理水平承载力）。

为协调游憩与环境的关系并便于定量化，可建立五类指标，作为旅游环境容量研究的依据：生态指标（现有植被、森林覆盖率）、环境质量指标（大气环境质量、水体环境质量、噪声环境质量）、设施指标（建筑物占地指标、用水指标、污水处理指标、交通指标）、游客感应指标（整体感应指标、观景点场地感应指标）、客流分布指标。在对森林公园环境容量进行具体测算时，可采用面积法（以游人可进入、可游览的区域面积进行计算）、卡口法（适用于溶洞类及通往景区、景点必须对游客量有限制因素的卡口要道）、游路法（游人仅能沿山路游览观赏风景的地段）。

三、森林公园的总体规划

（一）森林公园的功能分区

总体布局和区划是规划设计的核心。区划是依据景观特色，将主要分布一个或几个代表性景观类型的区域划为一个分区，该分区在地理位置上要集中连片，结合该分区的功能性质进行区划。注意景观特色和功能性质要同时考虑，各功能区由于主要功能不同，其规划的重点也不一样。森林公园是一个整体系统，相互间存在着联系和影响，这就涉及到布局问题。同时区与区之间的过渡应自然切入，即空间上的超、转、切、合要浑然有序。

森林公园大致划分为下列几个区：①群众活动区，可利用林中水面设浴场、游船船埠，布置帐篷和野炊的休息草地，应有简单的炉灶、桌椅以及饮用水源、垃圾箱、厕所等，并与城市有方便的交通联系，面积占公园总面积的15%～30%；②安静休息区，游人较少的大片森林和水面，可在林间和草地上散步、休息、采摘等，面积占20%～70%；③森林储备区，保留一部分森林作为森林公园发展用地，面积视游人数量和建设投资而定，可占地40%～50%。

（二）功能区开发顺序与建设期确定

功能区的开发顺序，对于森林公园的总体规划具有非常重要的意义。实际的开发建设需要一个较长的时间跨度，所以建设必须按一定次序进行，就森林公园的一般特性而言，通常采用的是先保护后开发的策略。自然资源是森林公园的根本所在，开发应该是从一些自然条件较好、景观特征明显、交通等各项设施通达方便的区域，逐渐向纵深方向发展，以确保森林公园的原始自然资源，在受到最小限度干扰的情况下，能够得到适度有效的开发。

（三）主要景观区及服务设施建设

主景是森林公园最主要的景观点，所在森林公园的景观特色的景点，是公园景观资源的典型形象。主景往往包含两个方面的内容：一是主景点，即代表性景观的物质主体；二是主观景点，即观赏代表性景物的主要场所。在森林公园中，主景点一般来说是自然景观，主观景点则是人文景观。

在景观区的适当位置规划建设以游客为服务对象的旅游服务基地，内设旅游车出租、商店、旅馆食品店、停车场、寄存处和导游服务等设施，这是旅游活动的必备条件，也可以满足游人生活和游览的需要。旅游服务基地的规划规模视具体情况而定，以不破坏自然风景景观为前提。

（四）总投资

主要依据规划的项目及有关指标进行概算。概算内容包括：景点建设、游乐设施、职工办公及宿舍、给排水、绿地环保工程、公路旅游、通信设施、防火等。概算项目包括：总概算、分项年度投资、固定资产投资。按规定建设分年度投资应按复利式计算投资利息，总投资概算中除交代概算依据外，一般需列出总投资中分期投资数与比例、项目统计的投资额与比例以及资金来源和资金平衡表等。

（五）分项规划

分项规划属于总体阶段的工作，是对总体的深化。要在作出区划和布局工作后继续进行，主要包括环境保护、公园绿地、森林经营、旅游服务、附属工程规划等。

（六）森林保护规划

森林公园总体规划中保护规划是一个较为突出的重点，主要涉及公园保护等级的划分、自然资源保护、人文资源保护、植被生态保护、环境质量保护、地质环境保护、少数民族与建设人才保护等。

各类资源保护规划的制定，应充分参考和依据相关的法规。各类资源保护规划应制定切实可行的保护措施，进行综合性保护规划，保护规划子系统作为总体规划系统的一部分，以充分体现森林公园规划中保护与利用并重的原则。

四、森林公园的景观规划

（一）自然景观规划

形成景观的主体如山岳、森林、河川、湖泊、滩湾、瀑布、泉眼、溶洞等景区常见的地物，规划时要取其特点、领悟神态、升华意境，在规划中要因地制宜，宜景造势，尊重自然之形，顺其自然之美，应源于自然而又高于自然。自然景观又可分为森林景观、地貌景观、水域景观、动物景观及天景等。

1. 森林景观

森林景观是森林公园的基本景观要素，主要有森林植被景观和森林生态景观，包括珍稀植物、古树名木、奇花异草、植物群落、林相季相等。森林生态景观的开发应选择生态环境良好、群落稳定、植物品种丰盛丰富、层次结构复杂、垂直景观错落有致、树龄大、浓荫覆盖、色彩绚丽的森林景观供人游赏。在森林景观开发实践中，当植被景观不够丰富时，则采用人工造林更新手段进行改造。森林景观也常以风景林、古树名木及专类园等形式进行开发。

2. 地貌景观

地貌景观是大地景观的骨架，以山岳景观为主，包括峰峦、丘陵、峡谷、悬崖、峭壁、岩石、洞穴及地质构造和地层剖面、生物化石等景点。在审美感受上主要表现有雄、险、奇、秀、幽、旷等形象特征。景观开发应根据原有的风景特征给予加强、中和或装饰。如以雄险著称的地貌景观，在景观点设计和游路布置时，尽量以能够强化雄险特征的手法来开发设计。观景点尽量设在悬崖边，道路则尽量从峭壁半空中穿行，以突出其险峻。

3. 水景景观

自然风景中，水是最活跃的要素之一，所谓"山得水而活，水得山而媚"，丰富多变的水景使森林公园更富动态和美感。水体景观是自然风景的重要要素，包括江河、湖泊、岛屿、海滨、池沼、泉水、温泉、瀑布、水潭、溪涧等。森林公园的水景主要有溪涧、瀑布、泉水等。

4. 动物景观

动物景观是森林公园中最富有野趣和生机的景观。野生动物可以使自然景观增色。世界上有动物150多万种，在陆地上主要生活在森林中。在自然状态下可见到的动物景观有昆虫类、鱼类、两栖爬行类、鸟类等。动物景观的设计一般采用保护观赏为主，也常采用挂巢（鸟类）、定期投食（鸟类、猴类、松鼠、鱼类）等方法，供游人观赏。

5. 天景景观

天景包括气象和天象景观，是由天文、气象现象构成的自然形象和光彩景观。它们多是定点、定时出现在天空的景象，人们通过视觉、体验、想象而获得审美享受。森林公园中最常见的天景是日出和晚霞。日出象征万物复苏，朝气蓬勃，令人振奋；晚霞则万紫千红，光彩夺目，令人陶醉。山间常有云雾缭绕，笼罩山野，伴随着轻风细雨来去，常给人以佛国仙山、远离凡尘的感受。天象景观的开发主要是选择观景点：如看日出、晚霞选在山巅，有远山近岭丛树作为陪衬，前、中、近景层次丰富；或选在水边，有大水面与阳光相辉映，霞彩绚丽斑斓。观雾景则应选择特定季节或雨过天晴之时为好。

（二）人文景观规划

以自然景观为主，并点缀人工景观设施补景，人工景物有嘹望台、观景台、园门、凉亭、廊架、景桥、安全护栏、导游牌、森林浴设施等，多是具有功能价值的建筑或景观小品，其主要作用是为森林旅游提供观景、休息、躲避风雨、餐饮、交通等服务，同时也要求有较高的景观价值。在规划设计中，一般应遵循宜少不宜多、宜小不宜大、宜藏不宜漏的原则，使其能够与自然景观协调、亲和，融于自然之中。

人文景观常设在缺少自然景观的区域或地段，可丰富景观内容。人工景物采用的多种文化和艺术表现形式，增加景观的文化意趣，是对自然景观的艺术化的补充。人工景物在空间类型、体重、造型、色彩、主题意境上与自然景观具有不同内容，常根据自然景观环境要求来设置，以人工的理性对比自然的随意性，形成衬托效果，可进一步强化自然景观的自然美效果。人工景物如观景亭、台、楼、阁、榭等常选择在观赏自然景观的最佳位置上，并以人工手段对观赏视角视线进行合理引导，展示优美的景色，提高和美化自然景观意境。同时，人工景物，还具有休息、避雨、遮阳等作用，也是观赏自然景观的好位置。

设计时应对人工景物建设地点及周围的地形、山石、河溪、植被等自然景观要素，加以细致的分析研究，并充分利用这些要素，使人工景物与自然景观及环境相互依存、相互衬托，成为一个融合的统一体，让人工景物设施成为人文景观的寄寓之所和自然景观的有力烘托。

（三）景观序列规划

景观序列是自然或人文景观在时间、空间以及景观环境上，按一定次序的有序排列。景观序列有两层意义：一是客观景物有秩序地展开，具有时空运动的特点，是景观空间环境的实体组合；二是指人的游赏心理，随景观的时空变化做出瞬时性和历时性的反应。这种感受既来源于客观景物的影响，又超越景物而得到情感的升华，是景观意象感受的意趣组合。景观序列包含风景系列和境界与意境系列。一处优美的景观序列就如一首动人的乐曲一样，是由前导、发展、高潮、结尾等几部分构成的，也就是起景、前景、主景、后景、结景等景观的依次展开。景观序列由此构成有主有次的景观结构，产生有起有落、有高亢有低回的赏景意趣，形成一个富有韵律与节奏的景观游览线路。起景的功能是为赏景“收心定情”，达到“心灵净化”，发展的作用是以风景铺垫来进行神情向往，序列最终将主景推出，达到赏景高潮，实现“寄托情怀”的赏景意境。要实现这个目标，景观序列设计主要是通过垂直空间序列、平直空间序列、生态空间序列、境界层次序列等方法的灵活运用来获得。

五、森林公园的旅游规划

（一）旅游线路组织

对于较大的森林公园，如张家界森林公园可规划出适合不同层次游客的风景精华旅游线。一日游至多日游方案，对一个面积不大的森林公园则可根据其具体情况组织半日游，一日游基本方案组合成多日游方案，亦可将其组织到国内、国际旅游热线之中。在组织旅游线路时，应充分考虑旅游者的心理需求和经济承受能力。一日游从起景——入境——高潮——平静应精心安排，在空间上应有动有静。如果一日游全天处于“动”区会使游客产生疲倦，整天处于“静”区则会产生厌倦之感。因而旅游线路组织与规划，应精心、周密，同时还应考虑一般游客的经济承受能力，尤以多日游方案来说，要考虑住宿、饮食和其他娱乐活动的安排，高、中、低档兼备。

（二）旅游项目

森林公园中应开展以直接或间接利用森林资源或在森林环境中进行的活动为主。森林野营、野餐、森林浴、采集动植物标本等活动，林中骑马、钓鱼、森林自然美欣赏等活动最能体现森林环境特点，登山、骑山地车、游泳、划船、滑水、漂流等活动，也能与森林气氛相协调，还可结合立地条件开展射箭、狩猎等活动，有条件的地区还可在冬季开展滑冰、滑雪、坐雪橇等活动。

1. 野营

野营是主要森林游憩方式之一。开展野营活动需要建立适宜的野营区，野营区需经过开发建设，进行妥善管理，能提供给游人富有吸引力的露天过夜场地，并具备一定的卫生设施和安全措施。建立野营区的主要目的在于为游人提供服务和保护，同时也保护森林游憩资源。

①野营区的选址：野营区的选址应考虑地形、坡向与坡位、植被、交通、景观、安全以及其他因素。

地形：小于10%的坡度，避开低洼地、河谷、山洪水道以防水淹，也不宜在险或多石的高坡下以及山谷地，以避免发生山岩落石或斜坡崩塌的危险。

坡向与坡位：应选择在阳坡的中坡位或平坦山腰，最好是东、南坡，尤其是东坡，清早晨光照耀便于营地干燥，下午浓荫覆地减轻了夏季午后的暑热。

植被：最为适宜的是郁闭度为60%～80%的真阔混交林。

交通：既要有便捷的交通，又要有一定的隐蔽性，避免成为游人的必经之地。

景观：靠近主游览区，附近应有富有吸引力的自然景观。

安全：无山火、洪水、雪崩、泥石流、野生动物侵害隐患的区域，必要时可挖掘防护沟。

其他：靠近水源，水量充足，水质良好；排水良好；选择渗水性强的沙质土壤或砂砾地，尽量避免在黏土和腐殖质土壤上设营；通风良好但要避开山口、风口。

②其他设施规划配置主要有：

卫浴设备：包括封闭式化粪池或化粪设施、洗手台、自助洗衣干衣设备、浴室设备、卫生间。服务半径厕所最远170m，最适100m；浴室最远200m，最适140m；给水最远100m，最适50m。

供水系统：包括水塔、供水点、饮用水、生活用水等设施。

污水、污物处理系统：设污物处理站，位置应适当隐蔽。

道路系统：营区内道路系统包括对外道路、区内主要道路、服务道路、步道小径等。

保安系统：各营区应有巡逻员或用围篱、屏障以限制外界干扰。可设救护设备。

电力、电信系统。

2. 野餐

野餐是森林游憩活动中参加人数最多的消遣方式之一。森林环境想的野餐场所。森林公园的野餐区应该选择在风景视线、视角较好的地方并与其他游憩区有方便的联系，但与水面距离应保持40m以上，以免游人对该地区的自然环境造成环境污染。

野餐区可以适应多种游人以多种形式使用。美国林务局规定的使用密度为每个野餐单位占地面积每公倾25～40个野餐单位，最适密度为每个野餐单位占地面积每公顷40个野餐单位。据研究，这是在正常情况下耐践踏、磨损的草坪草类能生长的最大限度。野餐区的供水与野营区相同，采用集中式，服务半径以50m为宜。

3. 水域游憩活动

水在森林游憩中起着主要的作用，可以为游憩活动增添情趣，丰富活动内容。森林公园可根据自然环境、经济条件开发适当的水域游憩活动。水域活动形式多样，广阔的水面可以开展游泳、划船、舢板、滑水等，在北方冬季还可以滑冰。此外，垂钓也是很受欢迎的活动，在适宜的条件下还可开发漂流等活动。

4. 鸟类的保护与观赏

鸟类及其他野生动物的观赏也是森林游憩活动的重要内容。保护地观赏鸟类首先要了解其生态习性及适宜的栖居环境。在森林公园中益鸟的保护和招引主要有以下几种：保护鸟类的巢、卵和幼雏；悬挂人工巢箱，为鸟类提供优良的栖居条件；利用鸟语招引鸟类；冬季保护，适度喂养，设置饮水池、饮水器；合理地采伐森林，保护鸟类栖居的生存环境，大量种植鸟类喜食的植物种类。

六、森林公园的道路规划

（一）森林公园道路网规划设计原则

森林公园道路网建设要满足规划要求，兼顾发展，留有余地，应符合下列原则：

1.道路布设要统筹兼顾森林旅游、护林防火、生态环境保护以及森林公园职工、林区农民生产、生活的需要；

2.道路可采用多种形式形成网络，并与外部道路衔接，内部沟通，有水运条件的可利用水上交通；

3.充分利用现有道路，做到技术上可行、经济上合理，除了大的旅游点之间需用公路连接外，其他景点多修步行道，尽量少动土石方，尽量不占用景观用地，保护好自然植被；

4.道路应避开滑坡、塌方、泥石流等地质不良地段，确保游人安全；

5.道路所经之处，尽可能做到有景可观、步移景异，使游客领略神、奇、秀、野的自然风光；

6.按森林公园的规模、各功能分区、环境容量、运营量、服务性质和管理的需要，确定道路的等级和特色要求。

（二）森林公园道路类型和等级的确定

森林公园的交通运输包括三种：对外交通、入内交通和内部交通。外部道路主要靠交通部门，车行道路分为干线和支线，是森林公园道路网的骨干，解决游客运输和物资供应运输。根据预测的年游客量，换算的年交通量、年运量、环境容量和道路网功能及现状，分类确定等级。道路规划要遵守坡度、宽度、转弯半径等方面的规范。

1. 干线

森林公园与国家或地方公路之间的连接通道。

2. 支线

森林公园通往经营区、各功能分区、景区的道路。考虑客运、货运、护林防火需要，按林区二级公路或交通部山岭重丘四级公路标准规划。若路面为水泥混凝土，应注意其纵坡坡度不得大于10%。

3. 步行道

森林公园连接景点、景物，供游人步行游览的道路，包括步行小径与登山石级。步行道顺山形地势，因景而异，曲直自然，一般按1～3m进行规划设计，险要处设护栏，保证游客安全，陡峭处安装扶手，方便游人攀登。

4. 特殊交通设施

为了满足不同层次游客的需求，尤其是便于年老体弱者的游览，在不破坏景观的前提下，可考虑设置升降梯、索道、缆车道等特殊交通设施。

七、森林公园的经营规划

1. 森林服务系统规划

旅游服务设施规划主要包括公园内外交通、旅游纪念品生产与供应、旅游住宿、购物以及宣传、广告等。在森林公园的适当地段，规划建设以游客为服务对象的旅游服务基地，内设旅游车出租、商店、旅馆、食品店、停车场、寄存处和导游服务等设施，可以满足游人生活和游览的需要。

2. 森林基础设施规划

包括供电、供热、排水、供水、邮电通信，要因需而设，在规划时主要依据公园的实际需求以及各单项的规程、规范、标准等进行规划。

八、森林公园的分区规划

分区规划是规划设计的第二个步骤，主要是各区的功能、结构、层次与效益以及规划的主要项目，各项目的规格、风格、大小、数量、开发的先后顺序，它所确定的项目是以后详细设计的主要依据。

1.游览休息区规划。该区主要功能是供人们游览、休息、赏景，是森林公园的核心区域。应广布全园，设在风景优美或地形起伏、临水观景的地方。

2.森林狩猎区规划。该区域内集中建设狩猎场。

3.野营区规划。该区内主要开展野营、露宿、野炊等活动。

4.生态保护区规划。该区是以保持水土、涵养水源、维护森林生态环境为主。如在生态系统脆弱地段采取保护措施，限制或禁止游人进入，以利于其生态恢复。

5.游乐区规划。该区是对于距城市50km以内的近郊森林公园，为填补景观不足的情况而建的。在条件允许的情况下，需建设大型游乐及体育活动项目时，应单独划分区域。

6.生产经营区规划。该区是在较大型的森林公园中，除开放为游憩用地以外，其他用于木材生产和服务与森林旅游需求的种植业、养殖业、加工业等用地。

7.接待服务区规划。该区内集中建设宾馆、饭店、购物、娱乐、医疗等接待项目及其配套设施。

8.行政管理区规划。该区内集中建设行政管理设施，主要有办公室、工作室，要方便内外各项活动。

9.居民生活区规划。该区市森林公园职工及森林公园境内居民，集中建设住宅及其配套设施的区域。

主要参考文献

[1]比特 · 霍尔.城市与区域规划[M].北京：中国建筑工业出版社，1983

[2]崔功豪，武进.中国城市边缘区空间结构特征及其发展—以南京等城市为例[J].地理学报，1990（4）

[3]董雅文.城市景观生态学[M].北京：商务印书馆，1992

[4]高原容重.城市绿地规划[M].北京：中国建筑工业出版社，1983

[5]刘秀晨.北京城市道路绿地综述[J].中国园林增刊，1997

[6]王紫雯.景观文化与景观生态学初探[J].建筑学报，1995（3）

[7]吴家骅.景观形态学[M].北京：中国建筑工业出版社，1999

[8]谢意林.从景观生态的角度探讨道路美学设计[J].林业勘察设计，1999（2）

[9]余琪.现代城市开放空间系统的建构[J].城市规划汇刊，1998（6）

[10]张琦曼.环境艺术设计与理论[M].北京：中国建筑工业出版社，1996

[11]王绍增.城市绿地规划[M].北京：中国农业出版社，2005

[12]赵世伟，张佐双.园林植物景观设计与营造[M].中国城市出版社，2001

[13]张为诚，沐小虎.建筑色彩设计[M].上海：同济大学出版社，2000

[14]同济大学.城市园林绿地规划[M].北京：中国建筑工业出版社，1982

[15]李德华.城市规划原理[M].北京：中国建筑工业出版社，2001

[16]金涛.居住区建筑景观设计与营造[M].北京：中国城市出版社，2003

[17]刘滨谊.现代景观规划设计[M].南京：东南大学出版社，1999

[18]李峥生.城市园林绿地规划设计[M].北京：中国建筑工业出版社，2006

[19]谢凝高.国家风景名胜区功能的发展及其保护利用[J].中国园林，2002（4）

[20]周公宁.风景区旅游规模预测与旅游设施规模的控制[J].建筑学报，1993（5）

[21]吴章文.森林旅游资源特征和分类[J].中南林学院报，2003（2）

[22]国家环境保护总局.国家级自然保护区总体规划大纲.2002

[23]李敏.中国现代公园[M].北京：中国建筑工业出版社，1986

[24]余树勋.植物园规划与设计[M].天津：天津大学出版社，2000

[25]李敏.城市绿地系统与人民环境规划[M].北京：中国建筑工业出版社，1999
[26]方咸孚，李敏涛.居住区的绿地模式[M].天津：天津大学出版社，2001
[27]王祥荣.生态园林与城市环境保护[J].中国园林，1998（2）
[28]郑宏.广场设计[M].中国林业出版社，1999
[29]GB 50298-1999，风景名胜区规划规范[S].北京：中国建筑工业出版社，2008
[30]GB 50180-1993，城市居住区规划设计规范[S].北京：中国建筑工业出版社，2002
[31]CJJ/T 85-2002，城市绿地分类标准[S].北京：中国建筑工业出版社，2002

后 记

城镇绿地系统在改善现代城镇环境方面的作用，主要来自构成城镇绿地系统的植物材料的生理生化特性所带来的环境修复作用，它在维护生态平衡、改善环境质量、丰富城镇景观和生物多样性方面发挥着重要的作用。同时，大力发展城乡一体化及以河流水渠为纽带的带状绿地，可以使城镇景观生态要素中的斑块、廊道结构更加合理，可以与自然状态下的生态系统结构相结合，体现人与自然的和谐统一。这样做，能为城镇居民提供良好的生活环境，为城镇生物提供良好的生存环境；另一方面，又可增强城市景观的自然性、促进城镇与自然的和谐共生，这对丰富城镇景观、提升城镇的整体形象具有重要作用。

本人从事景观设计专业的研究与教学工作三十余载，在参与大量规划、设计项目的过程中积累了实践经验，逐渐加深了对于景观设计理论的理解。在加拿大及欧美各国10年的求学游历过程中开阔了视野，丰富了对于景观设计的感性认识。通过在教学、科研中的不断梳理、总结，努力将个人对于景观设计的理解、认识逐步系统、完善。承蒙中国林业出版社的厚爱，得以将近年来个人对于城镇绿地景观设计方面的思考、研究以专著的形式做一个总结。期望尽己所能、力己所长，对我国城镇绿地景观设计的理论与实践的发展有所助益。在理解和认识的过程中，不足之处在所难免，请专家学者和各位同仁批评指正。

在本书撰写的过程中，我的学生周玥协助查阅了大量资料并做了细致的分类工作。山东师范大学教授周臻博士对部分章节内容提出了有益的建议，并进行了核对、编辑、排版工作。山东艺术学院的孙迎峰教授为本书进行了书籍装帧设计。我的学生周玥、刘梦麟、张萌、许盈盈、李夏、田嘉汇、戴泽天、王林、胡博闻等同学为本书手绘了精美的插图。在本书即将出版之际，我一并表示诚挚的感谢！

李仲信

2017.4.10于泉城济南